计算机技能大赛实战丛书
职业教育新课程改革教材

Linux 操作系统

何 琳 主 编

電子工業出版社
Publishing House of Electronics Industry
北京 • BEIJING

内 容 简 介

本书以实际工作应用场景为背景，分别介绍了 Linux 操作系统安装与配置、Linux 操作系统基础命令、Linux 操作系统网络基础服务、Linux 操作系统网络高级服务、Linux 操作系统远程控制服务、Linux 操作系统软件防火墙 6 个学习单元，每个学习单元采用了项目的形式，每个项目有项目描述、项目分析和项目流程图；项目通过任务的形式讲解，每个任务有任务描述、任务分析、任务实施、任务验收、拓展练习，并穿插知识链接和经验分享，使读者在短时间内掌握更多有用的技术和方法，快速提高技能竞赛水平。

图书在版编目（CIP）数据

Linux 操作系统 / 何琳主编. —北京：电子工业出版社，2017.10
（计算机技能大赛实战丛书）
职业教育新课程改革教材

ISBN 978-7-121-27146-5

Ⅰ. ①L… Ⅱ. ①何… Ⅲ. ①Linux 操作系统—中等专业学校—教材 Ⅳ. ①TP316.89

中国版本图书馆 CIP 数据核字（2015）第 216060 号

策划编辑：关雅莉
责任编辑：柴　灿
印　　刷：涿州市般润文化传播有限公司
装　　订：涿州市般润文化传播有限公司
出版发行：电子工业出版社
　　　　　北京市海淀区万寿路 173 信箱　邮编　100036
开　　本：787×1 092　1/16　印张：19　字数：486.4 千字
版　　次：2017 年 10 月第 1 版
印　　次：2024 年 2 月第 14 次印刷
定　　价：39.80 元

凡所购买电子工业出版社图书有缺损问题，请向购买书店调换。若书店售缺，请与本社发行部联系，联系及邮购电话：（010）88254888，88258888。
质量投诉请发邮件至 zlts@phei.com.cn，盗版侵权举报请发邮件至 dbqq@phei.com.cn。
本书咨询联系方式：（010）88254617，luomn@phei.com.cn。

前言

随着职业教育的进一步发展，全国中等职业学校计算机技能大赛开展得如火如荼，比赛场成为深化职业教育改革、引导全国职业教育发展、增强职业教育技能水平、宣传职业教育的地位和作用、展示中职学生技能风采的舞台。

2013 年 6 月，北京市求实职业学校被国家教育部、人力资源和社会保障部、财政部三部委批准为“国家中等职业教育改革发展示范学校建设计划第三批立项建设学校”，编者结合编制的《实施方案》和《任务书》进行了行业调研，对专业进行了典型工作任务与职业能力分析，按照实际的工作任务、工作过程和工作情景组织课程，建立了基于工作过程的课程体系，形成围绕工作需求的新型教学标准、课程标准，按职业活动和要求设计教学内容，并在此基础上组织一线教师、行业专家、企业技术骨干以项目任务为载体共同开发编写了几套具有鲜明时代特征的中等职业教育电子与信息技术专业系列教材。

1．本书定位

本书适合中职学校的教师和学生、培训机构的教师和学生使用。

2．编写特点

打破学科体系，强调理论知识以“必需”、“够用”为度，结合首岗和多岗迁移需求，以职业能力为本位，注重基本技能训练，为学生终身就业和较强的转岗能力打基础，并体现新知识、新技术、新方法。

采用项目任务式结构进行编写，通过“任务驱动”，有利于学生把握任务之间的关系，把握完整的工作过程，激发学生学习兴趣，使学生体验成功的快乐，有效提高学习效率。

本书从应用实战出发，首先将所需内容以各个学习单元的形式表现出来，其次分项目-任务的形式对技能大赛的知识点进行详细分析和讲解，在每个任务的最后都可以对当前的任务进行验收和评价，并配有相应的拓展练习，在每个学习单元的最后都有知识拓展和单元总结，使读者在短时间内掌握更多有用的技术和方法，快速提高技能竞赛水平。

3．本书内容

本书以实际工作应用场景为背景，分别介绍了 Linux 操作系统安装与配置、Linux 操作系统基础命令、Linux 操作系统网络基础服务、Linux 操作系统网络高级服务、Linux 操作系统远程控制服务、Linux 操作系统软件防火墙 6 个学习单元，每个学习单元采用了项目的形式，每个项目有项目描述、项目分析和项目流程图；项目通过任务的形式讲解，每个任务有任务描述、任务分析、任务实施、任务验收、拓展练习，并穿插知识链接和经验分享，使读者在短时间内掌握更多有用的技术和方法，快速提高技能竞赛水平。

本书由何琳担任主编并负责统稿，沈天瑢、赵娟担任副主编。参与编写的还有陈光、杨毅、于世济、吴翰青、赵帅。本书编写分工如下：学习单元1由赵娟、陈光编写；学习单元2由陈光、赵娟、吴翰青编写；学习单元3由沈天瑢、于世济、赵帅编写；学习单元4由何琳、吴翰青、于世济编写；学习单元5由沈天瑢、于世济编写；学习单元6由何琳、杨毅编写。

在本书编写过程中，编者得到了北京众诚天合系统集成公司冯江、申士钊的大力支持和帮助，在此表示衷心的感谢。

由于编者水平有限，经验不足，书中难免存在疏漏之处，恳请专家、同行及使用本书的老师和同学批评指正。

编　者

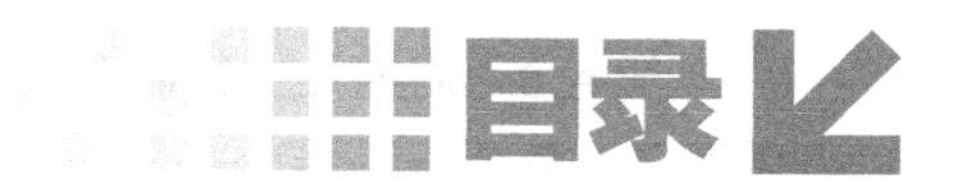
目录

学习单元1

Linux操作系统安装与配置

☆ 单元概要

（1）对于 Linux 操作系统的初学者而言，学会使用不同的方式安装 Linux 操作系统、进行基本配置并获取帮助是非常重要的。通过学习这些内容，学者应对 Linux 的起源与发展、主要特点和内核版本等知识有比较直观的认识。

（2）目前，在全国职业院校技能大赛中职组网络搭建及应用项目中，使用了 CentOS 5.5 的 Linux 操作系统。该系统可以进行本地图形化、文本化界面的本地安装、网络安装及无人值守安装。其中，在网络安装系统方面，支持基于 NFS、HTTP、FTP 共 3 种不同方式的安装。

（3）在操作系统安装结束后，需要对系统进行配置（防火墙、SELinux、日期和时间、创建用户、声卡及附加软件包等），通过这些配置，系统才能够正常运行。另外，系统还提供了强大的帮助子系统为用户服务，作为初学者要学会如何利用帮助程序来解决疑难问题。

☆ 单元情境

新兴学校是一所新建的职业学校，为了适应信息化教学与绿色办公的需要，以及更好地服务社会，学校准备建设数字化校园，满足学校的教学、办公和对外宣传等业务需要。学校通过招标选择了飞越公司作为系统集成商，从零开始规划建设校园网，刚入职的小赵作为学校的网络管理人员与飞越公司一起全程参与校园网筹建项目。校园网的服务器选型已经完成，通过飞越公司采购了 11 台服务器，目前急需完成的工作就是安装 Linux 操作系统，其中 1 台服务器已经预装好了 Linux 操作系统，网络管理员小赵搭建了基于 HTTP 服务的远程安装服务，公司要求 4 台服务器安装图形化界面 Linux 系统，另外 6 台在文本化界面下进行系统的安装和配置。学校希望小赵认真学习相关专业知识，结合实际需求来分析任务，制定实现方案。

项目 1 Linux操作系统的安装

项目描述

新兴学校的所有服务器按照飞越公司的要求进场上架后，需要为其安装 Linux 操作系统。要求网络管理人员按照要求为其中的 4 台服务器安装图形化界面的 Linux 操作系统，为另外 6 台服务器安装文本化界面的 Linux 操作系统。

网络管理员小赵首先了解了服务器操作系统的基本知识，以便为学校采购和安装服务器，使网络正常通信。

项目分析

分析新兴学校的服务器需求，集成商飞越公司设计的校园网服务器群使用比较高的配置标准。作为网络管理人员，在接到这样的项目后，应理清工作思路。通过对项目进行分析，应当分 3 种情况进行操作系统的安装：首先，基于已有的 1 台搭建了 HTTP 服务的服务器搭建远程安装服务，完成 4 台服务器基于网络安装图形化界面的 Linux 操作系统；其次，通过光盘安装 1 台文本化界面的 Linux 操作系统；最后，使用“Kickstart”工具对其他 5 台服务器进行无人值守安装，从而实现工作效率的提高。整个项目的认知与分析流程如图 1-1 所示。

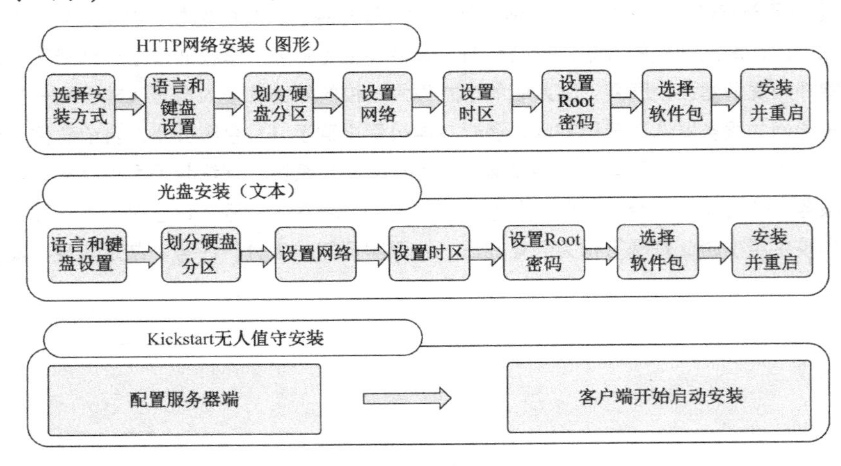

图 1-1 项目流程图

知识链接

Linux 是一套免费使用和自由传播的类 UNIX 操作系统，是一个基于 POSIX 和 UNIX 的多用户、多任务、支持多线程和多 CPU 的操作系统。它能运行主要的 UNIX 工具软件、应用程序和网络协议。它支持 32 位和 64 位硬件。Linux 继承了 UNIX 以网络为核心的设计思想，是一个性能稳定的多用户网络操作系统。

Linux 操作系统诞生于 1991 年的 10 月 5 日（这是 Linux 第一次正式向外公布的时间）。Linux 存在着许多不同的版本，但它们都使用了 Linux 内核。Linux 可安装在各种计算机硬件设备中，如手机、平板电脑、路由器、视频游戏控制台、台式计算机、大型机和超级计算机。严格来讲，“Linux”这个词本身只表示 Linux 内核，但实际上人们已经习惯了用 Linux 来形容整个基于 Linux 内核，并且使用 GNU 工程的各种工具和数据库的操作系统。

任务 1　基于 HTTP 服务的网络安装 Linux 操作系统

任务描述

校园网项目采购的服务器设备已经陆续进场，马上要进行系统的安装，小赵作为用户方，需要配合飞越公司进行服务器系统的安装、配置和调试工作，企业已经有 1 台 Linux 服务器安装了基于 HTTP 服务的远程安装服务，现在有 4 台新服务器需要安装图形化界面的 Linux 操作系统。

任务分析

首先对已经安装了基于 HTTP 服务的远程安装服务器的网络参数（IP 地址为 192.168.100.1，HTTP 服务远程安装路径为/）进行了解，然后与企业沟通 4 台新服务器的网络参数要求（表 1-1）以及对操作系统安装的要求（表 1-2）。沟通无误后，开始为 4 台新服务器进行网络安装 Linux 操作系统。

表 1-1　新服务器网络参数要求

序号	主机名	IP 地址	子网掩码	网关地址	DNS 地址
1	s2.qs.com	192.168.100.2	255.255.255.0	192.168.100.254	192.168.100.1
2	s3.qs.com	192.168.100.3			
3	s4.qs.com	192.168.100.4			
4	s5.qs.com	192.168.100.5			

表 1-2　企业安装要求

<table>
<tr><th>序号</th><th>语言设置</th><th>分区要求</th><th>Root 初始密码</th><th>时区设置</th><th>软件包设置</th></tr>
<tr><td>1</td><td>英文</td><td>自定义创建根分区和交换分区</td><td>123456</td><td rowspan="4">中国(上海)</td><td>桌面-Gnome 功能
服务器功能</td></tr>
<tr><td>2</td><td>英文</td><td>自动创建 Linux 分区</td><td>654321</td><td>桌面-KDE 功能</td></tr>
<tr><td>3</td><td>简体中文</td><td>自定义创建根分区和交换分区</td><td>123456</td><td>桌面-Gnome 功能
服务器功能</td></tr>
<tr><td>4</td><td>简体中文</td><td>自动创建 Linux 分区</td><td>654321</td><td>桌面-KDE 功能</td></tr>
<tr><th>序号</th><th>防火墙设置</th><th>SELinux 设置</th><th>创建用户</th><th>创建用户密码</th><td rowspan="5"></td></tr>
<tr><td>1</td><td>打开</td><td>强制</td><td>teluser2</td><td>654321</td></tr>
<tr><td>2</td><td>关闭</td><td>打开</td><td>teluser3</td><td>123456</td></tr>
<tr><td>3</td><td>打开</td><td>关闭</td><td>teluser4</td><td>654321</td></tr>
<tr><td>4</td><td>关闭</td><td>强制</td><td>teluser5</td><td>123456</td></tr>
</table>

任务实施

1. 准备安装介质并引导服务器

步骤 1：在安装任务开始前，需要从 CentOS 官方网站的下载频道下载安装引导程序，并刻录到光盘上，从而引导系统。本任务使用网络安装方式进行安装，所以只需要下载网络安装引导程序（CentOS-5.5-x86_64-netinstall.iso）即可。

知识链接

CentOS（Community Enterprise Operating System，社区企业操作系统）是 Linux 发行版之一，它由来自于 Red Hat Enterprise Linux 依照开放源代码规定释出的源代码编译而成。由于出自同样的源代码，因此有些要求高度稳定性的服务器以 CentOS 替代商业版的 Red Hat Enterprise Linux 使用。两者的不同之处在于，CentOS 并不包含封闭源代码软件。

CentOS 官网地址：http://www.centos.org。

步骤 2：使用引导程序引导服务器，进入 Linux 安装引导界面，如图 1-2 所示。在引导界面中，输入 linux[空格]askmethod，进入安装程序。

经验分享

（1）等待或按 Enter 键（Enter）键：系统进入图形化安装界面。

（2）输入 linux[空格]text：系统进入文本化安装界面。

（3）输入 memtest86：进行内存测试（只支持通过光盘引导）。

（4）输入 linux[空格]rescue：系统进入拯救模式。

步骤 3：选择语言和键盘类型，这里选择英文和美式键盘。

步骤 4： 选择安装方法。可以看到，安装方式可以基于本地光盘驱动器、本地硬盘 ISO 文件、NFS 镜像、FTP 和 HTTP 五种方式进行。这里根据本次任务的要求，选择 HTTP 方式进行安装，按“OK”键继续，如图 1-3 所示。

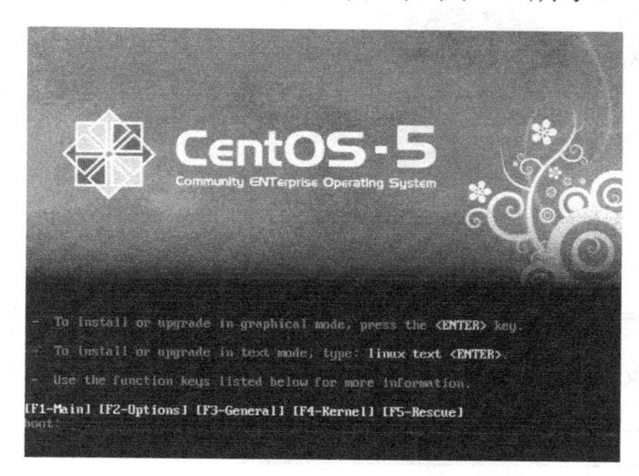

图 1-2 Linux 安装引导界面

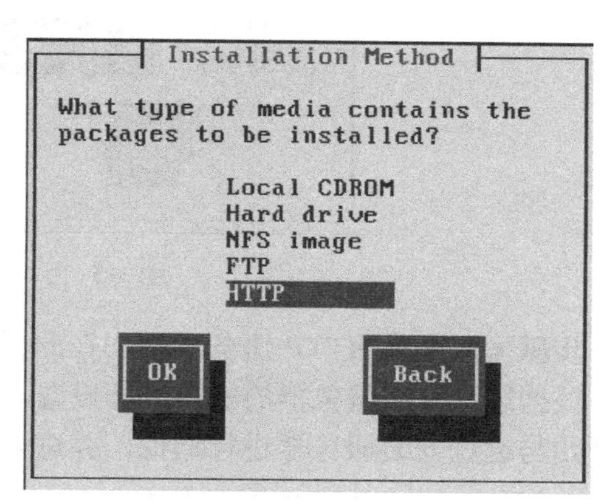

图 1-3 选择 HTTP 网络安装

经验分享

在引导安装界面中，鼠标无法使用。网络管理人员需要完全使用键盘进行操作。操作过程中，使用 Tab 键在栏目之间进行切换，使用空格键进行选择，使用上下方向键进行栏目的浏览。

步骤 5： 配置网络参数，本任务要求使用 IPv4 的网络参数配置，故将 IPv6 支持关闭，如图 1-4 所示。选择手动配置 IPv4 参数，全部配置结束后，按“OK”键保存并进入下一步操作，如图 1-5 所示。

经验分享

在网络配置方面，如果远程安装服务器安装并配置了 DHCP 服务，则这里可以选择使用动态 IP 配置自动获取网络参数。DHCP 服务的架设方法会在后续项目中介绍。

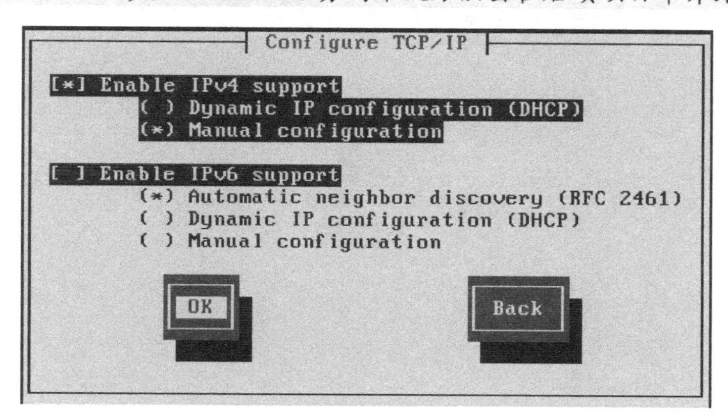

图 1-4 关闭 IPv6 支持

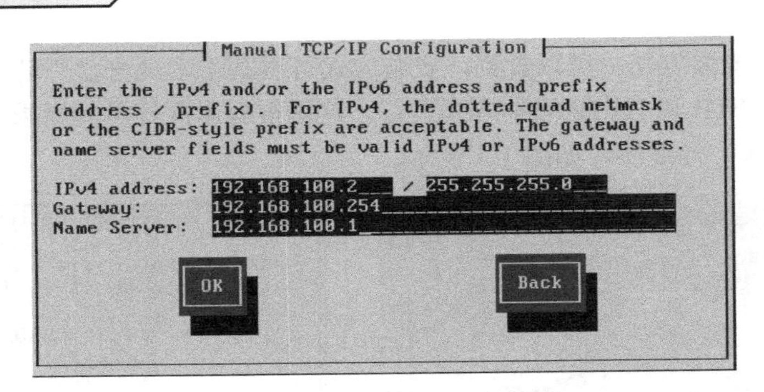

图 1-5　手动配置 IPv4 网络参数

步骤 6：设置 HTTP 服务参数。在此需要设置 HTTP 服务的地址以及远程安装服务的路径，根据远程安装服务器的情况进行设置。按“OK”键完成引导操作。通过上述操作，客户机开始与远程安装服务器进行通信，并进入 Linux 安装程序，如图 1-6 所示。

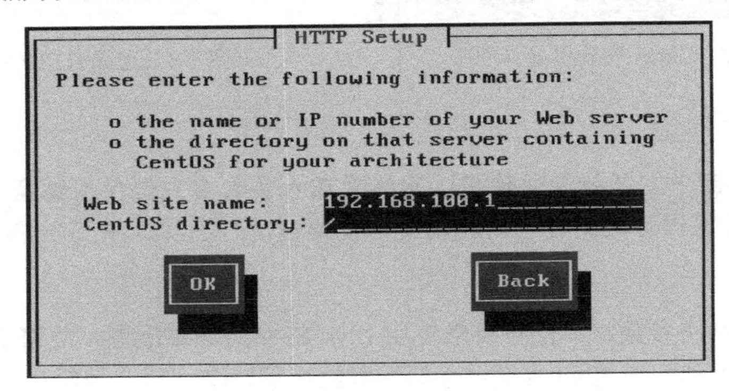

图 1-6　设置 HTTP 相关参数

2. 使用图形化界面安装 Linux 操作系统

步骤 1：进入图形化安装界面，如图 1-7 所示。

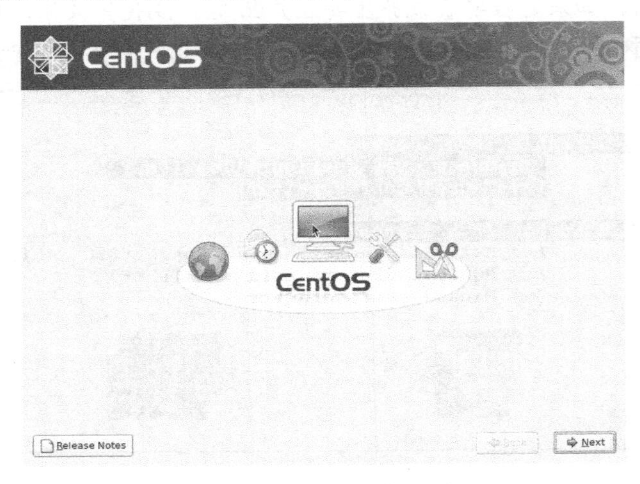

图 1-7　图形化安装界面

步骤 2：选择语言，根据企业要求对语言进行选择，单击“Next”按钮继续安装，如图 1-8 所示。

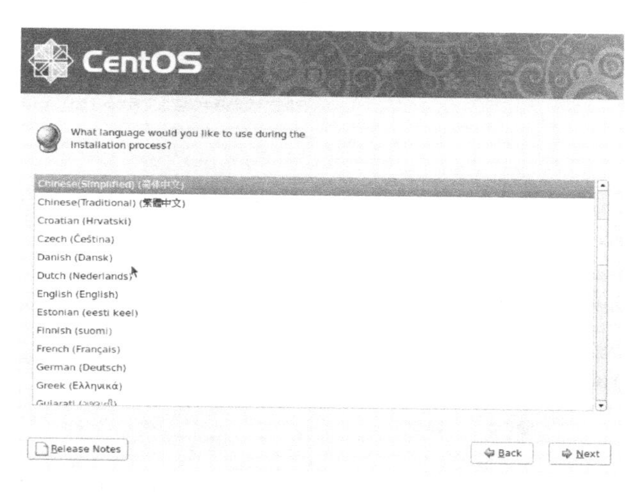

图 1-8　选择语言

经验分享

作为 Linux 的初学者，第一次接触 Linux 操作系统时，建议选择简体中文安装方式，等熟悉整个安装过程后，再使用英文进行安装，从而逐渐提高学习兴趣。

步骤 3：键盘配置，这里选择“美国英语式”选项，单击“下一步”按钮继续，如图 1-9 所示。

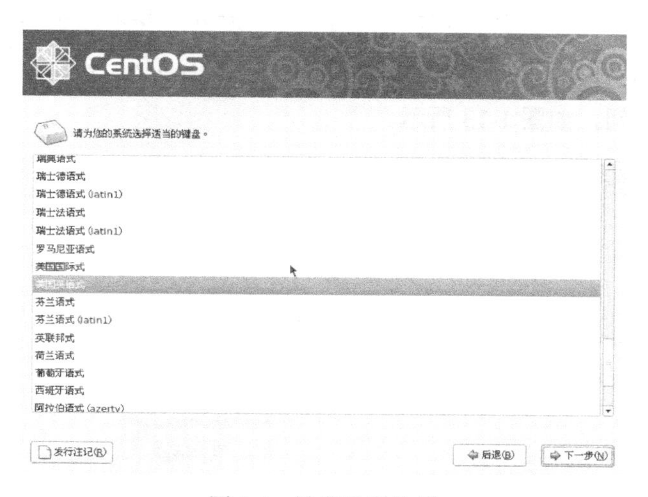

图 1-9　键盘类型选择

步骤 4：如果系统读取到一块新的硬盘，则会弹出一个警告提示框，提示初始化并清除所有数据。如果确认是新硬盘，想要对其进行初始化操作，则单击“是”按钮，进入下一步操作，如图 1-10 所示。

步骤 5： 分区设置，系统提供了 4 种分区方式供用户选择，网管人员需要根据企业的安装要求进行选择，这里使用相对较复杂的“自定义分区结构”这种方式，如图 1-11 所示。

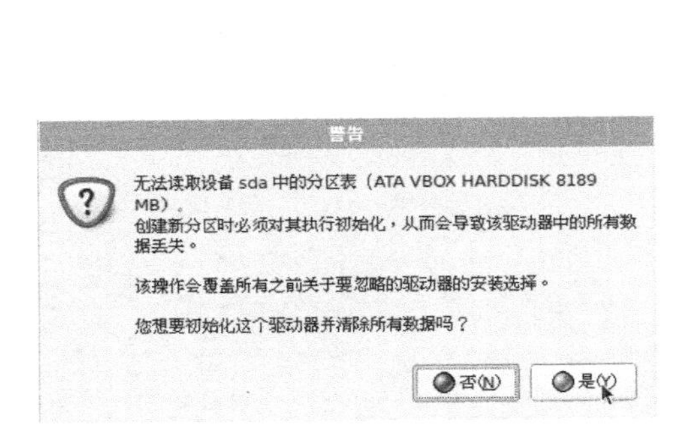

图 1-10　分区警告

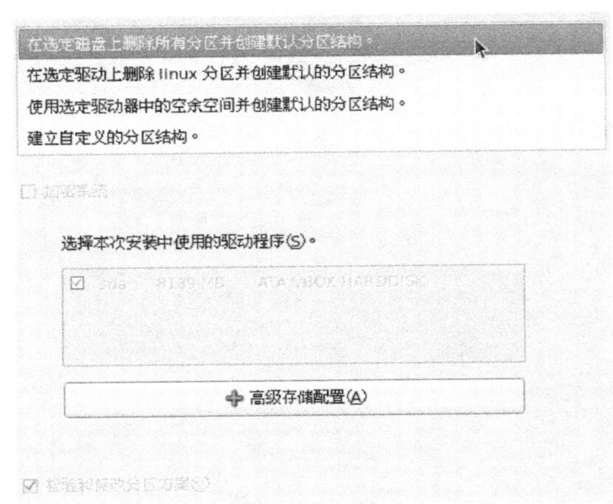

图 1-11　分区设置

步骤 6： 创建交换分区。本任务中只有一块硬盘，设备名为/dev/sda，单击“新建”按钮来创建新的分区。为了让 Linux 系统正常运行，必须至少分配一个根分区(/)和一个交换(swap)分区，交换分区的大小通常为系统物理内存的 1.5～2 倍，如图 1-12 所示。

经验分享

由于只分配物理内存大小的 1.5～2 倍容量给交换分区，剩余大部分空间留给根分区，所以在分区顺序上的选择尤为重要。先分配交换分区，再分配根分区无疑是最佳选择。

步骤 7： 创建根分区。本任务中，根分区的挂载点为“/”，文件系统类型为“ext3”，大小为所有剩余可用空间，如图 1-13 所示。

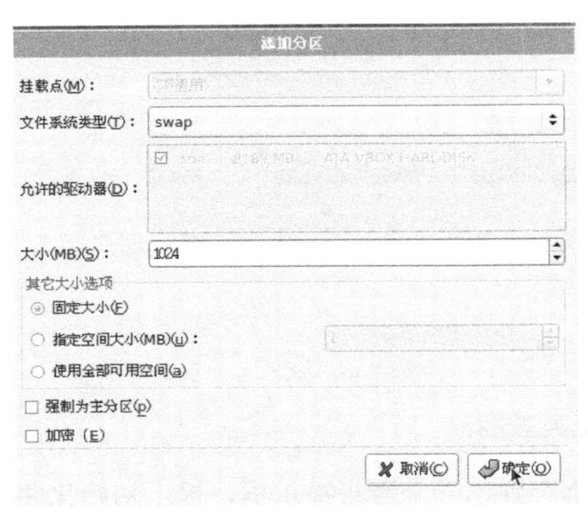

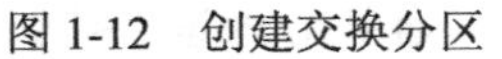
图 1-12　创建交换分区

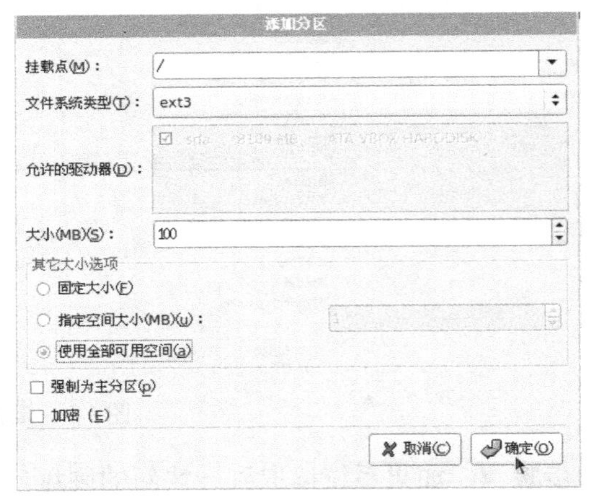

图 1-13　创建根分区

步骤 8： 分区创建后，仔细检查分区的大小、挂载点等相关信息，确认无误后，单击“下一步”按钮继续，如图 1-14 所示。

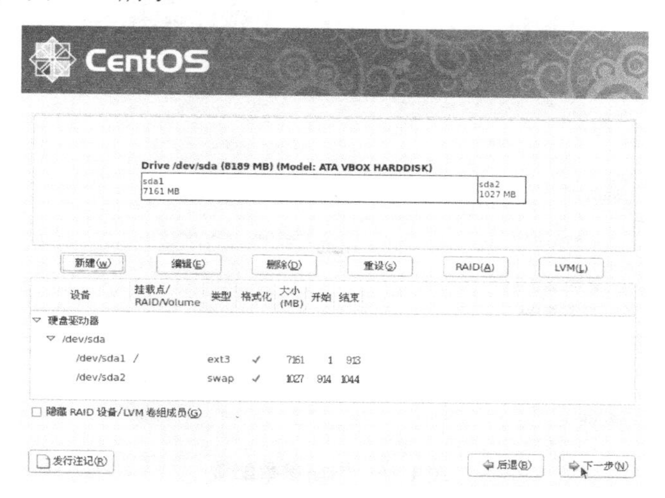

图 1-14　分区创建结束

步骤 9：进入引导配置界面，这里选择默认选项，将 GRUB 引导程序安装到/dev/sda1 中，单击“下一步”按钮继续，如图 1-15 所示。

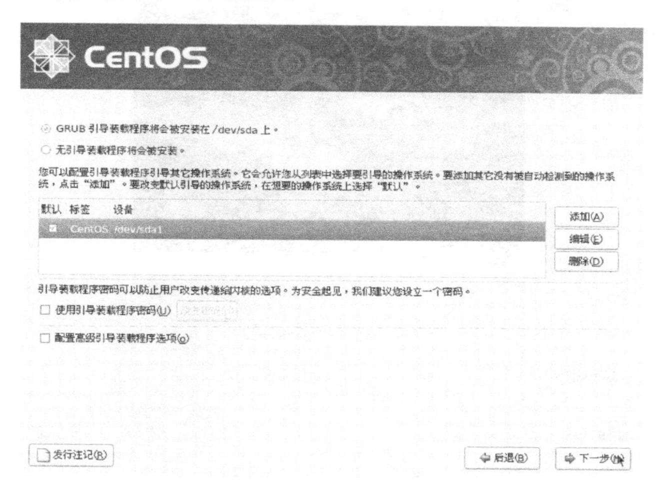

图 1-15　引导配置界面

经验分享

如果计算机安装了多个操作系统，则在此界面中可以选择默认启动的系统，同时可以使用编辑功能，编辑启动界面上显示的文字内容。

步骤 10：网络参数配置。根据企业的要求，完成网络参数的配置。其中包括 IP 地址、子网掩码、网关地址、DNS 地址、主机名，配置结束检查无误后，单击“下一步”按钮继续，如图 1-16 所示。

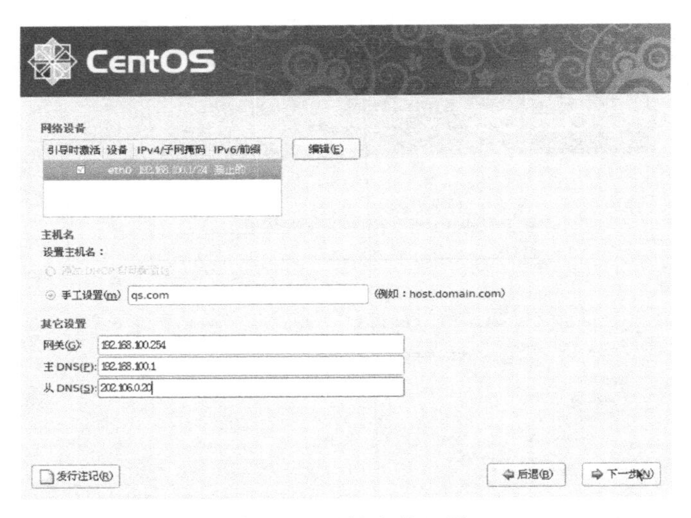

图 1-16 网络参数配置

步骤 11：时区设置，根据企业要求，选择“亚洲/上海”时区，单击“下一步”按钮继续，如图 1-17 所示。

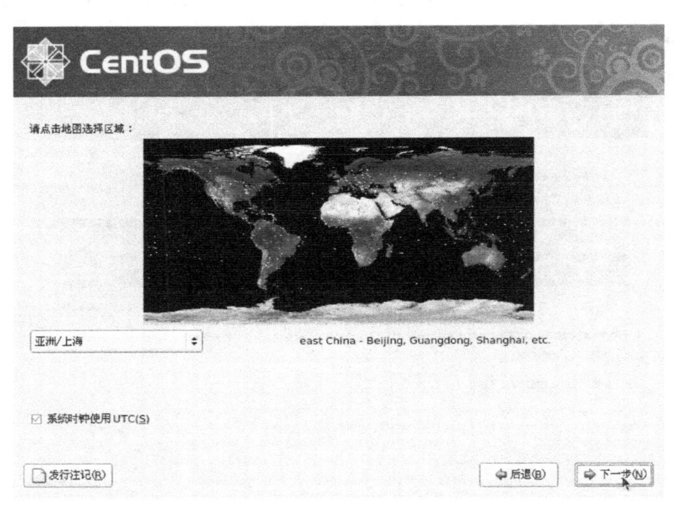

图 1-17 时区设置

经验分享

如果需要操作系统联网进行系统时间的自动调整，则勾选“系统时钟使用 UTC”复选框。如果当前计算机中同时存在其他版本的操作系统（如 Microsoft Windows），也有其他系统时间同步方案，则不建议勾选此复选框，以免造成冲突。

步骤 12：管理员密码设置。按照企业要求，设置管理员初始密码，这里建议网络管理员在系统安装结束后，设置较为复杂的口令，从而加强系统的安全性，设置结束后，单击“下一步”按钮继续，如图 1-18 所示。

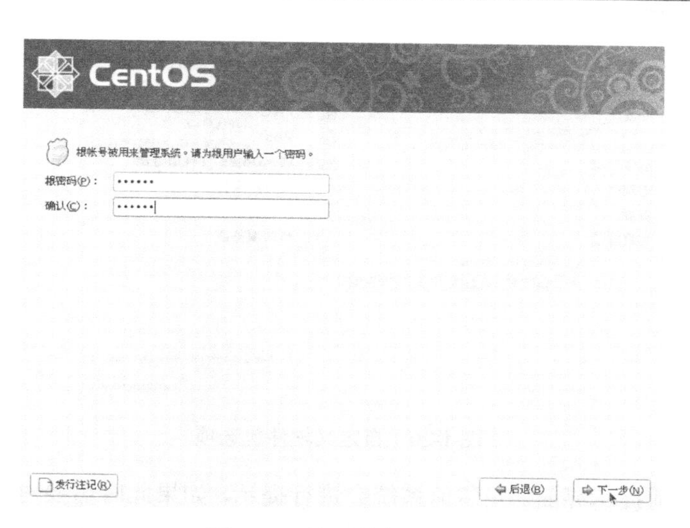

图 1-18　管理员密码设置

步骤 13：设置软件包选项。根据企业要求，设置服务器的角色，勾选对应的角色复选框。如果需要定制所需要的软件包，则需要选中“现在定制”单选按钮，单击“下一步”按钮继续，如图 1-19 所示。

图 1-19　设置软件包选项

步骤 14：自定义软件包选项。这里，网络管理员可以根据企业的要求和网络管理的实际需要，自定义软件包的选择，勾选好软件包后，单击“下一步”按钮继续，如图 1-20 所示。

经验分享

在自定义软件包过程中，虽然勾选了部分软件包分类，但是并不代表着所有软件包都勾选成功，这时需要查看屏幕中间的文字。如有 8 个软件包，目前选择了其中的 1 个（1 of 8 optional package selected），这时如果要勾选所有软件包，则可以右击软件包类型，在弹出的快捷菜单中选择“选择所有的可选软件包”选项，从而避免漏选的情况。

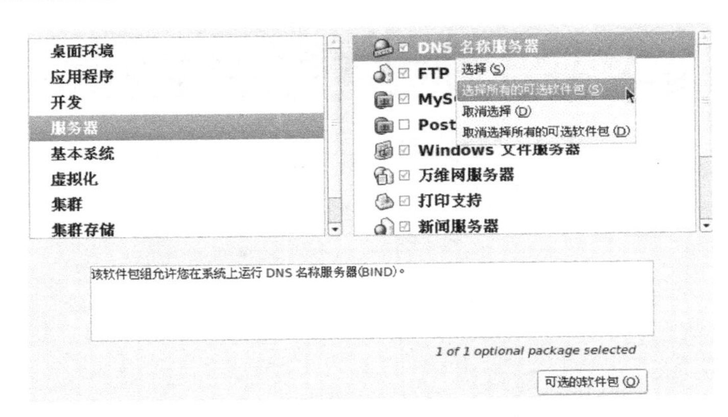

图 1-20　自定义软件包选项

步骤 15：安装前提示界面。安装前系统会进行提示，如果此时需要对安装选项进行调整，则需要单击“后退”按钮返回之间的界面进行操作。如果确认设置无误，则可单击“下一步”按钮开始安装，如图 1-21 所示。

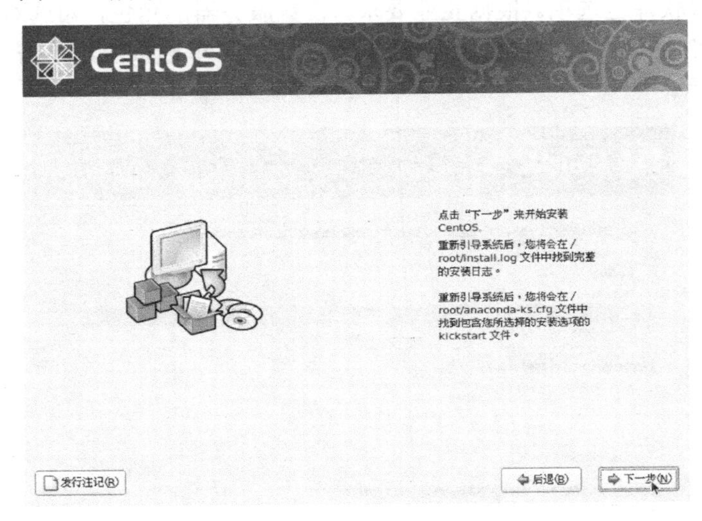

图 1-21　安装前提示界面

步骤 16：系统开始安装，格式化硬盘分区并进行软件包的安装，安装时间取决于终端的配置以及软件包的数量。在等待过程中，网路管理员利用引导程序介质启动另外 3 台新服务器，并逐一按照企业要求进行 Linux 操作系统的安装。待安装结束后，系统提示安装完成，需要单击“重新引导”按钮进行重启，从而完成图形化 Linux 操作系统的安装，如图 1-22 所示。

步骤 17：系统重新启动后，进入 Linux 操作系统，首先进入的是欢迎界面，如图 1-23 所示。

步骤 18：防火墙设置。根据企业要求对防火墙进行设置，建议不要轻易禁用防火墙，否则将会对系统的安全性造成一定的影响，如图 1-24 所示。

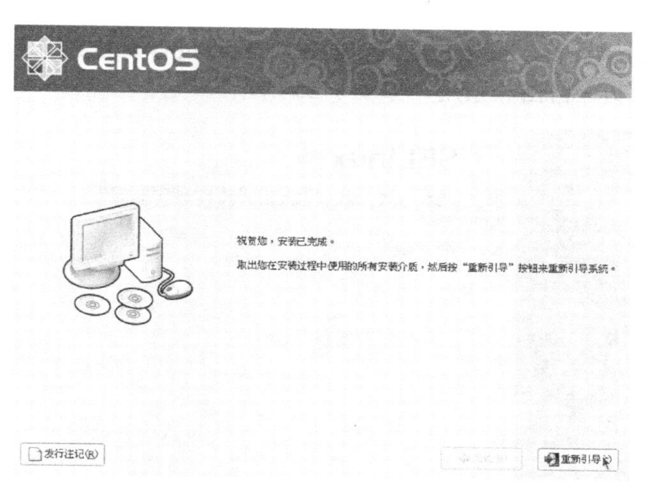

图 1-22　安装完成

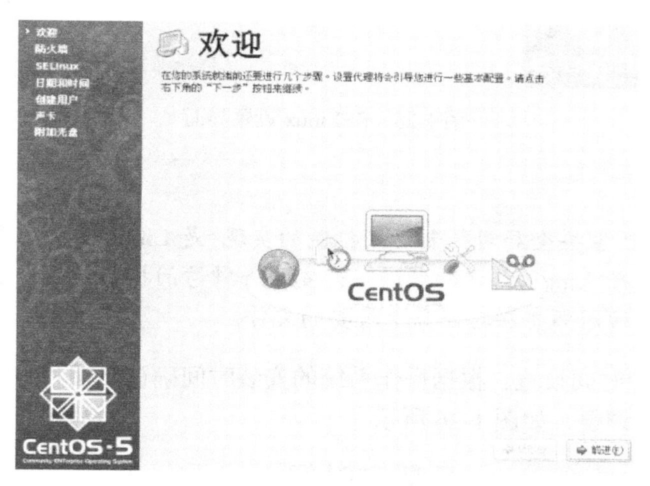

图 1-23　进入欢迎界面

图 1-24　防火墙设置界面

步骤 19：SELinux 设置。根据企业要求对 SELinux 进行设置。SELinux 提供了强大的安全控制功能，包括强制、自由和禁用，如图 1-25 所示。

图 1-25　SELinux 设置界面

知识链接

SELinux 是美国国家安全局对强制访问控制的实现，是 Linux 历史上最杰出的新安全子系统。美国国家安全局在 Linux 社区的帮助下开发了一种访问控制体系，在这种访问控制体系的限制下，进程只能访问那些在其任务中需要的文件。

步骤 20：日期和时间设置。根据操作系统的安装时间确认日期和时间的准确性，如果不准确，则在这里进行调整，如图 1-26 所示。

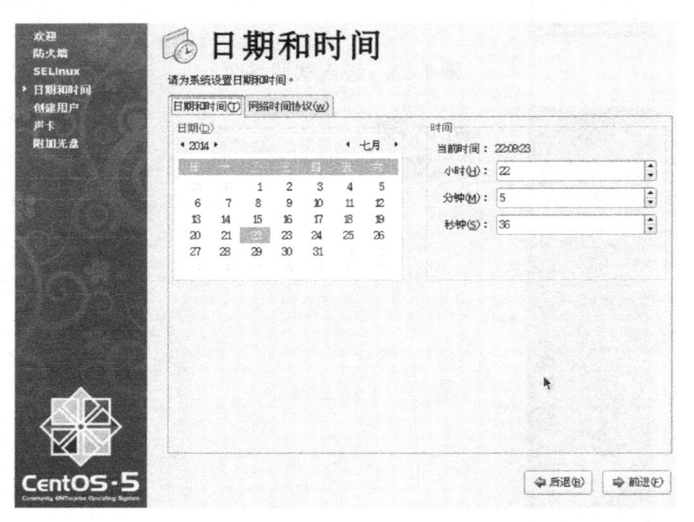

图 1-26　日期和时间设置界面

步骤 21：创建用户。由于在 Linux 操作系统安装过程中，只有根用户（Root）存在，对系统的安全性有一定的影响，所以建议在这里创建一个用户，作为普通用户登录系统，如图 1-27 所示。

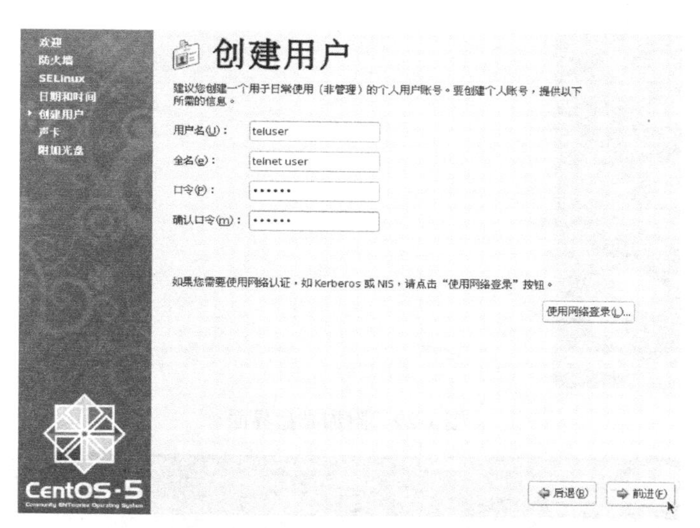

图 1-27 创建用户界面

步骤 22：声卡设置。系统如果检测到声卡，则将会在此界面中提示，并请用户验证是否能够播放声音，如图 1-28 所示。

图 1-28 声卡设置界面

步骤 23：附加光盘设置。如果在操作系统安装过程中有遗漏的软件包没有安装，则可在这里将软件包光盘添加进来，然后安装对象的软件，如图 1-29 所示。安装结束后，单击“完成”按钮，系统提示重新启动计算机，重启后系统登录界面出现，图形化 Linux 操作系统安装完毕，如图 1-30 所示。

图 1-29　附加光盘界面

图 1-30　图形化系统登录界面

知识链接

Linux 操作系统的特点

（1）完全免费：Linux 是一款免费的操作系统，用户可以通过网络或其他途径免费获得，并可以任意修改其源代码。全世界的无数程序员参与了 Linux 的修改、编写工作，程序员可以根据自己的兴趣和灵感对其进行改变，这使 Linux 不断壮大。

（2）多用户、多任务：Linux 支持多用户，各个用户对于自己的文件设备有自己特殊的权利，保证了各用户之间的互不影响。多任务则是现在计算机最主要的一个特点，Linux 可以使多个程序同时并独立地运行。

（3）良好的界面：Linux 同时具有字符界面和图形界面。在字符界面中，用户可以通过键盘输入相应的指令来进行操作。它同时也提供了类似 Windows 图形界面的 X-Window 系统，用户可以使用鼠标对其进行操作。X-Window 环境和 Windows 相似，可以认为是一个 Linux 版的 Windows。

（4）支持多种平台：Linux 可以运行在多种硬件平台上，如具有 SPARC、Alpha 等处理器的平台。此外，Linux 还是一种嵌入式操作系统，可以运行在掌上电脑、机顶盒或游戏机上。2001 年 1 月发布的 Linux 2.4 内核已经能够完全支持 Intel 64 位芯片架构。同时，Linux 也支持多处理器技术，多个处理器同时工作，使系统性能大大提高了。

任务验收

通过本任务的实施，学会基于 HTTP 网络安装图形化界面的 Linux 操作系统。

评价内容	评价标准
基于 HTTP 的网络安装 Linux 操作系统	在规定时间内，为 4 台服务器安装图形化界面的 Linux 操作系统。能够使用网络安装介质引导系统，使用 HTTP 方式与远程安装服务器通信，获取安装程序并完成系统的安装

拓展练习

使用图形化安装程序，在 VirtualBox 4.3.6 虚拟机软件上安装 CentOS 5 Linux 操作系统，具体要求如表 1-3 所示。

表 1-3　拓展练习要求

语言设置	时区设置	主机名	IP 地址	子网掩码	网关地址	Root 密码
英文	中国	abc.com	192.168.100.11	255.255.255.0	192.168.100.254	654321
软件包		虚拟机要求		分区要求		
桌面-KDE 和服务		内存 512MB，硬盘 8GB		交换分区 1G B	根分区 7GB	

任务 2　本地文本化界面安装 Linux 操作系统

任务描述

校园网项目采购的服务器设备已经陆续进场，马上要进行安装系统，小赵作为用户方，需要配合飞越公司进行服务器系统的安装、配置和调试工作，根据企业安装要求，需要为 6 台服务器安装文本化界面的 Linux 操作系统。

任务分析

由于逐一安装浪费时间，网络管理员小赵决定先使用安装光盘进行本地文本化界面的 Linux 安装，在后续任务中，再使用其他方式安装其他 5 台服务器。

首先到 CentOS 官方网站下载任务所需的操作系统安装镜像（ISO）文件，然后与企业沟通确认其中 1 台新服务器的网络参数要求（表 1-4）以及对操作系统安装的要求（表 1-5）。沟通无误后，开始为 4 台新服务器进行 Linux 操作系统的安装。

表 1-4　新服务器网络参数要求

序　号	主 机 名	IP 地址	子 网 掩 码	网 关 地 址	DNS 地址
1	s6.qs.com	192.168.100.6	255.255.255.0	192.168.100.254	192.168.100.1

表 1-5　企业安装要求

序　号	语 言 设 置	分 区 要 求	Root 初始密码	时 区 设 置	软件包设置
1	英文	自定义创建根分区和交换分区	123456	中国（上海）	服务、虚拟化
2		自动创建 Linux 分区	654321		服务、集群存储
3		自定义创建根分区和交换分区	123456		服务、虚拟化、集群
4		自动创建 Linux 分区	654321		服务、虚拟化、集群存储

任务实施

步骤 1： 在安装任务开始前，需要从 CentOS 官方网站的下载频道下载安装引导程序，并刻录到光盘上，从而引导系统。

步骤 2： 使用引导程序引导服务器，进入 Linux 安装引导界面，如图 1-31 所示。在引导界面中，输入 linux[空格]text，进入文本化界面安装程序。

```
 -  To install or upgrade in graphical mode, press the <ENTER> key.

 -  To install or upgrade in text mode, type: linux text <ENTER>.

 -  Use the function keys listed below for more information.

[F1-Main] [F2-Options] [F3-General] [F4-Kernel] [F5-Rescue]
boot: linux text_
```

图 1-31　Linux 安装引导界面

步骤 3： 安装介质测试选项。在此界面中，Linux 提示用户在安装开始之前可以运行此程序，测试安装介质的完整性。如果安装介质是第一次使用，则建议按“OK”键进行测试；如果安装介质已经多次使用，则建议按“Skip”键，直接进入系统安装，如图 1-32 所示。

步骤 4： 欢迎界面。引导程序结束后，进入 Linux 文本化欢迎界面，如图 1-33 所示。

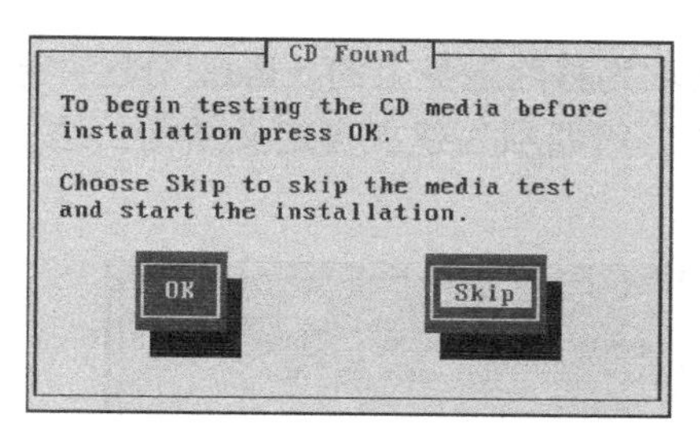

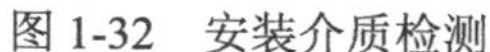

图 1-32　安装介质检测

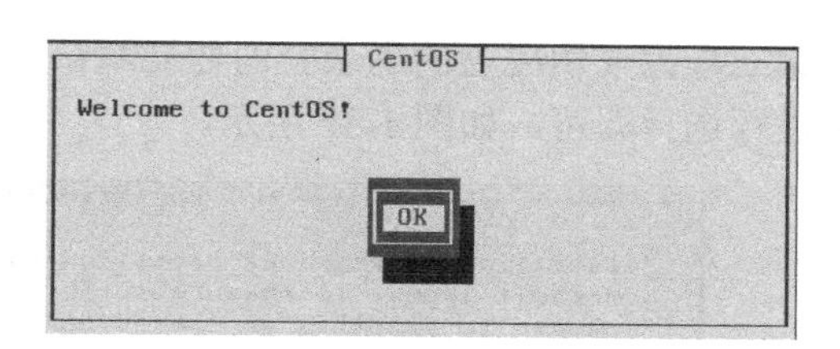

图 1-33　欢迎界面

步骤 5： 选择语言和键盘。根据企业要求，语言选择英文，如图 1-34 所示；键盘选择美式键盘，如图 1-35 所示。

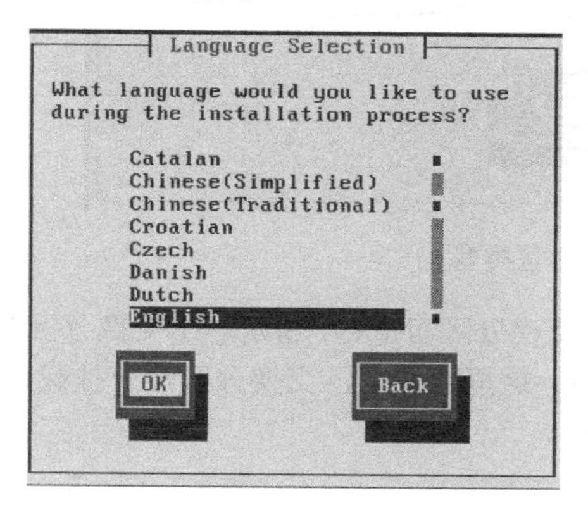

图 1-34　语言选择

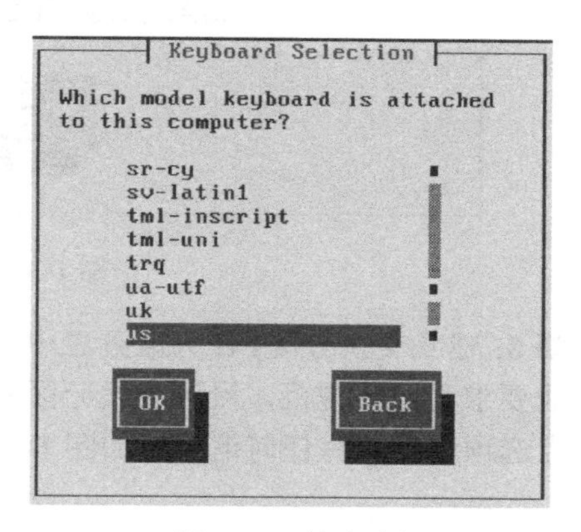

图 1-35　键盘选择

步骤 6： 分区表警告。当安装程序无法正确读取本地磁盘分区表后，会弹出警告。提示如果新建分区表将会丢失磁盘上的所有程序，这是根据具体情况进行选择的。如果是一块新的硬盘需要安装系统，则按“Yes”键，如果不是，则按“No”键，如图 1-36 所示。

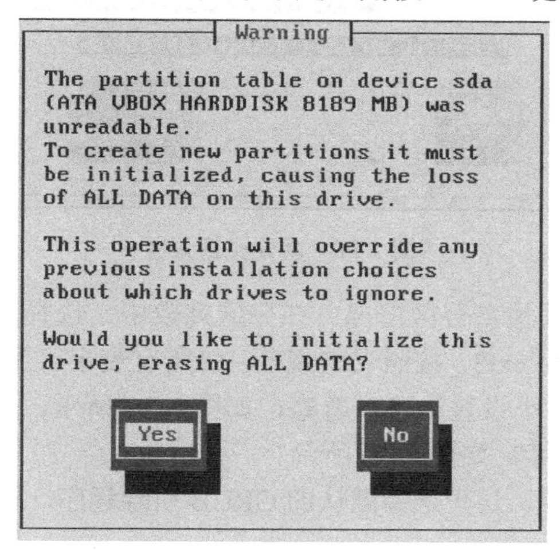

图 1-36　分区表警告

步骤 7： 选择分区类型。安装程序时需要网络管理员选择分区的类型，默认的类型是第一项，移除所有分区并建立默认分区结构。第二选项为移除磁盘上的 Linux 分区并建立默认结构。第三项为使用磁盘的剩余空间建立默认结构。第四项为建立自定义结构。这里根据企业要求进行选择即可，如图 1-37 所示。

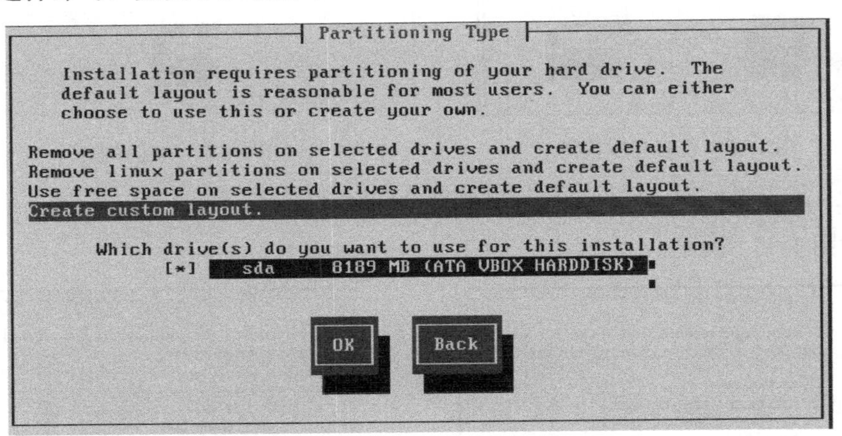

图 1-37　选择分区类型

步骤 8: 建立交换分区。在分区列表中，选择新建分区（New），新建一个交换分区（swap），按照企业要求和安装规范，设置交换分区的大小。这里要注意，交换分区没有挂载点，所以在挂载点选项中不填写任何信息，如图 1-38 所示。

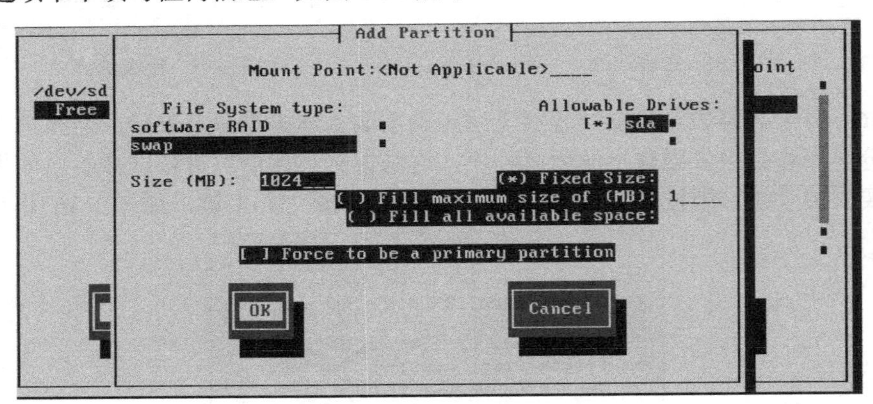

图 1-38　新建交换分区

步骤 9: 新建根分区并检查分区情况。在分区列表中，选择新建分区，建立一个根分区（/），分区的文件类型默认为 ext3，按照安装规范，将所有剩余可用空间分配给根分区（Fill all available space），所以在大小设置中可以忽略，如图 1-39 所示。分区结束，在分区列表中查看无误后，按“OK”键继续，如图 1-40 所示。

步骤 10: 引导程序配置。这里选择默认的 GRUB 引导程序，按“OK”键继续，如图 1-41 所示。

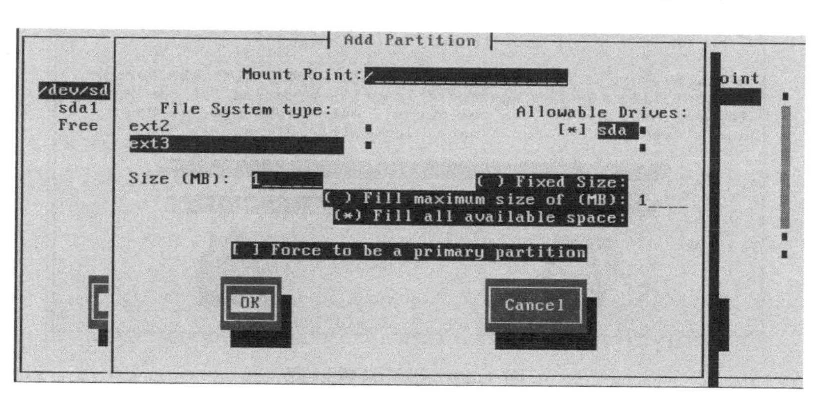

图 1-39　新建根分区

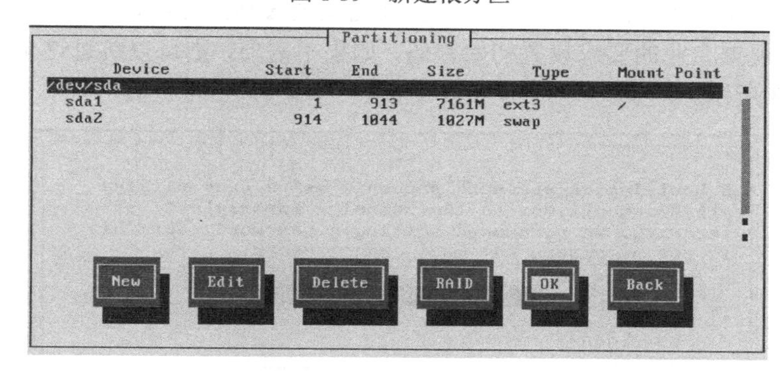

图 1-40　检查分区情况

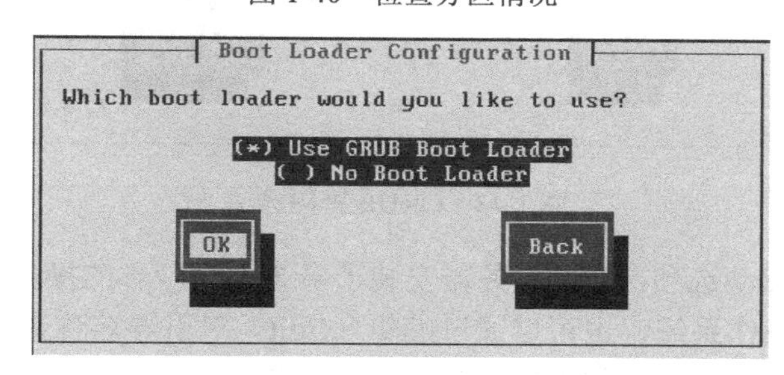

图 1-41　引导程序配置

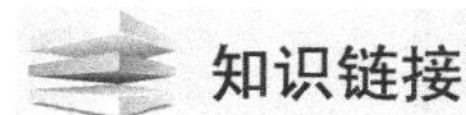

知识链接

GNU GRUB（GRand Unified Bootloader）是一个来自 GNU 项目的多操作系统启动程序，如 Windows、Linux。GRUB 是多启动规范的实现，它允许用户在计算机内同时拥有多个操作系统，并在计算机启动时选择希望运行的操作系统。GRUB 可用于选择操作系统分区上的不同内核，也可用于向这些内核传递启动参数。

步骤 11：引导特殊选项。安装程序提示有少数系统需要在引导系统的过程中为内核选择一些特殊选项，如果需要，则在这里输入，如果不需要，则可跳过这个选项。这里选择不填写，按“OK”键继续，如图 1-42 所示。

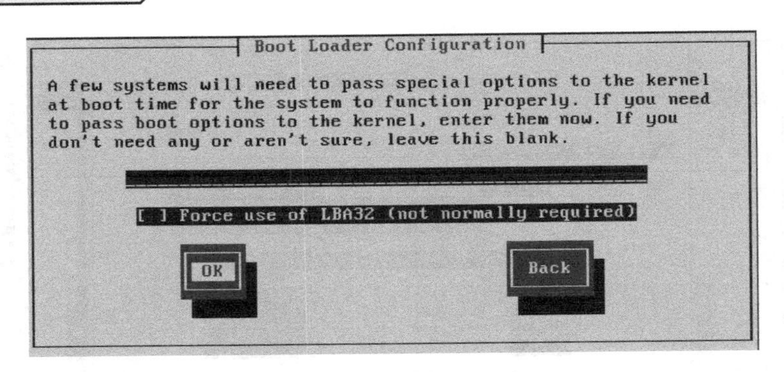

图 1-42　引导特殊选项

步骤 12： GRUB 密码选项。为了得到更高的安全级别，可以设置 GRUB 密码，以限定调用系统内核。根据企业的要求设置初始密码，如果不需要，则可以跳过这个选项，按“OK”继续，如图 1-43 所示。

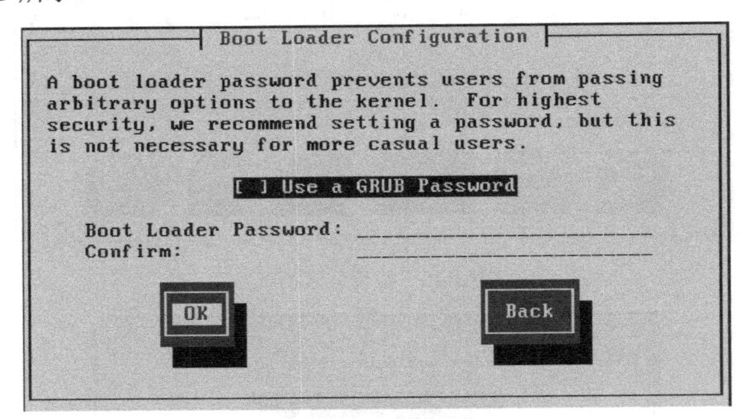

图 1-43　GRUB 密码选项

步骤 13： 多系统启动选项。如果服务器安装了多个不同版本的操作系统，在引导过程中，可以设置默认启动的操作系统，也可以通过编辑（Edit）对引导名称进行设置，如图 1-44 所示。如果服务器只安装了一个操作系统，则可不必进行设置。

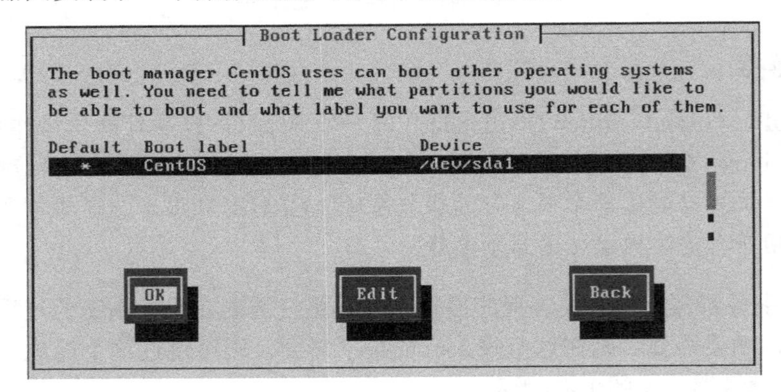

图 1-44　多系统启动选项

步骤 14： 引导程序安装位置选项。可以根据企业的要求将引导程序安装到不同的位置。默认安装为主引导记录（Master Boot Record，MBR），如图 1-45 所示。

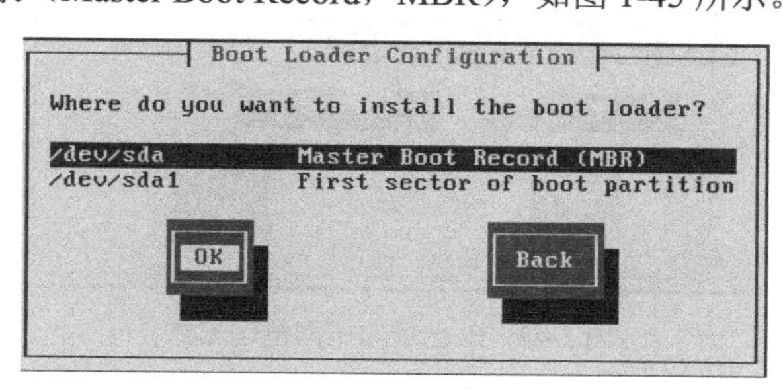

图 1-45 引导程序安装位置选项

知识链接

MBR 是对 IBM 兼容机的硬盘或者可移动磁盘分区时，驱动器最前端的一段引导扇区。MBR 是在 1983 年 PC DOS 2.0 支持硬盘后才有的。MBR 描述了逻辑分区的信息，包含文件系统及组织方式。此外，MBR 还包含计算机在启动的第二阶段加载操作系统的可执行代码或连接每个分区的引导记录。MBR 代码通常被称为引导程序。由于 MBR 分区表的最大可寻址的存储空间只有 2TB（2^{40}字节）。因此，在大硬盘出现的现在，MBR 分区方式逐渐被 GUID 分区表取代。

步骤 15： 网络配置界面。安装程序找到服务器有一块本地网卡（eth0），提示可以在安装程序过程中对该网卡进行配置，如果需要，可按“Yes”键，如果希望安装完系统后再进行配置，则可按“No”键，如图 1-46 所示。在配置第一块网卡的过程中，需要选择是否在引导过程中激活网卡（Activate on boot），是否开启 IPv4 支持（Enabled IPv4 support）以及是否开启 IPv6 支持（Enable IPv6 support），按照企业要求进行选择后，按“OK”键继续，如图 1-47 所示。

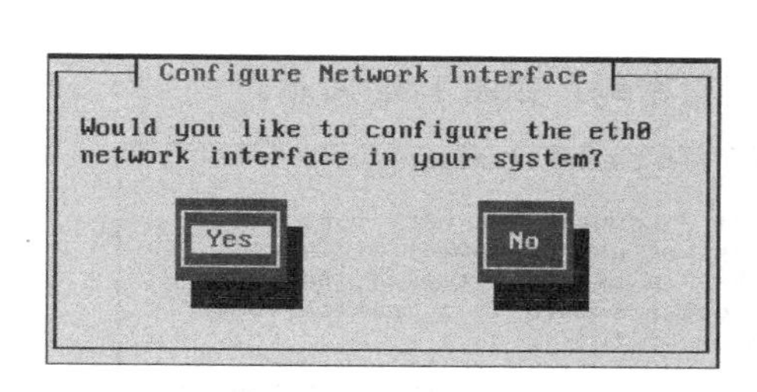

图 1-46 网络配置界面

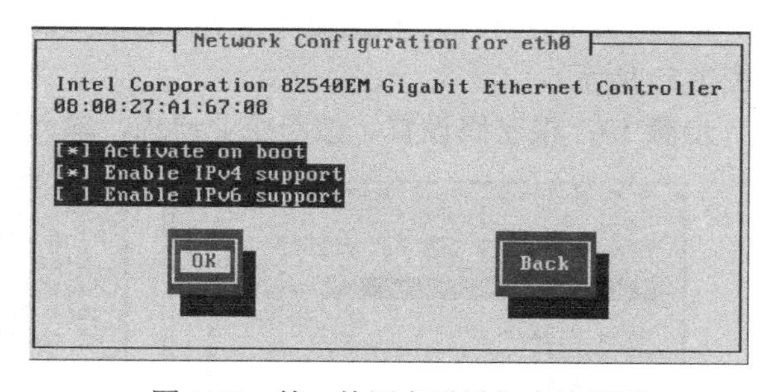

图 1-47 第一块网卡引导与支持界面

步骤 16： 网络参数配置界面。为第一块网卡设置网络参数的过程中，按照企业要求，使用固定网络地址进行设置，这里选择手动地址配置（Manual address configuration），然后对 IP 地址、子网掩码进行设置，如图 1-48 所示。最后对网关地址、DNS 服务器地址进行设置，如图 1-49 所示。

步骤 17： 主机名设置。根据企业要求设置主机名，如图 1-50 所示。

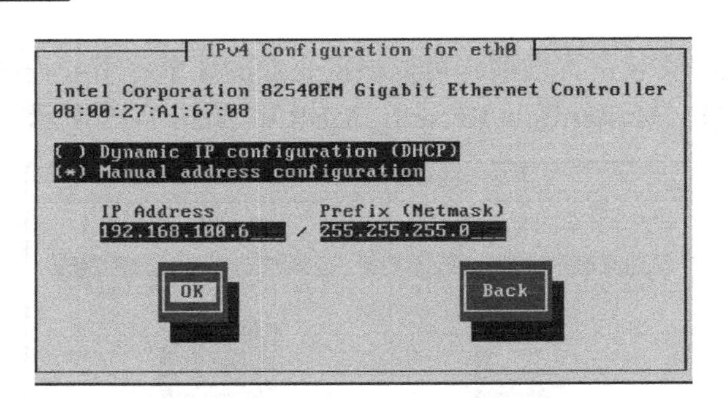

图 1-48　IP 地址与子网掩码配置

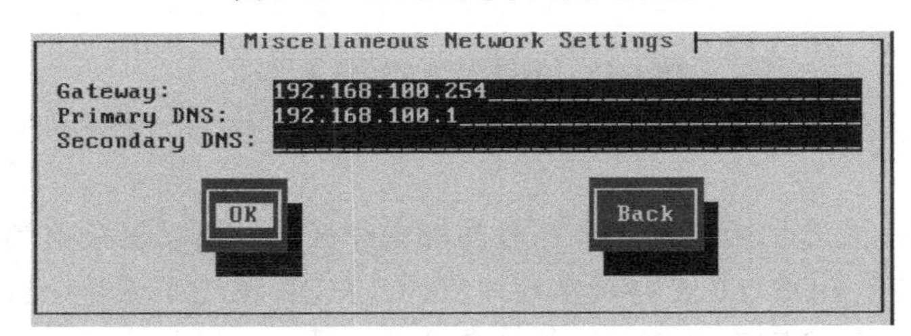

图 1-49　网关地址与 DNS 服务地址设置

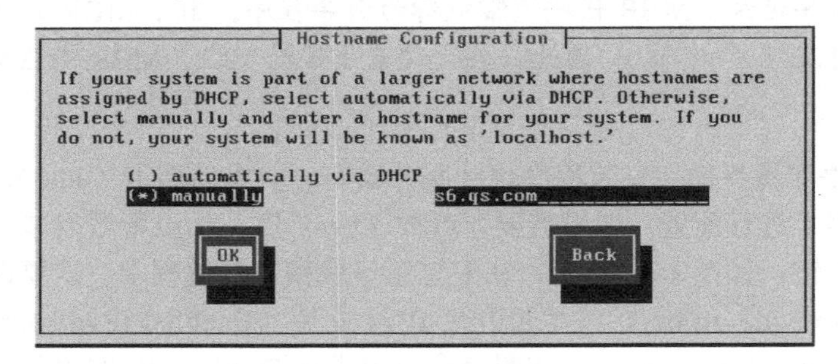

图 1-50　主机名设置

步骤 18： 时区设置。根据服务器所在的位置设置时区。这里选择亚洲/上海（Asia/Shanghai），如图 1-51 所示。

步骤 19： 根密码设置。按照企业要求，输入两遍根密码，如图 1-52 所示。

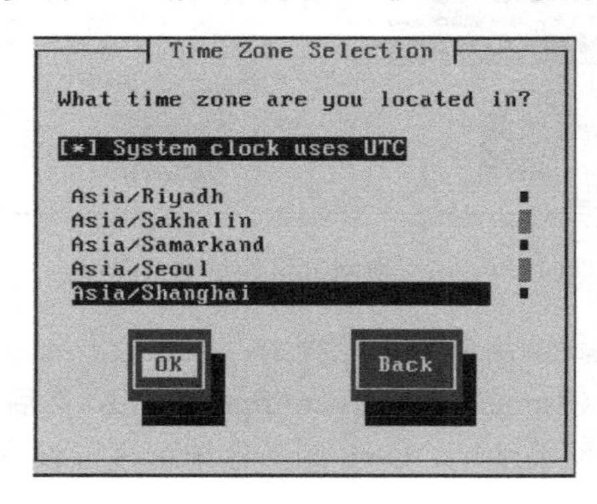

图 1-51　时区设置

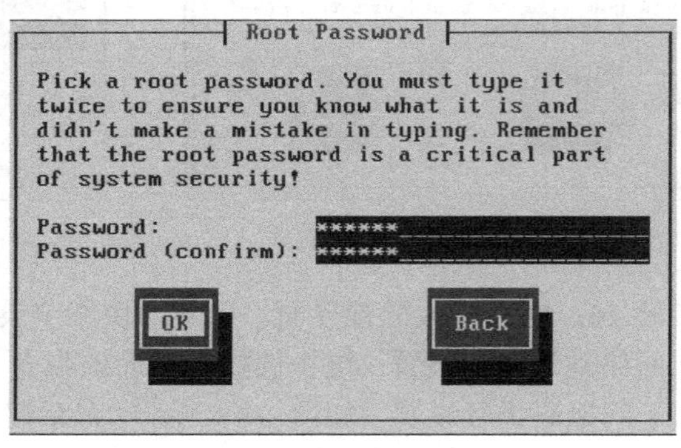

图 1-52　根密码设置

步骤20：软件包选项。根据企业要求进行软件包的选择。如果在安装过程中需要自定义选择软件包（Customize software selection），则将此选项选中后，按“OK”键继续，如图1-53所示。

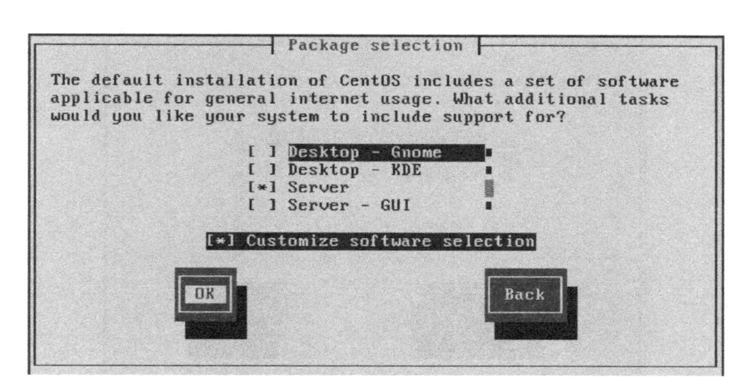

图1-53 软件包设置

步骤21：自定义软件包选项。网络管理员可以根据客户的要求选择软件包，在软件包分类中使用键盘的方向键移动到软件分类后，使用F2键显示软件包组的详细内容，再进行软件包的选择，确认无误后，按“OK”键完成软件包的自定义，如图1-54所示。

步骤22：安装程序启动并完成安装。上述所有操作结束后，系统即将开始安装，在此提示在安装过程中将建立位于/root目录下的日志文件install.log文件，以记录安装过程，如图1-55所示。安装时用户根据服务器配置和安装介质而定，大约在30min完成。安装成功后，系统提示将安装媒介移除并重启（Reboot），如图1-56所示。

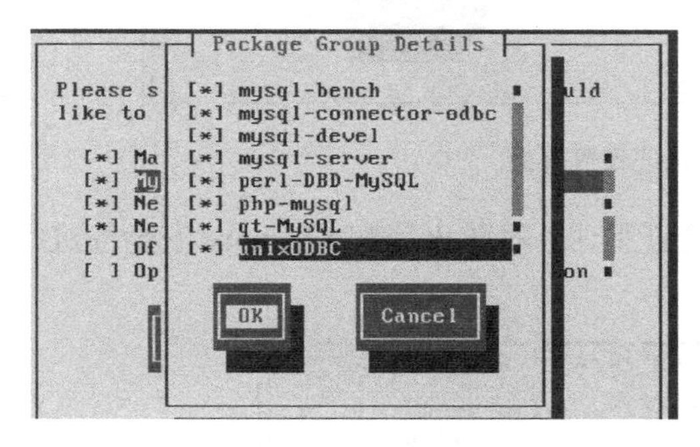

图1-54 自定义软件包选项

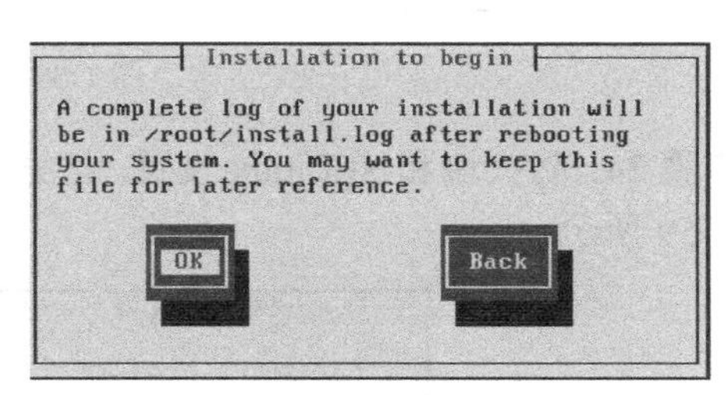

图1-55 安装程序启动

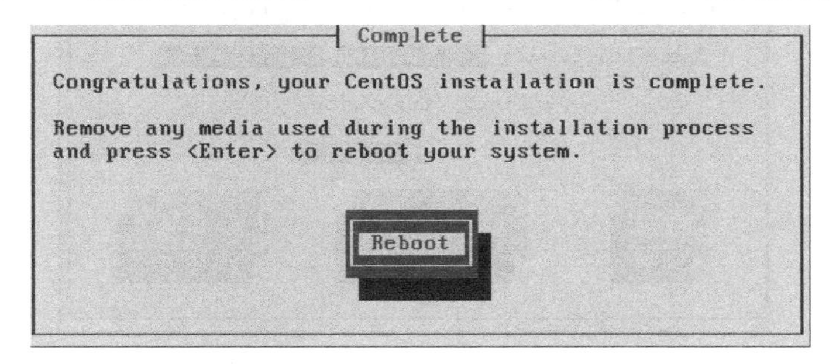

图1-56 安装成功并重启

步骤 23：安装程序引导系统重新启动后，会进入配置界面，如图 1-57 所示。网络管理员需要根据与企业的沟通，对其中的项目进行设置，进入认证设置界面，对使用的认证进行设置，如图 1-58 所示。

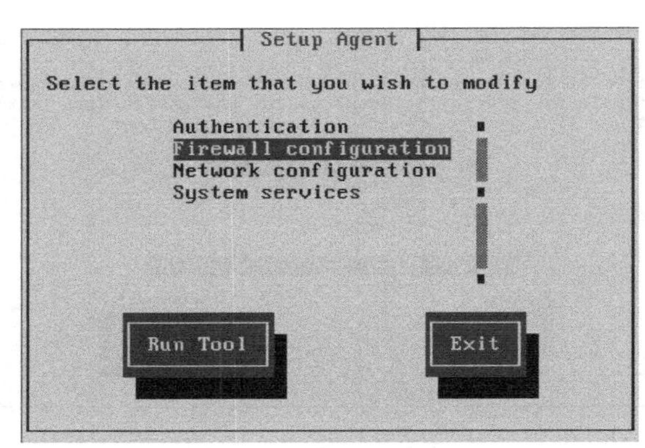

图 1-57　系统设置界面

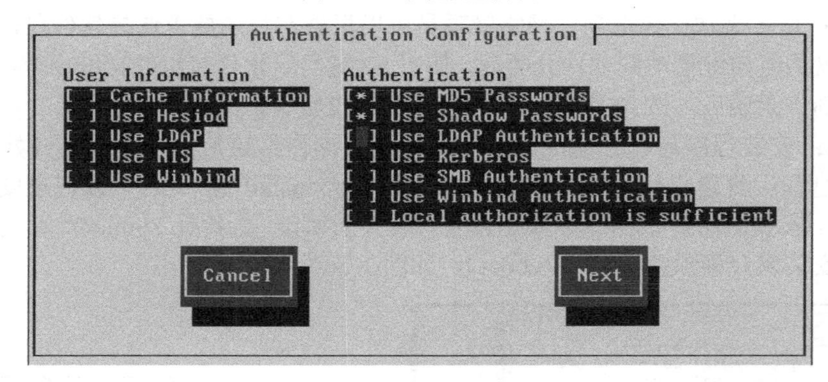

图 1-58　认证设置界面

步骤 24：防火墙和 SELinux 设置。根据企业要求，对防火墙和 SELinux 安全性进行设置，如图 1-59 所示。

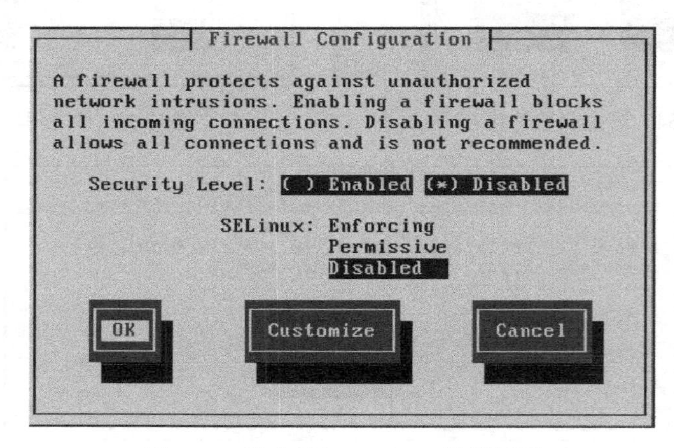

图 1-59　防火墙与 SELinux 设置界面

步骤 25： 系统服务设置。根据企业要求，设置需要开机启动的服务，如图 1-60 所示。

步骤 26： 所有设置结束后，按“Exit”键，进入文本化 Linux 操作系统登录界面，如图 1-61 所示。

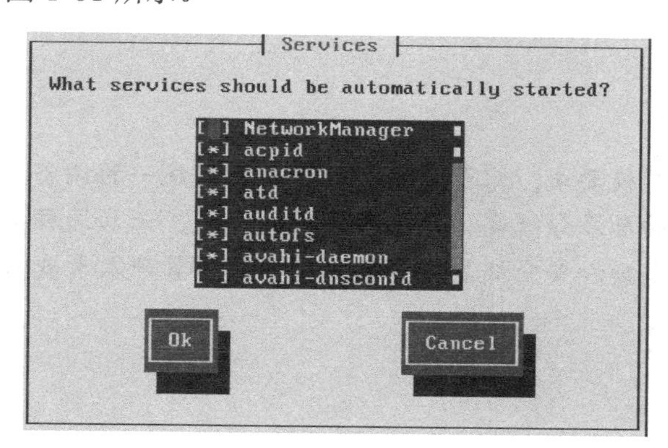

图 1-60　系统服务设置界面

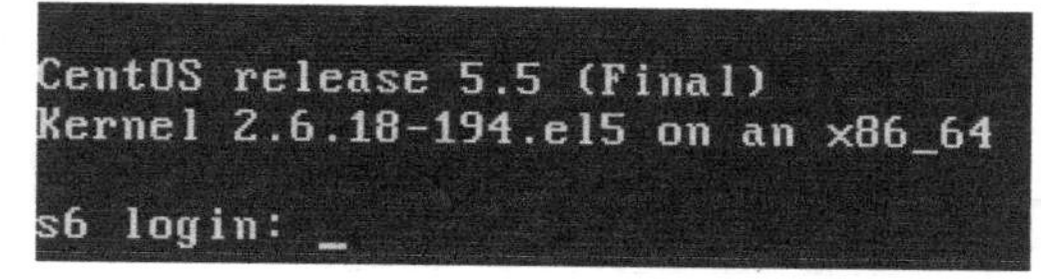

图 1-61　文本化 Linux 系统登录界面

任务验收

通过本任务的实施，学会使用本地文本化界面安装 Linux 操作系统。

评 价 内 容	评 价 标 准
本地文本化界面安装 Linux 操作系统	在规定时间内，为 1 台服务器安装文本化界面的 Linux 操作系统。能够根据本书内容，顺利阅读安装程序中的英文提示并完成操作系统的安装

拓展练习

使用文本化界面安装程序，在 VirtualBox 4.3.6 虚拟机软件上安装 CentOS5 Linux 操作系统，具体要求如表 1-6 所示。

表 1-6　拓展练习要求

语言设置	时区设置	主机名	IP 地址	子网掩码	网关地址	根密码
英文	中国	abc2.com	192.168.100.12	255.255.255.0	192.168.100.254	123456
软件包		**虚拟机要求**		**分区要求**		
服务和集群		内存 256MB，硬盘 10GB		交换分区 512MB	根分区（剩余所有空间）	

项目验收

考 核 内 容	评 价 标 准
Linux 操作系统的安装	与客户确认，在规定时间内完成 CentOS 5.5 操作系统的安装；安装设置与客户需求一致

项目 2　Linux操作系统的配置

项目描述

服务器群的操作系统安装完成后，按照学校要求，需要对系统的设置进行统一的调整，在图形化系统方面，需要更改不同桌面环境的屏幕分辨率、应用程序字体大小、开启远程桌面选项；在文本化系统方面，需要配置网卡参数和安全级别。另外，需要网络管理人员查看 Linux 操作系统的帮助文档获取信息。

项目分析

作为网络管理员，在进行系统配置的过程中，首先，应当逐一完成图形化界面和文本化界面的配置工作；再根据不同的图形化桌面环境，完成对系统的进一步配置；最后，可以使用系统提供的官方帮助和支持子系统搜索需要的资料，从而完成本项目。整个项目的认知与分析流程如图 1-62 所示。

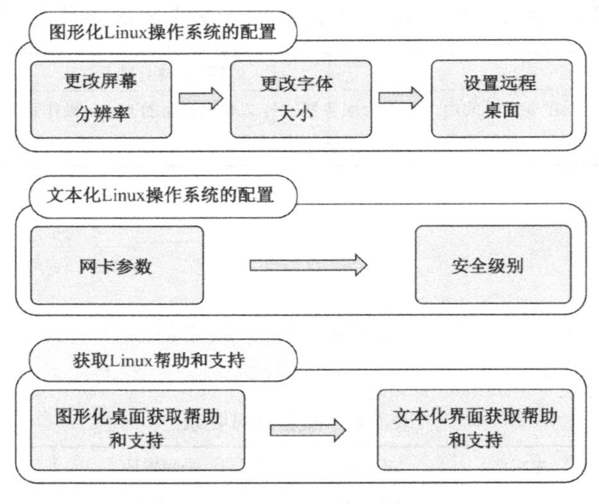

图 1-62　项目流程图

任务 1　Linux 操作系统的基本配置

任务描述

飞越公司按照新兴学校的需求，将 Linux 操作系统安装完成后，需要为所有的服务器进行系统的基本配置，从而保证系统的正常运行。

任务分析

服务器系统的基本配置无法实现批量完成，网络管理员小赵接到任务后，通过分析，打算按照图形化和文本化界面来分别进行服务器的配置。

任务实施

1. 在 GNOME 桌面环境下更改屏幕分辨率

在 GNOME 桌面环境下更改分辨率的操作：选择"系统"→"首选项"→"屏幕分辨率"→"更改屏幕分辨率"选项，如图 1-63 所示。更改完成后，单击"应用"按钮后重启服务器，屏幕分辨率得以更改。

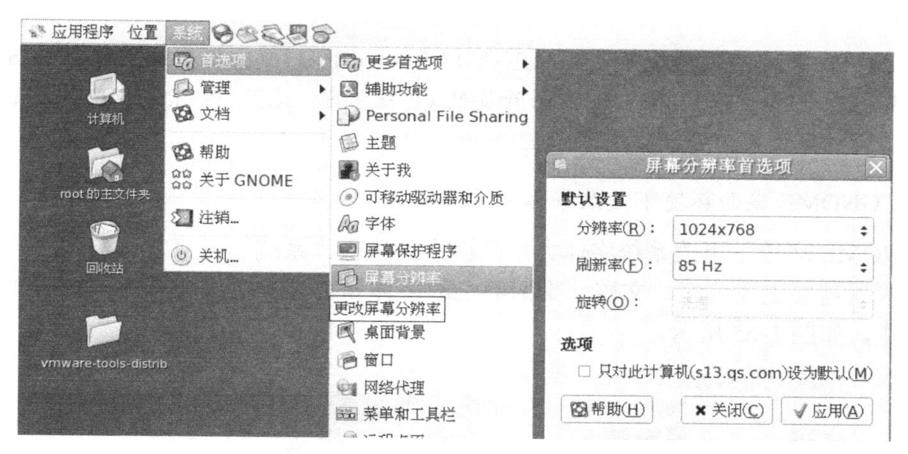

图 1-63　GNOME 环境下更改屏幕分辨率

知识链接

GNOME 是一种 GNU 网络对象模型环境，是 GNU 计划的一部分，是开放源码运动的一个重要组成部分，是一种让使用者容易操作和设定计算机环境的工具，目标是基于自由软件，为 UNIX 或者类 UNIX 操作系统构造一个功能完善、操作简单及界面友好的桌面环境，是 GNU 计划的正式桌面。

2. 在 KDE 桌面环境下更改屏幕分辨率

在 KDE 桌面环境下更改分辨率的操作：右击屏幕左下角的 CentOS Logo，选择"系统"→"显示"选项，弹出"显示设置"对话框，调整分辨率后，单击"确定"按钮，重启服务器后，分辨率得以应用，如图 1-64 所示。

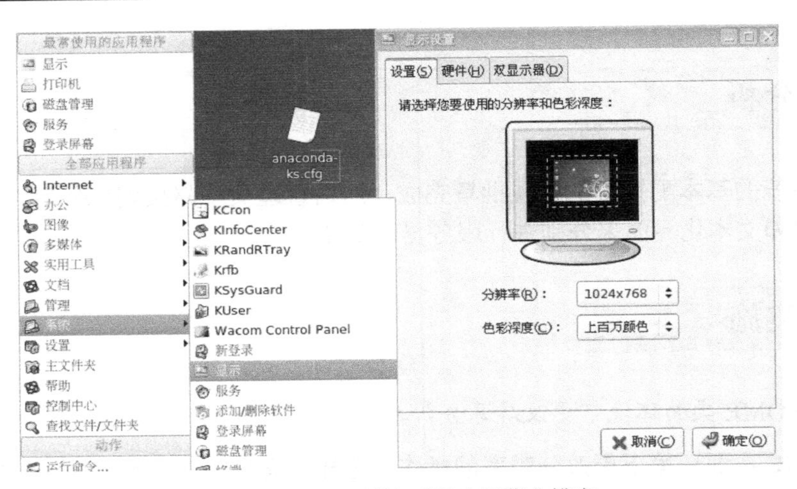

图 1-64　KDE 环境下更改屏幕分辨率

知识链接

KDE 是一种著名的运行于 Linux、UNIX 以及 FreeBSD 等操作系统上的自由图形工作环境，整个系统采用的都是 TrollTech 公司开发的 Qt 程序库。KDE 和 GNOME 都是 Linux 操作系统上最流行的桌面环境系统。

3. 在 GNOME 桌面环境下更改字体字号

在 GNOME 环境下更改系统字体大小的操作：选择“系统”→“首选项”→“字体”选项，然后根据需要更改程序、文档、桌面等上的字体和字号，更改完毕后，单击“关闭”按钮结束操作，如图 1-65 所示。

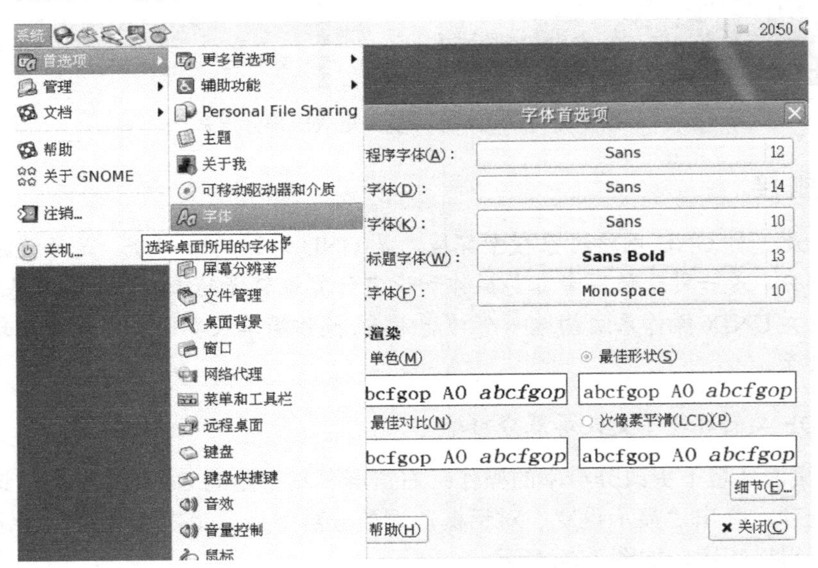

图 1-65　GNOME 环境下更改字体字号

4. 在 KDE 桌面环境下更改字体字号

在 KDE 环境下更改系统字体大小的操作：单击左下角的 K 菜单，打开控制中心。在控制中心中，将外观和主题类展开后，选择“字体”选项，在此修改常规、工具栏、菜单等的字体和字号，如图 1-66 所示。

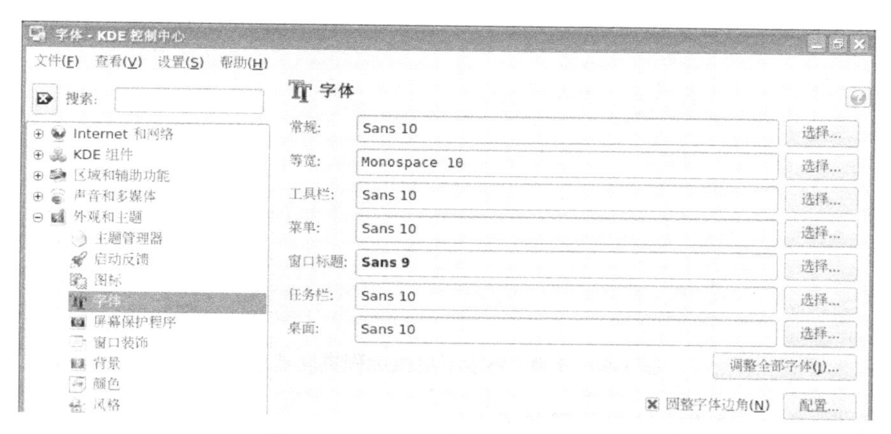

图 1-66　KDE 环境下更改字体字号

5. 在 GNOME 桌面环境下更改远程桌面首选项

在 GNOME 桌面环境下更改远程桌面选项的操作：选择“系统”→“首选项”→“远程桌面”选项，勾选“允许其他人查看您的桌面”复选框，从而可以使用 VNC 服务远程查看桌面，也可以设置使用密码来提高远程访问的安全性，如图 1-67 所示。

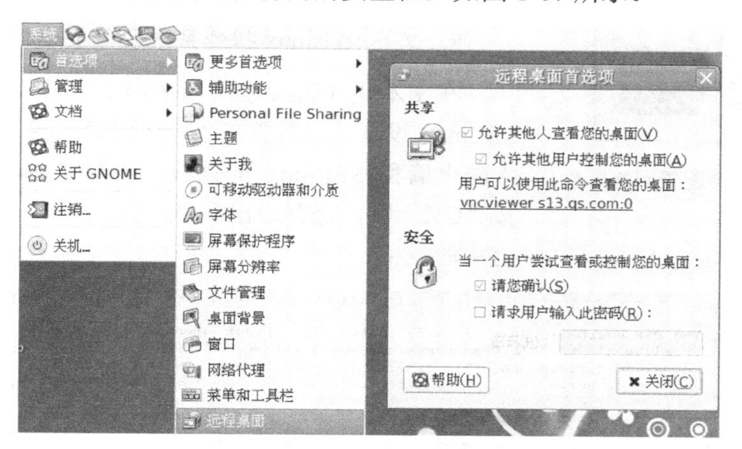

图 1-67　GNOME 环境下更改远程桌面首选项

6. 在 KDE 桌面环境下更改桌面共享设置

在 KDE 桌面环境下，利用控制中心搜索远程桌面，能够弹出“桌面共享”对话框，在访问中，勾选“允许未邀请的连接”复选框，打开远程桌面。与 GNOME 一样，也可以为共享桌面设置密码，如图 1-68 所示。

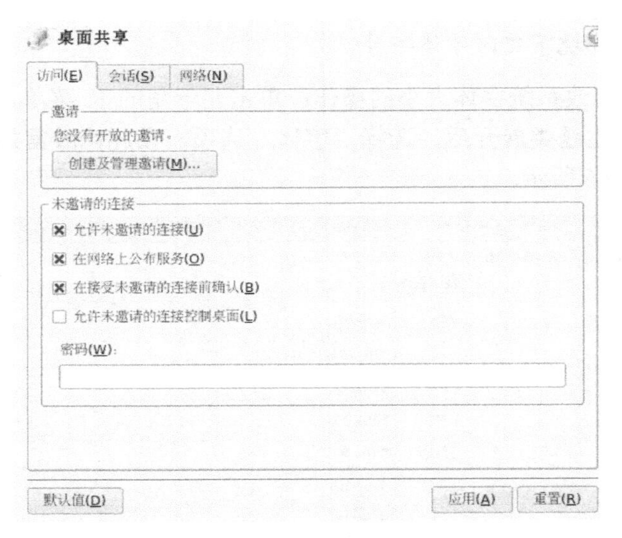

图 1-68　KDE 环境下更改远程桌面首选项

7. 文本化 Linux 操作系统配置网络参数

在文本化 Linux 操作系统中，如果需要配置网络参数，则可在命令行窗口中输入以下命令。

```
#system-config-network-tui
```

进入网络配置界面，在此界面中，可以配置网卡和 DNS 服务地址，如图 1-69 所示。配置结束后，按“Save & Exit”键退出。

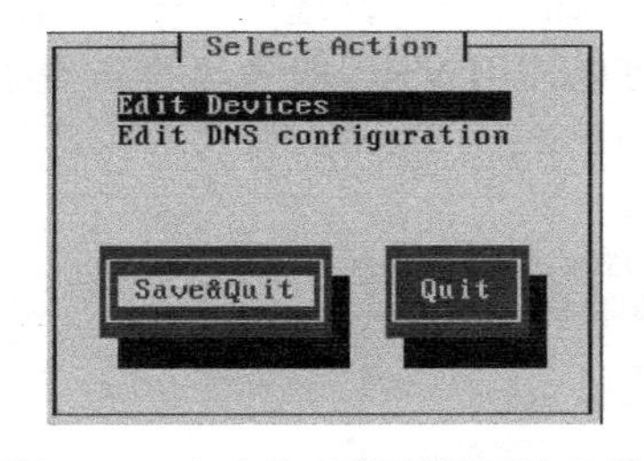

图 1-69　文本化系统配置网络参数

8. 文本化 Linux 操作系统配置安全级别

在文本化 Linux 操作系统中，如果需要配置防火墙和 SELinux 设置，则需要在命令行窗口中输入下面的命令。进入防火墙和 SELinux 配置后，根据需要对配置进行调整，按“OK”键，保存退出即可，如图 1-70 所示。

```
#system-config-securitylevel-tui
```

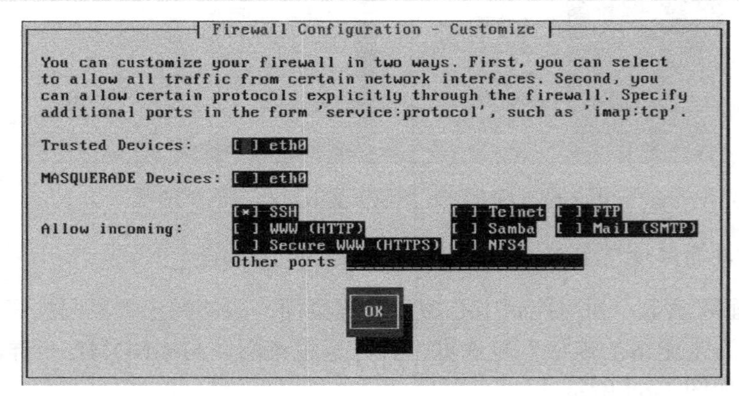

图 1-70　文本化系统配置安全级别

任务验收

通过本任务的实施，学习安装 Linux 操作系统并对系统进行配置。通过本任务，网络管理员应能够熟练地对图形化和文本化界面的 Linux 操作系统进行配置。

评 价 内 容	评 价 标 准
Linux 操作系统的基本配置	在规定时间内，完成对图形化和文本化 Linux 操作系统的相关配置

拓展练习

在 VirtualBox 4.3.6 虚拟机软件上配置 Linux 操作系统安装程序，具体要求如表 1-7 所示。

表 1-7 拓展练习要求

语言设置	时区设置	主机名	IP 地址	子网掩码	网关地址	根密码
英文	亚洲/上海	abc2.com	192.168.100.13	255.255.255.0	192.168.100.254	654321
软件包		**虚拟机要求**		**分区要求**		
服务		内存 256MB，硬盘 10GB		交换分区 512MB	根分区（剩余所有空间）	

任务 2 获取 Linux 操作系统的帮助和支持

任务描述

新兴学校服务器群的操作系统经过安装和基本配置后，可以进行简单的工作了，但飞越公司需要指导学校的管理员小赵操作 Linux 系统，其中最为重要的内容是指导他们如何通过 Linux 操作系统获取帮助和支持，从而更好地应用此系统。

任务分析

飞越公司的工程师指导新兴学校的网络管理员小赵，分别使用图形化和文本化 Linux 操作系统完成系统帮助和支持的获取。

任务实施

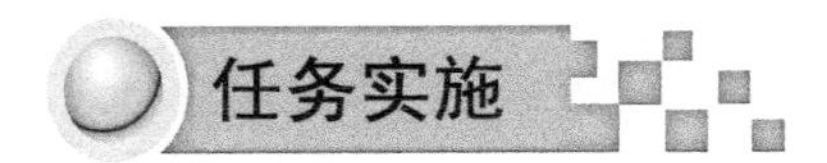

1. 使用图形化 Linux 操作系统获取帮助和支持

1）GNOME 桌面环境下获取帮助和支持

在 GNOME 环境下，获取帮助和支持是通过 GNOME 帮助浏览器完成的。在这个浏览器中，包含了对附件、游戏、图形、Internet 等一系列内容的帮助和支持，用户可以在此进行检索，从而最快速地查找到自己需要的内容，对于查找到的内容可以进行打印，方便用户保存资料，如图 1-71 所示。

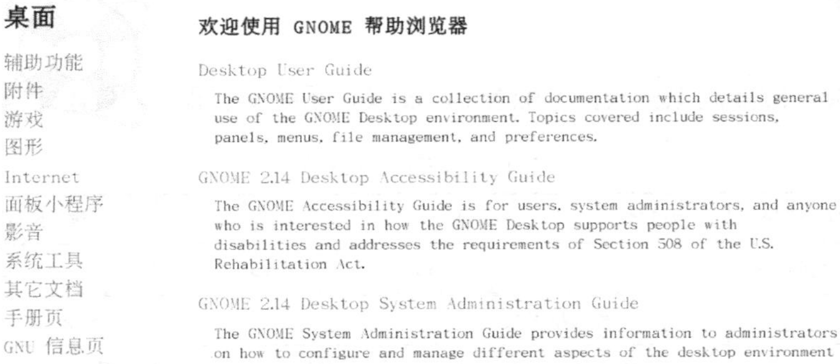

桌面
辅助功能
附件
游戏
图形
Internet
面板小程序
影音
系统工具
其它文档
手册页
GNU 信息页
欢迎使用 GNOME 帮助浏览器
Desktop User Guide
The GNOME User Guide is a collection of documentation which details general use of the GNOME Desktop environment. Topics covered include sessions, panels, menus, file management, and preferences.
GNOME 2.14 Desktop Accessibility Guide
The GNOME Accessibility Guide is for users, system administrators, and anyone who is interested in how the GNOME Desktop supports people with disabilities and addresses the requirements of Section 508 of the U.S. Rehabilitation Act.
GNOME 2.14 Desktop System Administration Guide
The GNOME System Administration Guide provides information to administrators on how to configure and manage different aspects of the desktop environment

图 1-71　GNOME 环境下获取帮助和支持

2）KDE 桌面环境下获取帮助和支持

在 KDE 环境下，获取帮助和支持是通过 KDE 帮助中心完成的。KDE 帮助中心提供了强大的帮助系统，用户可以通过左侧窗口的导航栏快速地定位需要帮助的内容，也可以在搜索栏中进行关键字的查询，窗口右侧提供的搜索结果可以直接复制文字、打印帮助文档，如图 1-72 所示。

Ilya Korniyko
Revision ()
Table of Contents
OpenGL
OpenGL
This page displays information about installed OpenGL implementation. OpenGL (for "Open Graphics Library") is a cross-platform, hardware independent interface for 3D graphics.
GLX is the binding for OpenGL to X Window system.
DRI (Direct Rendering Infrastructure) provides hardware acceleration for OpenGL. You must have a videocard with 3D accelerator and properly installed driver for this.
Read more at the official OpenGL site http://www.opengl.org

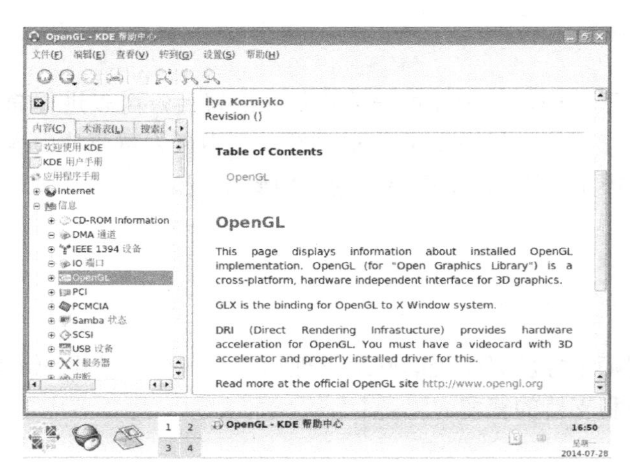

图 1-72　KDE 环境下获取帮助和支持

2. 使用文本化 Linux 操作系统获取帮助和支持

在文本化 Linux 操作系统的命令行中，帮助命令主要有以下两个。

1）man 命令

man 命令是 Linux 命令行中最著名的帮助功能，用来查看一些命令、函数或文件的帮助手册。例如，在命令行中输入以下命令：

```
#man -a ls
```

系统将调出关于 ls 命令的所有分类帮助文档，如图 1-73 所示。

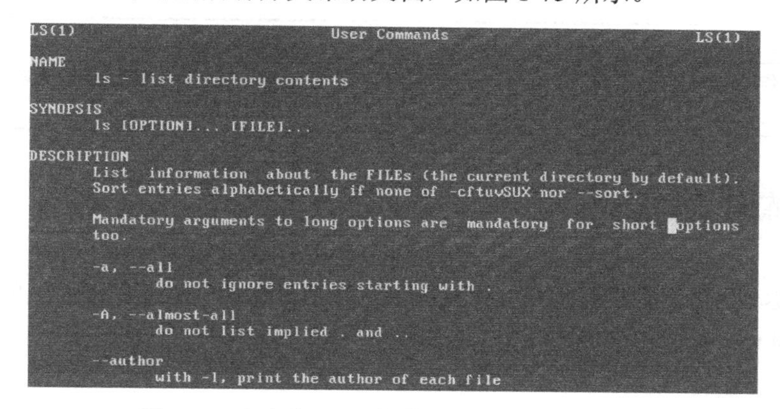

图 1-73　文本化 Linux 操作系统的 man 帮助命令

2）info 命令

info 命令可以调出制定命令的详细信息文档，也是帮助命令的一种。例如，在命令行中输入以下命令：

```
#info ls
```

系统会调出 ls 命令的详细信息文档，如图 1-74 所示。

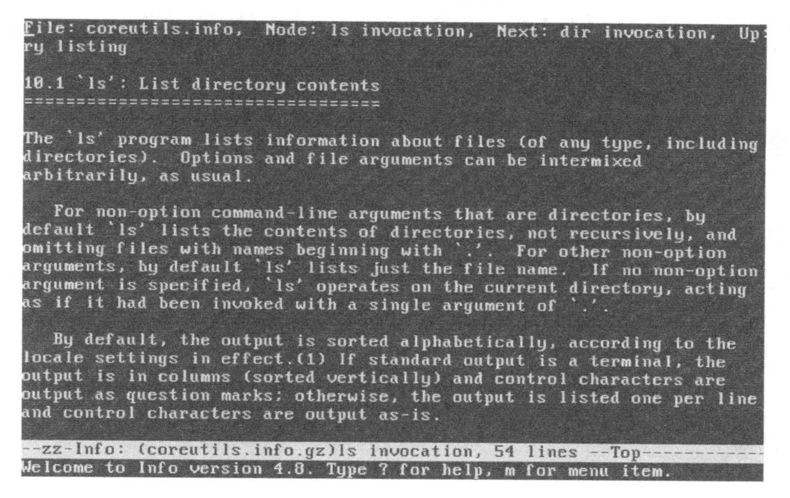

图 1-74　文本化 Linux 操作系统的 info 帮助命令

任务验收

通过本任务的实施，学习如何在图形化和文本化 Linux 操作系统中获取帮助和支持。这部分内容的难度在于大量的帮助信息使用的是英文，要求网络管理员在学习 Linux 操作系统的过程中不断提高自身的计算机英语词汇量和阅读水平，从而更好地使用 Linux 操作系统完成各项工作。

评 价 内 容	评 价 标 准
获取 Linux 操作系统的帮助和支持	在规定时间内，使用图形化和文本化 Linux 操作系统快速查找到帮助内容，并能打印和保存帮助文档

拓展练习

在 VirtualBox 4.3.6 虚拟机软件上获取图形化和文本化的 Linux 操作系统的帮助文档（关于 DNS 服务和 rpm 命令），将帮助文档的截图保存到 Word 文档中并上交。

项目验收

考 核 内 容	评 价 标 准
Linux 操作系统的配置	与客户确认，在规定时间内，通过对 GNOME 和 KDE 两种桌面环境以及文本化界面的配置，完成 Linux 操作系统的基本配置；通过使用不同的帮助系统和命令，获取对 Linux 操作系统的帮助和支持

知识拓展　无人值守安装 Linux 操作系统——Kickstart

任务描述

新兴学校校园网项目采购的服务器设备陆续进场，并且系统安装完毕，小赵作为用户方，需要配合飞越公司进行服务器系统的安装、配置和调试工作，但发现人工安装系统时需要守在计算机前进行下一步的操作，大大浪费了时间，于是飞越公司提议使用一种新的安装方法，即无人值守安装。

任务分析

飞越公司所说的新的安装方法可以使用无人值守安装，这样只需要安装前设置一些参数就可以自动安装，无需人工进行下一步的操作，节省了很多时间。管理员小赵对此技术并不熟悉，于是请飞越公司的工程师来辅助实现。

5 台新服务器的网络参数要求以及对操作系统安装的要求如表 1-8 和表 1-9 所示。在服务器端（192.168.100.6）进行配置，然后从 5 台客户端开始启动 Kickstart 安装。

表 1-8　新服务器网络参数要求

<table>
<tr><th>序号</th><th>主机名</th><th>IP 地址</th><th>子网掩码</th><th>网关地址</th><th>DNS 地址</th></tr>
<tr><td>1</td><td>s7.qs.com</td><td>192.168.100.7</td><td rowspan="5">255.255.255.0</td><td rowspan="5">192.168.100.254</td><td rowspan="5">192.168.100.1</td></tr>
<tr><td>2</td><td>s8.qs.com</td><td>192.168.100.8</td></tr>
<tr><td>3</td><td>s9.qs.com</td><td>192.168.100.9</td></tr>
<tr><td>4</td><td>s10.qs.com</td><td>192.168.100.10</td></tr>
<tr><td>5</td><td>s11.qs.com</td><td>192.168.100.11</td></tr>
</table>

表 1-9　企业安装要求

<table>
<tr><th>语言设置</th><th>键盘设置</th><th>分区要求</th><th>时区设置</th><th>软件包设置</th></tr>
<tr><td>英文</td><td>美式键盘</td><td>交换分区：2GB
根分区：剩余空间</td><td>中国(上海)</td><td rowspan="3">MySQL、DNS、FTP、Mail、Web-server、SMB-server、text-internet</td></tr>
<tr><th>网络参数</th><th>防火墙设置</th><th>SELinux 设置</th><th>引导程序安装位置</th></tr>
<tr><td>DCHP 获取</td><td>关闭</td><td>关闭</td><td>/dev/sda：MBR</td></tr>
</table>

任务实施

步骤 1：在配置服务器端之前，首先要做的是将 CentOS 5.5 操作系统安装盘的所有文件复制到一个系统目录下，如/var/centos5。

步骤 2：备份服务器上的文件/root/anaconda-ks.cfg，该文件是 Kickstart 的模板，可以在备份后对其进行修改，修改后的内容如下所示。

```
# Kickstart file automatically generated by anaconda.
#文本化安装
install
text
#设置使用NFS协议进行安装，NFS服务器IP地址为192.168.100.6，共享路径为/var/centos5
nfs --server=192.168.100.6 --dir=/var/centos5
#语言设置为英文，键盘设置为美式键盘
lang en_US.UTF-8
keyboard us
#网络参数配置，设置第一块网卡eth0开机启动，并通过DHCP的方式获取参数
xconfig --startxonboot
network --device eth0 --bootproto dhcp
#设置root用户的口令
rootpw --iscrypted $1$qFB4MMj/$HGMtBxB85iAoORPY7aIFM.
#设置防火墙关闭
```

```
firewall --disabled
#设置激活shadow口令和MD5加密进行身份验证
authconfig --enableshadow --enablemd5
#设置SELinux关闭
selinux --disabled
#设置时区为亚洲/上海
timezone Asia/Shanghai
#设置引导程序安装位置在sda上
bootloader --location=mbr --driveorder=sda --append="rhgb quiet"
#分区创建
#clearpart --linux
#part / --fstype ext3 --size=100 -grow
#part swap --size=2048
#以下为企业要求安装的软件包，以@开头的是软件包组，篇幅有限不在此全部展示
%packages
@base
…
@smb-server
keyutils
…
php-mysql
```

将上述文件保存到/var/centos5 目录下，命名为 ks.cfg，指令如下。

```
#cp /root/anaconda-ks.cfg /var/centos5/ks.cfg
```

步骤 3：配置 NFS 服务，将目录/var/centos5 开放给指定的主机。执行下面的命令。

```
#echo "/var/centos5" 192.168.100.0(ro,sync)">/etc/exports
```

步骤 4：启动 NFS 服务，执行下面的命令。

```
# service nfs start
```

步骤 5：配置 DHCP 服务，编辑 DHCP 服务的配置文档/etc/dhcpd.conf，主要内容如下。

```
ddns-update-style none;
subnet 192.168.100.0 netmask 255.255.255.0 {
    option routers 192.168.100.1;
    option subnet-mask 255.255.255.0;
    option domain-name "qs.com";
    option domain-name-server 192.168.100.1;
    range dynamic-bootp 192.168.100.7   192.168.100.11;
    default-lease-time 21600;
    max-lease-time 43200;
    filename "/var/centos5/ks.cfg";
};
```

步骤 6：启动 DHCP 服务，执行如下命令。

```
# service dhcpd start
```

将服务器按照上述操作配置结束后，即可对客户机进行操作，开始操作系统的安装了。

步骤 7：客户端运行 Kickstart，进行安装操作系统。利用网络安装介质启动服务器，进入

引导界面，输入如下指令，如图 1-75 所示。

```
linux ks=nfs:192.168.100.6:/var/centos5/ks.cfg
```

```
-  To install or upgrade in graphical mode, press the <ENTER> key.

-  To install or upgrade in text mode, type: linux text <ENTER>.

-  Use the function keys listed below for more information.

[F1-Main] [F2-Options] [F3-General] [F4-Kernel] [F5-Rescue]
boot: linux ks=nfs:192.168.100.6:/var/centos5/ks.cfg_
```

图 1-75 Kickstart 引导

在网络正常运行并正确输入上述参数后，可以跳过所有安装设置而直接进入软件包的安装，从而完成无人值守的 Linux 操作系统安装。

任务验收

通过本任务的实施，学会无人值守安装 Linux 操作系统。

评 价 内 容	评 价 标 准
无人值守安装 Linux 操作系统	在规定时间内，能够熟练运用无人值守安装技术完成 Linux 操作系统的安装

单 元 总 结

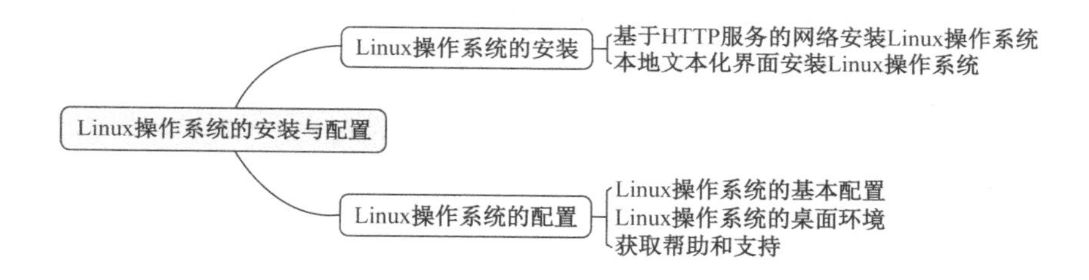

Linux 操作系统基础命令

☆ 单元概要

（1）对于 Linux 操作系统的初学者而言，学会 Linux 操作系统中文件目录的基本管理、软件包的安装与管理、磁盘的新建、挂载、备份等常用操作是非常重要的。通过学习这些内容，对 Linux 后续知识的学习起到了基础性的作用。

（2）目前，在全国职业院校技能大赛中职组网络搭建及应用项目中，使用 CentOS 5.5 的 Linux 操作系统。该系统的一些基础命令在对操作系统进行操作时都是经常用到的，如文件管理、磁盘管理、用户和用户组的管理、进程管理、计划任务命令编辑器和软件包管理等。

（3）通过对 Linux 操作系统基础命令的学习，使初学者对 Linux 的常用命令有一定的了解，通过深入的学习，使学习者逐步具备熟练调试配置的能力。

☆ 单元情境

新兴学校的网络管理员小赵在安装了 Linux 操作系统之后，对于 Linux 仍然非常陌生，不知道从何处下手开展工作，于是请来飞越公司的工程师帮忙，工程师建议从 Linux 操作系统的常用操作入手，熟悉命令，逐步推进，为 Linux 的高级应用打好基础。

项目1　文件目录管理

项目描述

新兴学校的网络管理员小赵听从工程师的建议，开始研究 Linux 操作系统的常用操作，查找了很多资料后，决定先学习文件目录管理。文件目录管理是 Linux 基础命令中应用相对较多的命令，一般是广大初学者的首选学习内容。

项目分析

在学习文档目录管理内容的过程中，主要涉及目录与路径、文件管理、文件内容查看、文件和目录的权限、查找文件及文件内容、输入输出重定向和管道等。小赵在工程师的帮助下，认真研究，熟练掌握。整个项目的认知与分析流程如图 2-1 所示。

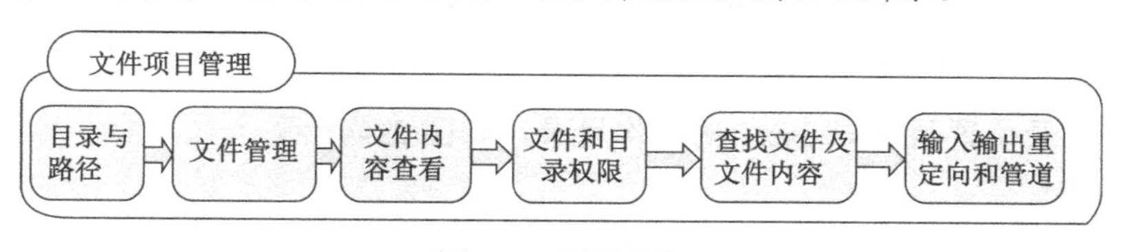

图 2-1　项目内容

任务1　目录与路径

任务描述

新兴学校的网络管理员小赵根据 Linux 基础命令学习的顺序，开始对目录与路径的相关命令进行学习。

任务分析

小赵需要熟练地切换目录及建立或者删除目录，并查看当前的位置。主要有以下几方面的内容：在 Linux 中使用命令操作改变工作路径；在 Linux 中使用命令查看用户当前所在的位置；在 Linux 中使用命令建立和删除目录。

任务实施

1. 目录访问

1）改变工作目录

（1）改变目录位置至用户登录时的工作目录，如图 2-2 所示。

```
#cd ~
```

知识链接

改变工作目录的命令格式如下。

```
cd [name]
```

其中，name 为目录名、路径或目录缩写。

（2）改变目录位置至 dir1 目录下，如图 2-3 所示。

```
#cd dir1
```

```
[root@qs tmp]# cd ~
[root@qs ~]#
```

图 2-2 改变目录位置至用户登录时的工作目录

```
[root@qs ~]# cd dir1
[root@qs dir1]#
```

图 2-3 改变目录位置至 dir1 目录下

（3）改变目录位置至用户 user1 的工作目录，如图 2-4 所示。

```
#cd ~user1
```

（4）改变目录位置至当前目录的上一级（父）目录，如图 2-5 所示。

```
#cd ..
```

```
[root@qs ~]# cd ~user1
[root@qs user1]#
```

图 2-4 改变目录位置至用户 user1 的工作目录

```
[root@qs dir2]# pwd
/root/dir1/dir2
[root@qs dir2]# cd ..
[root@qs dir1]#
```

图 2-5 改变目录位置至当前目录的父目录

（5）改变目录位置至相对路径/dir1/dir3 的目录下，如图 2-6 所示。

```
# cd ../dir3
```

（6）改变目录位置至绝对路径/root/dir1/dir2 的目录下，如图 2-7 所示。

```
#cd /root/dir1/dir2
```

```
[root@qs dir2]# cd ../dir3
[root@qs dir3]#
```

图 2-6 改变目录位置至相对路径 dir2 的目录下

```
[root@qs ~]# cd /root/dir1/dir2/
[root@qs dir2]#
```

图 2-7 改变目录位置至绝对路径的目录下

知识链接

Linux 操作系统的文件都存放在一定的目录中，从“/”目录开始，以树状结构向下延伸，上下层目录之间使用“/”符号隔开，如/etc/rc.d/rc.local 表示存放在根目录的 etc 目录下 rc.d 目录下的文件 rc.local 中。由于目录也是文件的一种，因此对文件的操作也同样适用于目录。

2）查看用户当前所在的位置

先进入/usr/bin 目录，然后查看当前目录并输出，如图 2-8 所示。

```
#cd /usr/bin; pwd
```

```
[root@qs dir2]# cd /usr/bin;pwd
/usr/bin
[root@qs bin]#
```

图 2-8　查看当前工作目录/usr/bin

知识链接

pwd（显示当前工作目录）命令显示用户当前所在的位置。

2. 建立和删除目录

1）建立目录

建立新目录 dir1，如图 2-9 所示。

```
#mkdir dir1
```

```
[root@qs ~]# mkdir dir1
[root@qs ~]# ls
anaconda-ks.cfg  Desktop  dir1
[root@qs ~]#
```

图 2-9　建立新目录 dir1

2）删除目录

（1）删除目录 dir1 且 dir1 下没有文件时，可使用 rmdir 命令，如图 2-10 所示。

```
#rmdir dir1
```

```
[root@qs ~]# rmdir dir1
[root@qs ~]# ls
anaconda-ks.cfg  Desktop  install.log
[root@qs ~]#
```

图 2-10　删除空目录 dir1

（2）删除目录 dir1 及其子目录下所有文件时应使用参数 r，并对计算机的每一次删除提示按“y”键，表示同意删除，如图 2-11 所示。

```
#rm -r dir1
```

```
[root@qs ~]# rm -r dir1
rm: descend into directory `dir1'? y
rm: remove directory `dir1/aaa'? y
rm: remove directory `dir1/bbb'? y
rm: remove directory `dir1'? y
[root@qs ~]#
```

图 2-11　删除非空目录 dir1

知识链接

删除目录的命令格式如下。

rmdir目录名或rm目录名

任务验收

通过本任务的实施，学会 Linux 操作系统中使用命令改变工作目录、查看用户当前所在位置、创建目录、删除目录等操作。

评 价 内 容	评 价 标 准
Linux 操作系统中使用命令完成目录与路径操作	在规定时间内，按照要求在 Linux 操作系统中完成使用命令改变工作目录、查看用户当前所在位置、创建目录、删除目录等操作。

拓展练习

（1）将操作目录变更为/etc，改变当前目录为根目录。
（2）在/home/root 目录下，建立目录 test1 和 test2。
（3）删除空目录 test2。
（4）改变当前目录为 test1。
（5）查看用户当前所在位置。

任务 2　文件管理

任务描述

新兴学校的网络管理员小赵对目录和路径的操作有了基本了解，下面要进行的是文件管理部分。飞越公司的工程师建议小赵学习 Linux 文件管理部分的常用命令。

任务分析

在 Linux 文件管理类基本命令中，包括浏览文件夹文件目录，复制、删除、移动文件，修改文件时间戳，新建一个空白文件等，都是最为基础又最为重要的命令，因此工程师给小赵的建议是完全正确的。具体任务如下。

（1）在 Linux 中使用命令列出文件或目录下的文件名。

（2）在 Linux 中使用命令复制文件或目录。

（3）在 Linux 中使用命令删除文件或目录。

（4）在 Linux 中使用命令移动或更改文件和目录名称。

（5）在 Linux 中使用命令修改文件时间戳。

（6）在 Linux 中使用命令新建一个文件。

任务实施

1．显示文件或目录下的文件名

（1）显示“/”根目录下的所有目录列表，如图 2-12 所示。

```
#ls /
```

图 2-12 显示根目录下的所有目录列表

知识链接

列出文件或目录下的文件名的命令格式如下。

```
ls [参数] [文件名或目录名]
```

常用参数如下。

-a: 列出包括以“.”开始的隐藏文件在内的所有文件名。

-t: 依照文件最后修改时间的顺序列出文件名。

-F: 列出当前目录下的文件名及其类型。以/结尾表示是目录名，以*结尾表示是可执行文件，以@结尾表示是符号链接。

-l: 列出目录下所有文件的权限、所有者、文件大小、修改时间及名称。

-lg: 同上，还要显示出文件所有者的工作组名。

-R: 显示出该目录及其所有子目录的文件名。

（2）显示一个文件的权限以及文件所属的用户和组，如图 2-13 所示。

```
#ls -l ./
```

```
[root@qs ~]# ls -l ./
total 60
-rw------- 1 root root  1322 Nov  4 12:32 anaconda-ks.cfg
drwxr-xr-x 2 root root  4096 Nov  4 12:35 Desktop
-rw-r--r-- 1 root root 31952 Nov  4 12:32 install.log
-rw-r--r-- 1 root root  4660 Nov  4 12:31 install.log.syslog
[root@qs ~]#
```

图 2-13 显示当前目录下的文件的信息

知识链接

Linux 操作系统是一种典型的多用户系统，不同的用户处于不同的地位。为了保护系统的安全性，Linux 操作系统对不同用户访问同一文件（包括目录文件）的权限做了不同的规定。

对于 Linux 操作系统中的文件来说，它的权限可以分为 3 种：读权限、写权限和可执行权限，分别用 r、w 和 x 表示。不同的用户具有不同的读、写和可执行权限。

每个文件的访问权限由左边第一部分的 10 个字符来确定，它们的意义分别如下。

（1）从左至右第 1 个字符表示一种特殊的文件类型。其中的字符可为以下几种。

d：表示该文件是一个目录。

b：表示该文件是一个系统设备，使用块输入/输出与外界交互，通常为一个磁盘。

c：表示该文件是一个系统设备，使用连续的字符输入/输出与外界交互，如串口和声音设备。

-：表示该文件是一个普通文件，没有特殊属性。

（2）第 2～4 个字符用来确定文件的用户权限，第 5～7 个字符用来确定文件的组权限，第 8～10 个字符用来确定文件的其他用户的权限。其他用户既不是文件所有者，又不是组成员的用户。其中，第 2、5、8 个字符是用来控制文件的读权限的，该位字符为 r 表示允许用户、组成员或其他用户从该文件中读取数据。短线“-”则表示不允许该成员读取数据。与此类似，第 3、6、9 位的字符控制文件的写权限，该位若为 w 表示允许写，若为“-”表示不允许写。第 4、7、10 位的字符用来控制文件的可执行权限，该位若为 x 表示允许执行，若为“-”则表示不允许执行。

例如，若某文件的相关信息如下：

```
-rw-r-r- 1 root root   28665 07-29 16:25 install.log
```

则意味着这个文件的所有者为 root，属于 root 组用户，并且 root 用户具有读和写的权限，root 组其他用户和所有其他用户只具有读的权限；文件的大小为 28665 字节，创建时间为 7 月 29 日 16 点 25 分。

因此，不同的用户，即文件的所有者、文件所有者同组用户、其他用户，分别能够根据文件权限中第 2～4、5～7、8～10 位所列出的权限对文件进行操作。

在 Linux 系统中，建立一个新文件后，有一个默认权限，一般为 rw-r—r--，当它不符合用户的要求时，或者当文件的运行环境发生改变时，需要修改该文件的权限信息，Linux 操作系统提供了 chmod、chown、chgrp 命令来设置文件的权限信息。

2. 复制文件或目录

（1）将文件 file1 复制成 file2，如图 2-14 所示。

```
#cp file1 file2
```

```
[root@qs ~]# cp file1 file2
[root@qs ~]# ls
anaconda-ks.cfg  file1  install.log
Desktop          file2  install.log.syslog
[root@qs ~]#
```

图 2-14　将文件 file1 复制成 file2

（2）将文件 file1 复制到目录 dir1 下，文件名仍为 file1，如图 2-15 所示。

```
#cp file1 dir1
```

```
[root@qs ~]# cp file1 dir1/
[root@qs ~]# cd dir1
[root@qs dir1]# ls
file1
[root@qs dir1]#
```

图 2-15　将文件 file1 复制到目录 dir1 下

（3）将目录/tmp 下的文件 file3 复制到当前目录下，文件名仍为 file3，如图 2-16 所示。

```
#cp /tmp/file1 .
```

```
[root@qs dir1]# cp /tmp/file3 .
[root@qs dir1]# ls
file1  file3
[root@qs dir1]#
```

图 2-16　将目录/tmp 下的文件 file3 复制到当前目录下

（4）将目录/tmp 下的文件 file4 复制到当前目录下，文件名为 file5，如图 2-17 所示。

```
#cp /tmp/file1 ./file5
```

```
[root@qs dir1]# cp /tmp/file4 ./file5
[root@qs dir1]# ls
file1  file3  file5
```

图 2-17　将目录/tmp 下的文件 file4 复制到当前目录下

（5）复制整个目录，如图 2-18 所示。

```
#cp -r dir1 dir3
```

```
[root@qs ~]# cp -r dir1 dir3
[root@qs ~]# cd dir1
[root@qs dir1]# ls
file1  file3  file5
[root@qs dir1]# cd ../dir3
[root@qs dir3]# ls
file1  file3  file5
[root@qs dir3]#
```

图 2-18　复制整个目录

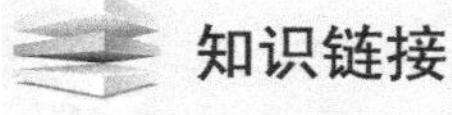

知识链接

复制文件或目录的命令格式如下。

```
cp [-r] 源地址 目的地址
```

3. 删除文件或目录

（1）删除文件名为 file1 的文件，如图 2-19 所示。

```
#rm file1
```

```
[root@qs dir1]# rm file1
rm: remove regular empty file `file1'? y
[root@qs dir1]#
```

图 2-19　删除文件名为 file1 的文件

（2）删除文件名中有 5 个字符且前 4 个字符为 file 的所有文件，如图 2-20 所示。

```
#rm file?
```

```
[root@qs dir1]# rm file?
rm: remove regular empty file `file1'? y
rm: remove regular empty file `file3'? y
rm: remove regular empty file `file5'? y
[root@qs dir1]#
```

图 2-20　删除文件名中有 5 个字符且前 4 个字符为 file 的所有文件

（3）删除文件名中以 f 为字首的所有文件，如图 2-21 所示。

```
#rm f*
```

```
[root@qs dir1]# rm f*
rm: remove regular empty file `fac1.txt'? y
rm: remove regular empty file `fac2.txt'? y
rm: remove regular empty file `fac3.txt'? y
rm: remove regular empty file `fac4.txt'? y
rm: remove regular empty file `fac.txt'? y
[root@qs dir1]#
```

图 2-21　删除文件名中以 f 为字首的所有文件

知识链接

删除文件的命令格式如下。

```
rm 文件名
```

4. 移动或更改文件和目录名称

（1）将文件 file1 更名为 file2，如图 2-22 所示。

```
#mv file1 file2
```

```
[root@qs dir1]# ls
file1
[root@qs dir1]# mv file1 file2
[root@qs dir1]# ls
file2
[root@qs dir1]#
```

图 2-22　将文件 file1 更名为 file2

（2）将文件 file2 移到目录 dir2 中，文件名仍为 file2，如图 2-23 所示。

```
#mv dir1/file1 dir2/
```

```
[root@qs ~]# mv dir1/file2 dir2/
[root@qs ~]# ls dir2/
file1  file2  file3  file5
```

图 2-23　将文件 file2 移到目录 dir2 中

（3）将目录 dir3 更改为目录 dir2，如图 2-24 所示。

```
#mv dir3 dir2
```

```
[root@qs ~]# mv dir3 dir2
[root@qs ~]# ls
anaconda-ks.cfg  dir1  file1  install.log
Desktop          dir2  file2  install.log.syslog
[root@qs ~]#
```

图 2-24　将目录 dir3 更改为目录 dir2

知识链接

移动或更改文件和目录名称的命令格式如下。

mv 源地址 目的地址

5. 修改文件时间戳或者新建一个不存在的文件

（1）创建不存在的文件，如图 2-25 所示。

```
#touch a1.txt a2.txt
```

```
[root@qs dir1]# touch a1.txt a2.txt
[root@qs dir1]# ls *.txt
a1.txt  a2.txt
[root@qs dir1]#
```

图 2-25　使用 touch 命令创建不存在的文件

（2）如果 ccc.log 不存在，则不创建文件，如图 2-26 所示。

```
#touch -c a3.txt
```

```
[root@qs dir1]# ll
total 0
-rw-r--r-- 1 root root 0 Nov  7 13:22 a1.txt
-rw-r--r-- 1 root root 0 Nov  7 13:22 a2.txt
[root@qs dir1]# touch -c a3.txt
[root@qs dir1]# ll
total 0
-rw-r--r-- 1 root root 0 Nov  7 13:22 a1.txt
-rw-r--r-- 1 root root 0 Nov  7 13:22 a2.txt
[root@qs dir1]#
```

图 2-26　使用 touch 命令不创建文件

（3）更新 a3.txt 的时间和 a1.txt 时间戳相同，如图 2-27 所示。

```
#touch -r a1.txt a3.txt
```

```
[root@qs dir1]# ll
total 0
-rw-r--r-- 1 root root 0 Nov  7 13:22 a1.txt
-rw-r--r-- 1 root root 0 Nov  7 13:22 a2.txt
-rw-r--r-- 1 root root 0 Nov  7 13:30 a3.txt
[root@qs dir1]# touch -r a1.txt a3.txt
[root@qs dir1]# ll
total 0
-rw-r--r-- 1 root root 0 Nov  7 13:22 a1.txt
-rw-r--r-- 1 root root 0 Nov  7 13:22 a2.txt
-rw-r--r-- 1 root root 0 Nov  7 13:22 a3.txt
[root@qs dir1]#
```

图 2-27　使用 touch 命令更新文件时间戳相同

（4）使用参数 t 设定文件的时间戳，如图 2-28 所示。

```
#touch -t 201411012324.10a1.txt
```

```
[root@qs dir1]# ll
total 0
-rw-r--r-- 1 root root 0 Nov  7 13:22 a1.txt
[root@qs dir1]# touch -t 201411012324.10 a1.txt
[root@qs dir1]# ll
total 0
-rw-r--r-- 1 root root 0 Nov  1 23:24 a1.txt
[root@qs dir1]#
```

图 2-28　使用 touch 命令设定文件的时间戳

经验分享

-t　time：使用指定的时间值。time 作为指定文件相应时间戳的新值。此处的 time 规定为如下形式的十进制数。

[[CC]YY]MMDDhhmm[.SS]

其中，CC 表示年数中的前两位；
YY 表示年数的后两位；
MM 表示月数；
DD 表示天数；
hh 表示小时数；
mm 表示分钟数；
SS 表示秒数。

知识链接

Linux 的 touch 命令不常用，在使用 make 的时候可能会用到，touch 用来修改文件时间戳，或者新建一个不存在的文件。touch 命令的参数可更改文档或目录的日期时间，包括存取时间和更改时间。

其格式如下。

```
touch [参数] 文件名
```

常用参数如下。

-a：只更改存取时间。

-c：不建立任何文档。

-d：使用指定的日期时间，而非现在的时间。

-m：只更改变动时间。

-r：把指定文档或目录的日期时间统统设成和参考文档或目录的日期时间。

-t：使用指定的日期时间，而非现在的时间。

任务验收

通过本任务的实施，学会在 Linux 操作系统中使用命令列出文件或目录下的文件名、复制文件或目录、删除文件或目录、移动或更改文件和目录名称、修改文件时间戳、新建一个不存在的文件等操作。

评 价 内 容	评 价 标 准
在 Linux 操作系统中使用命令完成文件管理	在规定时间内，按照要求在 Linux 操作系统中完成使用命令列出文件或目录下的文件名、复制文件或目录、删除文件或目录、移动或更改文件和目录名称、修改文件时间戳、新建一个不存在的文件等操作

拓展练习

（1）在根目录下创建 test 目录，在 test 目录下创建两个新文件——ww.log 和 yy.log。

（2）列出 test 目录下的文件名。

（3）复制文件 ww.log 到\etc 目录下，文件名为 ss.log。

（4）删除文件 ss.log。

（5）移动文件 ww.log 到\tmp 目录下，文件名不变。

（6）修改 yy.log 的时间戳为 2014 年 8 月 4 日 10:15:35。

任务 3　文件内容查看

任务描述

新兴学校的网络管理员小赵在学会目录和文件管理之后，遇到了一个新的问题，即如何查看文件的内容。

任务分析

针对小赵的问题，飞越公司的工程师告诉他，在 Linux 中有很多查看文件内容的方法，希望小赵通过具体任务来学习这些命令的应用，并分析这些方法有哪些不同之处。

（1）在 Linux 中使用 cat 命令查看文件内容。

（2）在 Linux 中使用 nl 命令计算文件中的行号。

（3）在 Linux 中使用 more 命令分页查看文件内容。

（4）在 Linux 中使用 less 命令查看文件内容。

（5）在 Linux 中使用 head 命令查看文件内容。

（6）在 Linux 中使用 tail 命令查看文件内容。

任务实施

1．使用 cat 命令查看文件内容

显示文件 file1 中的内容，如图 2-29 所示。

```
#cat file1
```

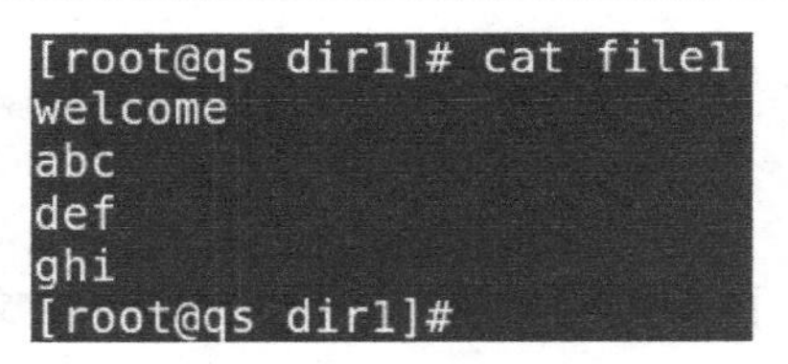

图 2-29　使用 cat 命令查看文件内容

知识链接

使用 cat 命令查看文件内容的命令格式如下。

```
cat 文件名
```

2. 使用 nl 命令计算文件中行号

（1）用 nl 命令列出文件的全部内容，包括行号，但空白行不加行号，如图 2-30 所示。

```
#nl file1
```

图 2-30　使用 nl 命令列出文件的内容

经验分享

使用该命令时，文件中的空白行不会加上行号。

（2）用 nl 命令的参数 b 列出 file1 的内容，空白行也加上行号，如图 2-31 所示。

```
#nl -b a file1
```

```
[root@qs dir1]# nl -b a file1
     1  welcome
     2  abc
     3  def
     4  ghi
     5
     6  jkl
[root@qs dir1]#
```

图 2-31 使用 nl 命令列出文件内容

（3）使行号前面自动补上 0，统一输出格式，行号前默认补 0，如图 2-32 所示。

```
#nl -b a -n rz file1
```

```
[root@qs dir1]# nl -b a -n rz file1
000001  welcome
000002  abc
000003  def
000004  ghi
000005
000006  jkl
[root@qs dir1]#
```

图 2-32 行号前默认补 0

（4）行号前按设置位数补 0，如图 2-33 所示。

```
#nl -b a -n rz -w 3 file1
```

```
[root@qs dir1]# nl -b a -n rz -w 3 file1
001     welcome
002     abc
003     def
004     ghi
005
006     jkl
[root@qs dir1]#
```

图 2-33 行号前按设置位数补 0

经验分享

nl -b a -n rz 命令行号默认为 6 位，要调整位数可以加上参数-w，如-w 3 表示命令行号调整为 3 位。

知识链接

使用 nl 命令计算文件中行号的命令格式如下。

```
nl [参数] 文件名
```

-b：指定行号指定的方式，主要有以下两种。

-b a：表示不论是否为空行，都列出行号（类似 cat -n);
-b t：如果有空行，则空的那一行不要列出行号（默认值）。
-n：列出行号表示的方法，主要有以下 3 种。
-n ln：行号在屏幕的最左方显示;
-n rn：行号在自己栏位的最右方显示，且不加 0；
-n rz：行号在自己栏位的最右方显示，且加 0。
-w：行号栏位占用的位数。
-p：在逻辑定界符处不重新开始计算。

3. 使用 more 命令分页查看文件内容

（1）以分页方式查看文件名 file1 的内容，如图 2-34 所示。

```
#more file1
#cat file1|more
```

（2）分页查看 install.log 文件，使用“Q”键退出查看，如图 2-35 所示。

```
#more /root/install.log
```

```
[root@qs dir1]# more file1
welcome
abc
def
ghi

jkl



mno


pqr


--More--(74%)
```

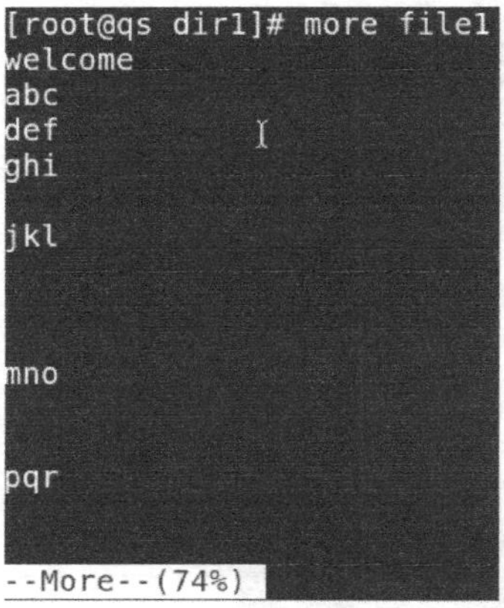

图 2-34 以分页方式查看 file1 内容

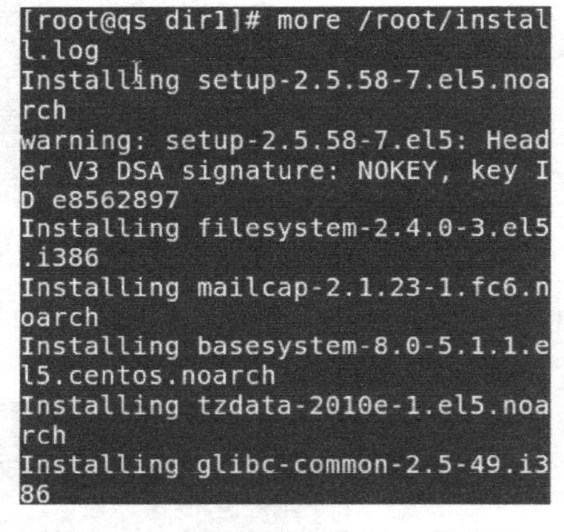

图 2-35 分页查看 install.log 的内容

知识链接

使用 more 分页查看文件内容的命令格式如下。

```
more 文件名或 cat 文件名|more
```

4. 使用 less 命令查看文件内容

使用 less 命令查看文件 file1 的内容，如图 2-36 所示。

```
#less file1
```

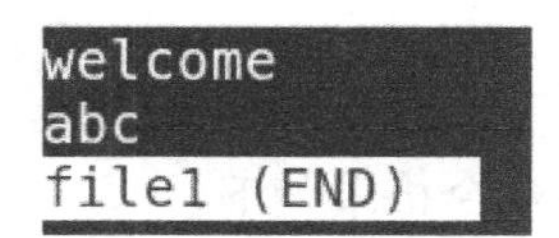

图 2-36 使用 less 命令查看文件内容

知识链接

less命令也是一个分页查看文件的命令，但它比more命令的功能更强大，它在显示文件时，允许用户既可以向前又可以向后翻阅文件。使用less查看文件，只需输入如下命令：

#less filename

打开文件浏览时，可以使用空格键向下翻页，若需要向上翻页，则可按“B”键，也可以用光标键向前、后、左、右移动。若要移动到文件的确定百分比位置，则指定一个0～100的数，并按“P”键即可。

less可以使用搜索命令在一个文本文件中进行快速查找。使用时，可先按下斜杠键（/），再输入一个单词或者词组的一部分。less命令会在文本文件中进行快速查找，并把找到的第一个搜索目标高亮显示。如果希望继续查找，则可按斜杠键（/），再按Enter键键。如果想退出阅读，则可按“Q”键，返回到Shell命令行。

5. 使用head命令查看文件内容

查看/etc/passwd文件的前5行内容，如图2-37所示。

```
#head -5 /etc/passwd
```

```
[root@qs dir1]# head -5 /etc/passwd
root:x:0:0:root:/root:/bin/bash
bin:x:1:1:bin:/bin:/sbin/nologin
daemon:x:2:2:daemon:/sbin:/sbin/nologin
adm:x:3:4:adm:/var/adm:/sbin/nologin
lp:x:4:7:lp:/var/spool/lpd:/sbin/nologin
[root@qs dir1]#
```

图2-37　使用head命令查看/etc/passwd文件的前5行

知识链接

head命令可查看文件的前几行，默认为30行。

其命令格式如下。

```
head [-行数] 文件名
```

6. 使用tail命令查看文件内容

查看/etc/passwd文件的后5行内容，如图2-38所示。

```
#tail -5 /etc/passwd
```

```
[root@qs dir1]# tail -5 /etc/passwd
haldaemon:x:68:68:HAL daemon:/:/sbin/nologin
avahi-autoipd:x:100:102:avahi-autoipd:/var/l
ib/avahi-autoipd:/sbin/nologin
xfs:x:43:43:X Font Server:/etc/X11/fs:/sbin/
nologin
gdm:x:42:42::/var/gdm:/sbin/nologin
user1:x:501:501::/home/user1:/bin/bash
[root@qs dir1]#
```

图2-38　使用tail命令查看文件的后5行

知识链接

tail 命令可查看文件的后几行，默认为 30 行。

其命令格式如下。

```
tail [-行数] 文件名
```

任务验收

通过本任务的实施，学会在 Linux 操作系统中使用 cat 命令查看文件内容、使用 nl 命令计算文件中的行号、使用 more 命令分页查看文件内容、使用 less 命令查看文件内容、使用 head 命令查看文件内容、使用 tail 命令查看文件内容等操作。

评 价 内 容	评 价 标 准
在 Linux 操作系统中使用各种命令查看文件内容	在规定时间内，按照要求在 Linux 操作系统中完成使用 cat 命令查看文件内容、使用 nl 命令计算文件中的行号、使用 more 命令分页查看文件内容、使用 less 命令查看文件内容、使用 head 命令查看文件内容、使用 tail 命令查看文件内容等操作

（1）新建一个文件 test.log，并录入一些内容。

（2）使用 cat 命令查看文件 test.log 的内容。

（3）使用 nl 命令计算文件 test.log 中的行号。

（4）使用 more 命令分页查看文件 test.log 的内容。

（5）使用 less 命令查看文件 test.log 的内容。

（6）使用 head 命令查看文件 test.log 的前 5 行内容。

（7）使用 tail 命令查看文件 test.log 的后 6 行内容。

任务 4　文件和目录权限

任务描述

新兴学校的网络管理员小赵在学习了目录和文件的操作之后有一个疑问：在 Linux 中如何保护文件和目录不被破坏；如何对文件和目录的权限进行设置，使不同的用户有不同的使用权限呢？

任务分析

带着这个问题，小赵咨询了飞越公司的工程师，工程师给出了具体的学习任务，让小赵带着问题去学习、仔细思考并完成任务。

（1）在 Linux 中使用命令显示一个文件或目录的权限。

（2）在 Linux 中是用什么方法来设置文件或目录权限的，如何表示？

（3）在 Linux 中使用命令设置文件或目录的操作权限。

（4）在 Linux 中使用命令更改文件或目录的用户所有权。

（5）在 Linux 中使用命令改变文件或目录工作组的所有权。

任务实施

1. 使用 chmod 命令设置文件或目录的操作权限

（1）对于目录 dir1，设定成任何使用者皆有读取及执行的权限，但只有所有者可对其进行修改，如图 2-39 所示。

```
#chmod u+x dir1, chmod a+rx dir1
```

```
[root@qs aaa]# ls -l
total 4
d--------- 2 root root 4096 Nov  7 17:35 dir1
[root@qs aaa]# chmod u+x dir1
[root@qs aaa]# chmod a+rx dir1
[root@qs aaa]# ls -l
total 4
dr-xr-xr-x 2 root root 4096 Nov  7 17:35 dir1
[root@qs aaa]#
```

图 2-39　设定权限

（2）对于文件 file1，设定只有所有者有读、写和执行的权限，如图 2-40 所示。

```
#chmod u=rwx file1, chmod go-rwx file1
```

```
[root@qs aaa]# ll
total 0
-rw-r--r-- 1 root root 0 Nov  7 17:38 file1
[root@qs aaa]# chmod u=rwx file1
[root@qs aaa]# chmod go-rwx file1
[root@qs aaa]# ll
total 0
-rwx------ 1 root root 0 Nov  7 17:38 file1
[root@qs aaa]#
```

图 2-40　只有所有者有读、写和执行的权限

（3）对于文件 file2，增加当前用户可以执行的权限，如图 2-41 所示。

```
#chmod u+x file2
```

```
[root@qs aaa]# ll
total 0
-rw-r--r-- 1 root root 0 Nov  7 17:40 file2
[root@qs aaa]# chmod u+x file2
[root@qs aaa]# ll
total 0
-rwxr--r-- 1 root root 0 Nov  7 17:40 file2
[root@qs aaa]#
```

图 2-41　增加当前用户可以执行的权限

（4）对于文件 file3，增加工作组使用者可执行的权限，如图 2-42 所示。

```
#chmod g+x file3
```

```
[root@qs aaa]# ll
total 0
-rw-r--r-- 1 root root 0 Nov  7 17:42 file3
[root@qs aaa]# chmod g+x file3
[root@qs aaa]# ll
total 0
-rw-r-xr-- 1 root root 0 Nov  7 17:42 file3
[root@qs aaa]#
```

图 2-42　增加工作组使用者可执行的权限

（5）对于文件 file4，删除其他使用者可读取的权限，如图 2-43 所示。

```
#chmod o-r file4
```

```
[root@qs aaa]# ll
total 0
-rw-r--r-- 1 root root 0 Nov  7 17:43 file4
[root@qs aaa]# chmod o-r file4
[root@qs aaa]# ll
total 0
-rw-r----- 1 root root 0 Nov  7 17:43 file4
[root@qs aaa]#
```

图 2-43　删除其他使用者可读取的权限

知识链接

使用 chmod 命令可以设置文件或目录的操作权限。

其命令格式如下。

```
chmod [-R] user mode filename
```

常用参数设置如下。

user：指定更改权限的用户对象，分为 4 种类型。u（user，文件的所有者），g（group，文件所有者所属的组），o（other，其他用户），a（all，包含以上 3 种用户）。

mode：对指定用户的权限进行修改，可以在指定用户名后面使用+[r|w|x]来增加用户权限，使用-[r|w|x]来减小该用户的权限，使用=[r|w|x]来指定该类型用户的权限。

filename：操作的文件名或目录名。

-R：递归修改子目录中的文件。

2. 使用 chown 命令更改文件或目录的用户所有权

（1）将文件 file1 改为用户 abc 所有，如图 2-44 所示。

```
#chown abc file1
```

```
[root@qs aaa]# ll
total 0
-rw-r--r-- 1 root root 0 Nov  7 17:55 file1
[root@qs aaa]# chown abc file1
[root@qs aaa]# ll
total 0
-rw-r--r-- 1 abc root 0 Nov  7 17:55 file1
[root@qs aaa]#
```

图 2-44　将文件 file1 改为用户 abc 所有

（2）将目录 dir1 及其子目录下的所有文件改为用户 abc 所有，如图 2-45 所示。

```
#chown -R abc dir1
```

```
[root@qs aaa]# ll
total 4
drwxr-xr-x 2 root root 4096 Nov  7 18:28 dir1
[root@qs aaa]# chown -R abc dir1
[root@qs aaa]# ll
total 4
drwxr-xr-x 2 abc root 4096 Nov  7 18:28 dir1
[root@qs aaa]# ll dir1/
total 0
-rw-r--r-- 1 abc root 0 Nov  7 18:28 a1.txt
-rw-r--r-- 1 abc root 0 Nov  7 18:28 a2.txt
[root@qs aaa]#
```

图 2-45　将目录 dir1 及其子目录下的所有文件改为用户 abc 所有

知识链接

使用 chown 命令可以更改文件或目录的用户所有权。

其命令格式如下。

```
chown [-R] user filename
```

常用参数设置如下。

user：用户名。

filename：用户名或目录名。

-R：递归修改子目录中的文件。

3. 使用 chgrp 命令改变文件或目录工作组的所有权

（1）将文件 a1.txt 的工作组所有权改为 image 工作组所有，如图 2-46 所示。

```
#chgrp image a1.txt
```

```
[root@qs dir1]# ll
total 0
-rw-r--r-- 1 abc root 0 Nov  7 18:28 a1.txt
-rw-r--r-- 1 abc root 0 Nov  7 18:28 a2.txt
[root@qs dir1]# chgrp image a1.txt
[root@qs dir1]# ll
total 0
-rw-r--r-- 1 abc image 0 Nov  7 18:28 a1.txt
-rw-r--r-- 1 abc root  0 Nov  7 18:28 a2.txt
[root@qs dir1]#
```

图 2-46　更改文件所属的工作组

（2）将目录 dir1 及其子目录下的所有文件改为 image 工作组所有，如图 2-47 所示。

```
#chgrp -R image dir1
```

```
[root@qs aaa]# ll
total 4
drwxr-xr-x 2 abc root 4096 Nov  7 21:43 dir1
[root@qs aaa]# ll dir1/
total 0
-rw-r--r-- 1 abc root 0 Nov  7 18:28 a2.txt
[root@qs aaa]# chgrp -R image dir1
[root@qs aaa]# ll
total 4
drwxr-xr-x 2 abc image 4096 Nov  7 21:43 dir1
[root@qs aaa]# ll dir1/
total 0
-rw-r--r-- 1 abc image 0 Nov  7 18:28 a2.txt
[root@qs aaa]#
```

图 2-47　更改文件夹及其下属文件所属的工作组

知识链接

使用 chgrp 命令可以改变文件或目录工作组的所有权。

其命令格式如下。

```
chgrp [-R] groupname filename
```

常用参数设置如下。

groupname：工作组名。

filename：文件名或目录名。

-R：递归修改子目录中的文件。

任务验收

通过本任务的实施，学会在 Linux 操作系统中使用命令显示一个文件或目录的权限、设置文件或目录的操作权限、更改文件或目录的用户所有权、改变文件或目录工作组所有权等操作。

评 价 内 容	评 价 标 准
在 Linux 操作系统中使用命令查看、设置文件和目录的权限	在规定时间内，按照要求在 Linux 操作系统中完成使用命令显示一个文件或目录的权限、设置文件或目录的操作权限、更改文件或目录的用户所有权、改变文件或目录工作组所有权等操作

拓展练习

（1）在/home/root 目录下新建一个文件 test.log，并录入一些内容。

（2）使用命令显示文件 test.log 的权限。

（3）使用命令设置文件 test.log 的所有者权限为可读、可写、可执行，文件所有者所在组权限为可读、可写，其他用户为可读。

（4）使用命令更改文件 test.log 的用户所有权归 abc 用户所有。

（5）使用命令改变文件 test.log 工作组所有权归 group1 组所有。

任务 5　查找文件及文件内容

新兴学校的网络管理员小赵在学习 Linux 的过程中，发现系统中的文件非常多，文件中的内容也很多，所以查找一个文件或者某个文件中的字符串很困难。有没有一种简单易行的查找文件及文件中的内容的方法呢？

小赵请来飞越公司的工程师帮忙解答了诸多疑问，工程师给出了具体的操作任务，协助小赵通过实践来进行学习。具体任务如下。

（1）在 Linux 中使用 find 命令查找文件。

（2）在 Linux 中使用 whereis 命令查找文件。

（3）在 Linux 中使用 grep 命令查找字符串。

任务实施

在 Linux 中，查找分为两种情况：一种是在磁盘中查找指定的文件，另一种是在文件内查找特定的字符串。使用第二种查找方式时既可以在文件内，又可以从一个命令的输出结果中查找特定的字符串。

1. 磁盘上文件的查找

1）使用 find 命令查找文件

（1）将当前目录及其子目录下所有扩展文件名是.txt 的文件列出，如图 2-48 所示。

```
#find . -name "*.txt"
```

```
[root@qs aaa]# find . -name "*.txt"
./dir1/a4.txt
./dir1/a1.txt
./dir1/a2.txt
./dir1/a3.txt
[root@qs aaa]#
```

图 2-48　查找所有扩展名为.txt 的文件

（2）将当前目录及子目录中所有普通文件列出，如图 2-49 所示。

```
#find . -type f
```

```
[root@qs tmp]# find . -type f
./.gdmWFFWOX
./gconfd-root/lock/ior
./scim-bridge-0.3.0.lockfile-0@localhost:0.0
./orbit-root/bonobo-activation-register.lock
./orbit-root/bonobo-activation-server-ior
./.X0-lock
./file4
./.gdmFUZIOX
./.gdmH8XKOX
[root@qs tmp]#
```

图 2-49　查找当前文件夹中的所有普通文件

（3）在 dir1 目录下查找所有者为 root，文件名以 a 开头的文件，如图 2-50 所示。

```
#find dir1/-user root-name a*
```

```
[root@qs aaa]# find dir1/ -user root -name a*
dir1/a4.txt
dir1/a3.txt
[root@qs aaa]#
```

图 2-50　查找文件

（4）查找/tmp 目录中没有所有者的文件，如图 2-51 所示。

```
#find /tmp -nouser
```

```
[root@qs ~]# find /tmp -nouser
[root@qs ~]#
```

图 2-51　查找/tmp 目录中没有所有者的文件

知识链接

使用 find 命令查找文件，命令格式如下。

```
find [path] [expression]
```

将文件系统指定路径（path）内符合条件（expression）的文件列出来。可以指定文件的名称、类别、时间、大小、权限等不同条件的组合，列出完全符合条件的文件。

path：指定要查找的目录，如果没有指定的目录，则表示查找当前的目录。

expression 中经常使用的参数如下。

-print：将 find 命令执行的结果输出到标准输出设备。如果没有指定参数，则默认使用此参数。

-name：根据文件名进行查找。

-typeT：根据文件的类型进行查找。T 指文件类型，文件的类型有 d（目录）、c（字符设备文件）、b（块设备文件）、f（普通文件）、l（符号链接）、s（套接字文件）。

-user：根据文件的所有者进行查找。

-group：根据文件的所有组进行查找。

-nouser：查找没有所有者的文件。

-nogroup：查找没有所有组的文件。

-empty：查找大小为 0 的文件或空目录。

-size：根据文件的大小进行查找。如果设置为+8，则表示查找占用块数大于 8 的文件（1 块=512B）；如果设置为-8，则表示查找占用块数小于 10 的文件；如果设置为 8，则表示查找占用块数等于 8 的文件。此外，也可以自行指定文件大小的单位。在文件大小的末尾加上“b”，表示以块为单位，这是默认值；加上“c”，表示以 B 为单位；加上“w”，表示以双字节为单位；加上“k”，表示以 KB 为单位；加上“M”，表示以 MB 为单位；加上“G”，表示以 GB 为单位。

-perm：根据文件的权限进行查找。

find 命令是一个非常强大的命令，它还有很多其他参数，可使用 man find 命令查看其详细用法。

2）使用 whereis 命令查找文件

查找 find 文件时可使用 whereis 命令，图 2-52 所示的命令用于找出 find 命令是放在子目录/usr/bin 下的；而它的使用手册页（find.l.gz）是放在子目录/usr/share/man/manl 下的。

```
#whereis find
```

```
[root@qs ~]# whereis find
find: /usr/bin/find /usr/share/man/man1/find.1.gz /usr
/share/man/man1p/find.1p.gz
[root@qs ~]#
```

图 2-52　查找 find 命令的信息

知识链接

使用 whereis 命令查找文件的格式如下。

```
whereis [options] filename
```

常用参数设置如下。

b：只查找二进制文件。

m：查找主要文件。

s：查找来源。

u：查找不常用的记录文件。

whereis 命令可以迅速地找到文件，它还可以提供这个文件的二进制可执行文件、源代码文件和使用手册页存放的位置。

2. 查找字符串

查找字符串是指在文件内部或标准输出中查找指定的字符。查找字符串可以使用 grep 命令，它可以显示所有包含指定字符串行的内容。

（1）寻找文件 a3.txt 中包含字符串 abc 所在行的文本内容，如图 2-53 所示。

```
#grep abc a3.txt
```

```
[root@qs dir1]# grep abc a3.txt
abc
[root@qs dir1]#
```

图 2-53　a3.txt 中包含字符串 abc 所在行的文本内容

（2）在/etc/passwd 文件中查找用户 root，如图 2-54 所示。

```
#grep root /etc/passwd
```

```
[root@qs ~]# grep root /etc/passwd
root:x:0:0:root:/root:/bin/bash
operator:x:11:0:operator:/root:/sbin/nologin
[root@qs ~]#
```

图 2-54　在/etc/passwd 文件中查找用户 root

知识链接

使用 grep 命令查找字符串的格式如下。

```
grep [参数] <文件名>
```

文件名可以有一个，也可以有多个。如果没有给出文件名或者所给出的文件名为“-”，则 grep 命令会从标准输入设备中读取数据。

任务验收

通过本任务的实施，学会在 Linux 操作系统中使用 find 命令查找文件、使用 whereis 命令查找文件、使用 grep 命令查找字符串等操作。

评价内容	评价标准
在 Linux 操作系统中使用命令查找文件及文件内容	在规定时间内，按照要求在 Linux 操作系统中完成使用 find 命令查找文件、使用 whereis 命令查找文件、使用 grep 命令查找字符串等操作

拓展练习

（1）使用 find 命令将/tmp 目录中的所有普通文件列出。

（2）使用 whereis 命令查找名为 test.log 的文件。

（3）在 test.log 文件中查找字符串 wyz。

任务 6　输入输出重定向和管道

任务描述

新兴学校的网络管理员小赵在学习 Linux 的过程中，发现有的时候需要重复输入大量内容，他想知道能不能用一种方法将提前准备好的内容一次性导入；他还发现有的时候需要将输出的内容保存下来，而不是直接显示在屏幕上。如果想将输出内容保存在一个文件中，应如何实现？如果想将一个命令的输出作为另一个命令的输入，应如何操作？

小赵毕竟是初学者，疑问多是正常的，于是小赵请来飞越公司的工程师帮忙，工程师给小赵进行了辅导并布置了任务，任务如下。

（1）在 Linux 中使用输入重定向，改变命令的输入源，将文件中的内容作为输入。

（2）在 Linux 中使用输出重定向，改变输出位置到文件中。

（3）在 Linux 中使用管道，将第一个命令的输出作为另一个命令的输入。

1. 输入输出重定向

直接使用标准输入/输出文件，可以帮助用户直接向程序输入信息，并能够直接获得输出的信息。但从终端输入数据时，用户花费许多时间输入的数据只能使用一次。下次再想使用这些数据时，又要重新输入。此外，在终端上输入时，若输入有误，修改起来不是很方便。同样，输出到终端屏幕上的信息只能看，而不能对其进行更多的操作处理，如将输出作为另一命令的输入，则需要进一步的处理等。

针对以上问题，输入输出重定向操作可以扩展输入输出的范围。

1）输入重定向

输入重定向是指把命令（或可执行程序）的标准输入重定向到指定的文件中。也就是说，输入可以不来自键盘，而来自一个指定的文件。所以，输入重定向主要用于改变一个命令的输入源，特别是改变那些需要大量输入的输入源。

例如，命令 wc 用于统计指定文件包含的行数、单词数和字符数。如果仅在命令行上键入 wc，则意味着统计标准输入文件的信息，如图 2-55 所示。

```
#wc
```

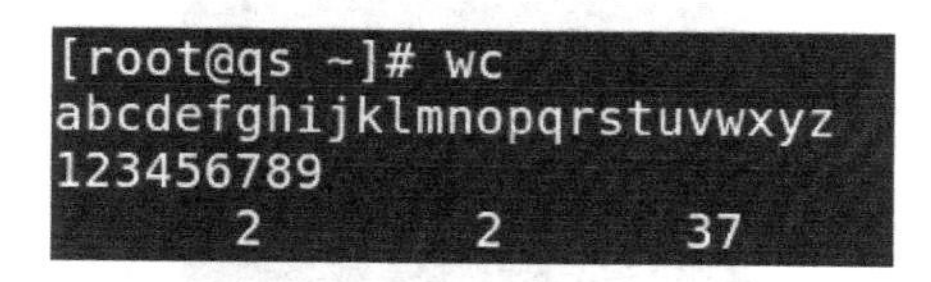

图 2-55　统计标准输入文件的信息

按 Enter 键后，wc 等待用户通过键盘输入信息，从键盘键入的所有文本都出现在屏幕上，直至按 Ctrl+D 组合键结束输入，wc 统计标准输入文件的信息，将统计结果输出到屏幕（标准输出）上。

为了改变命令等待从键盘输入信息的方式，可将标准输入重定向到一个文本文件，读取文本文件中存在的信息并进行统计。输入重定向的一般形式如下。

```
命令<文件名
```

将 wc 命令的输入重定向为/etc/passwd 文件，如图 2-56 所示。

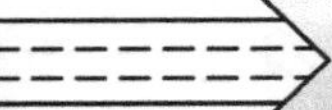


```
#wc < /etc/passwd
```

```
[root@qs ~]# wc < /etc/passwd
  37   55 1668
[root@qs ~]#
```

图 2-56　重定向 wc 的输入文件为/etc/passwd

wc 命令接收从/etc/passwd 文件中输入的信息，统计数据后输出到标准输出。

由于大部分命令以参数的形式在命令行上指定输入文件的文件名，如 cat 命令也可以使用/etc/passwd 文件作为参数来从文件输入信息，所以输入重定向并不经常使用。尽管如此，当要使用不接收文件名作为输入参数的命令，而需要的输入内容又存在一个文件里时，可用输入重定向解决问题。

2）输出重定向

输出重定向是指把命令（或可执行程序）的标准输出或标准错误输出重新定向到指定文件中。这样，该命令的输出就不显示在屏幕上，而是写入到指定文件中。

输出重定向比输入重定向更常用，很多情况下都可以使用这种功能。例如，如果某个命令的输出很多，在屏幕上不能完全显示，那么可将输出重定向到一个文件中，然后用文本编辑器打开这个文件，以查看输出信息；如果想保存一个命令的输出，也可以使用这种方法。此外，输出重定向可以把一个命令的输出当做另一个命令的输入。

输出重定向的一般形式如下。

```
命令>文件名
```

将 ls 的输出重定向到一个文件中，如图 2-57 所示。

```
#ls > abc.cc
#cat abc.cc
```

```
[root@qs ~]# ls >abc.cc
[root@qs ~]# cat abc.cc
aaa
abc.cc
anaconda-ks.cfg
Desktop
dir1
dir2
file1
file2
install.log
install.log.syslog
[root@qs ~]#
```

图 2-57　重定向 ls 命令的输出到文件中

也就是说，将 ls 命令的输出保存到文件 abc.cc 中。

注意：如果>符号后边的文件已存在，那么这个文件将被重写。

为避免输出重定向中指定文件只能存放当前命令的输出内容，Linux 中提供了输出重定向的一种追加手段。输出追加重定向与输出重定向的功能非常相似，区别仅在于：输出追加重定向的功能是把命令（或可执行程序）的输出结果追加到指定文件的最后，而该文件原有内容不被破坏。输出追加重定向使用操作符“>>”，命令形式为如下。

命令>>文件名

使用输出追加重定向将 ls –l abc.cc 的输出信息追加到文件 abc.cc 中，如图 2-58 所示。

```
#ls -l abc.cc >> abc.cc
#cat abc.cc
```

```
[root@qs ~]# ls -l abc.cc >> abc.cc
[root@qs ~]# cat abc.cc
aaa
abc.cc
anaconda-ks.cfg
Desktop
dir1
dir2
file1
file2
install.log
install.log.syslog
-rw-r--r-- 1 root root 88 Nov  8 04:49 abc.cc
[root@qs ~]#
```

图 2-58　重定向 ls 的输出追加到文件中

与程序的标准输出重定向一样，程序的错误输出也可以重新定向。标准的错误输出文件文件描述符为 2，因此可以将 2 重定向为其他文件，表示对错误输出设备重定向，其语法如下。

2>文件名

如使用 ls 命令查看一个不存在的文件，则会产生错误输出，默认输出到屏幕，但使用错误输出重定向后，错误输出将不会显示在屏幕上，而是写入到重定向文件中，如图 2-59 所示。

```
#ls ccc 2 > error
```

```
[root@qs aaa]# ls ccc
ls: ccc: No such file or directory
[root@qs aaa]# ls ccc 2>error
[root@qs aaa]# cat error
ls: ccc: No such file or directory
[root@qs aaa]#
```

图 2-59　重定向标准错误输出到文件中

同样，可以使用输出追加操作符“>>”追加错误输出到文件中。

还可以使用另一个输出重定向操作符（&>）将标准输出和错误输出同时送到同一文件中。例如：

```
# ls /var/log &> abc.cc
```

可以将重定向命令组合在一起，实现复杂的输入输出控制。例如，使用/etc/passwd 文件作为 wc 命令的输入，然后将 wc 命令的输出重定向为 output，同时将 wc 的错误输出重定向为 error，使所有的输入输出通过文件记录，如图 2-60 所示。

```
#wc < /etc/passwd >output 2>error
#cat output
```

[root@qs aaa]# wc < /etc/passwd >output 2>error
[root@qs aaa]# cat output
37 55 1668
[root@qs aaa]#

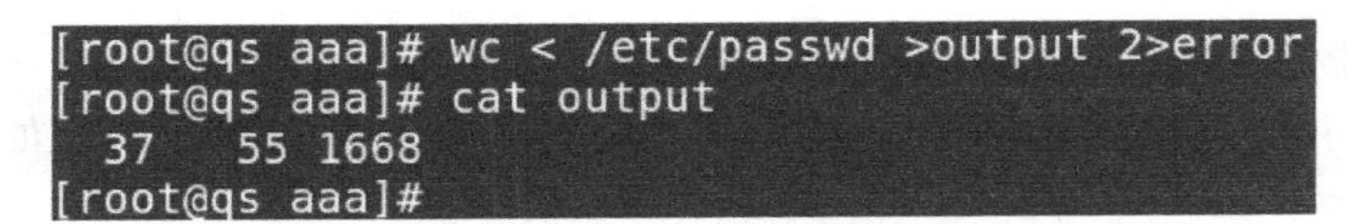

图 2-60　组合重定向输入输出

2. 管道

管道用来把一系列命令连接起来，这意味着：第一个命令的输出通过管道传给第二个命令，作为第二个命令的输入，第二个命令的输出又会作为第三个命令的输入，以此类推。显示在屏幕上的是管道行中最后一个命令的输出（如果命令行中未使用输出重定向）。通过使用管道符“|”来建立一个管道行，它的使用形式如下。

```
命令1 | 命令2
```

管道的意义在于把信息从一端传送到另一端。如果要使用 ls 命令的输出作为 wc 命令的输入，则使用管道将会很容易实现，如图 2-61 所示。

```
#ls -al |wc
```

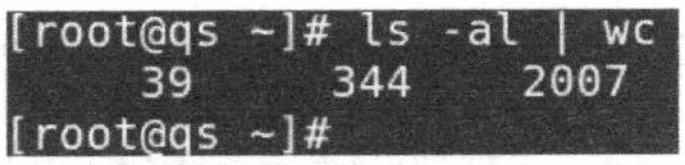
[root@qs ~]# ls -al | wc
39 344 2007
[root@qs ~]#

图 2-61　ls 的输出通过管道输出给 wc 命令的输入

ls 命令列出了文件信息，但没有输出到屏幕，而是通过管道输出到 wc 命令中，然后 wc 统计 ls 的输出信息，将统计结果输出到屏幕。

管道也可以与输入输出重定向操作结合进行，例如，上面的操作可以把最后的输出重定向一个文件中，如图 2-62 所示。

```
#ls -al |wc > ls.wc
#cat ls.wc
```

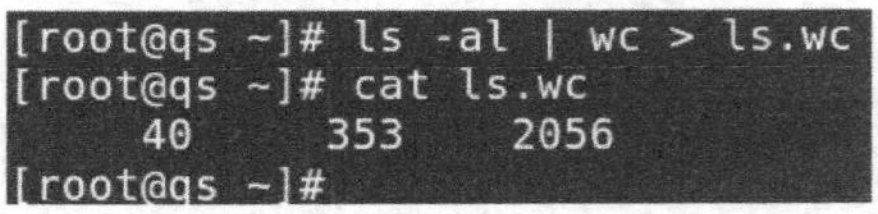
[root@qs ~]# ls -al | wc > ls.wc
[root@qs ~]# cat ls.wc
40 353 2056
[root@qs ~]#

图 2-62　组合管道和输出重定向

任务验收

通过本任务的实施，学会在 Linux 操作系统中使用输入重定向改变命令的输入源，将文件中的内容作为输入；使用输出重定向改变输出位置到文件中；使用管道，将第一个命令的输出作为另一个命令的输入等操作。

评 价 内 容	评 价 标 准
在 Linux 操作系统中使用输入输出重定向和管道	在规定时间内，按照要求在 Linux 操作系统中完成使用输入重定向改变命令的输入源，将文件中的内容作为输入；使用输出重定向改变输出位置到文件中；使用管道，将第一个命令的输出作为另一个命令的输入等操作

拓展练习

（1）将 wc 命令的输入重定向为/var/log 文件。
（2）将 ls /etc/passwd 的输出重定向到一个文件 test 中。
（3）使用 cat test 命令的输出作为 wc 命令的输入。

项目验收

考核内容	评价标准
Linux 操作系统的文件目录管理	根据实际要求，在规定时间内，使用命令完成文件、目录管理，文件内容查看，文件和目录的权限设置，查找文件及文件内容，输入输出重定向和管道的设置操作

项目 2　磁盘管理

项目描述

新兴学校的网络管理员小赵在 Linux 学习中发现，Linux 操作系统中的磁盘管理与 Windows 操作系统中的磁盘管理有很大的区别，它把磁盘当做特殊的文件处理，这给小赵增加了学习的难度，小赵还不太理解 Linux 操作系统中如何来使用和管理磁盘，于是小赵开始学习磁盘管理。

项目分析

磁盘管理主要内容包括：新建磁盘分区与创建文件系统、RAID 创建与管理、挂载文件系统、查看文件磁盘使用情况、检查和修复文件系统、压缩和存档工具、逻辑卷管理、磁盘配额、备份文件和系统等内容。小赵要认真学习，熟练掌握 Linux 操作系统中的磁盘管理操作，整个项目的认知与分析流程如图 2-63 所示。

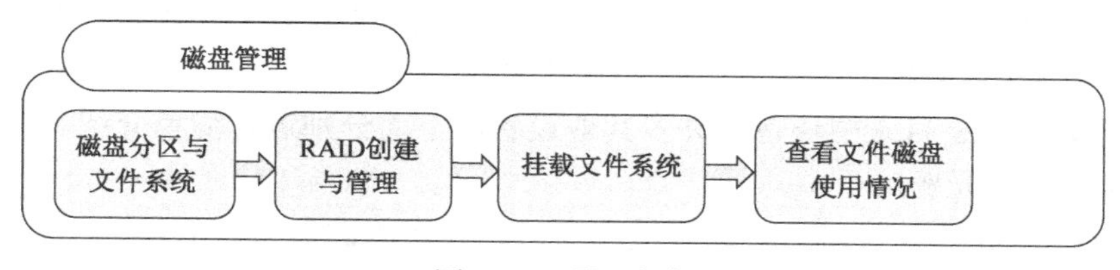

图 2-63　项目内容

任务 1　磁盘分区与文件系统

新兴学校的信息中心购置了 Linux 服务器，现网络管理员小赵需要进行磁盘分区。信息中心要求小赵将 Linux 操作系统中的磁盘分区，并创建不同类型的磁盘格式。在 Linux 中，需要将不同类型的文件系统挂载在不同的分区下，并使用命令查看磁盘使用情况，来验证磁盘管理的正确性。

任务分析

硬盘要分区和格式化后才能使用，分区从实质上说就是对硬盘的一种格式化，硬盘只有分区和格式化后才能使用，在 Linux 中可采用 fdisk 命令实现。由于小赵对此并不熟悉，于是请来飞越公司的工程师帮忙。

任务实施

1. 新建磁盘分区

1）磁盘的基础知识

磁盘是计算机的重要组成部分，主要包括硬盘、软盘和闪存盘。在 Linux 中，磁盘作为一种特殊的文件——设备文件存放在/dev 中。下面说明文件名与设备的对应关系。

以 fd 开头的文件是软盘设备。例如，/dev/fd0 表示系统的第一个软驱，/dev/fd1 表示系统的第二个软驱。

以 hd 开头的文件是 IDE 硬盘设备。例如，/dev/hda 表示第一个 IDE 接口上的第一个 IDE 设备，它的第一个分区表示为/dev/hda1。系统中可能有多个 IDE 设备，可依次表示为 hda、hdb、hdc…，每一个 IDE 硬盘又可以有多个分区，依次表示为 hda1、hda2、hda3、…

以 sd 开头的文件表示 SCSI 硬盘设备，对于 SCSI 硬盘，应该访问/dev/sda、/dev/sdb 而不是/dev/hda、/dev/hdb。闪存盘在 Linux 中被仿真为 SCSI 设备使用，如果仿真为硬盘，则其设备文件名类似于/dev/sda1 形式。如果被仿真为软盘，则其设备文件名类似于/dev/sda 形式。至于何时为 sda 或 sdb，取决于闪存盘所连接的 USB 接口。

除了磁盘外，/dev 目录中还包括许多其他设备，下面分别进行简单介绍。

/dev/cdrom 表示光驱。

/dev/console 表示系统控制台，即直接和系统相连接的键盘和显示器。

/dev/audio 表示系统声卡。

/dev/tty 开头的文件是系统的虚拟终端。例如，/dev/tty1 表示系统的第一个终端，/dev/tty2 表示系统的第二个终端。可以使用 Alt+F1～F6 组合键在各个终端间进行切换，如果在 X Window 环境下，则可以使用 Ctrl+Alt+F1～F6 组合键进行切换。

/dev/pty 开头的文件是伪终端，用来进行远程登录。当人们使用 Telnet 命令远程登录到另一台计算机时就要使用/dev/pty 设备。

/dev/ttys 和/dev/cua 文件表示串口。

/dev/lp 开头的文件表示并口。

2）硬盘分区

IDE 磁盘最多可以包含 4 个分区，如果想要划分出 4 个以上的分区，则必须分出一个扩展分区，并在扩展分区中划分逻辑分区。与 Windows 不同，Linux 系统除了要建立文件分区外，还要创建一个交换分区当做虚拟内存使用。在 Linux 中，可以使用 fdisk 命令对硬盘进行分区。

对硬盘/dev/hda 进行分区，建立一个 10GB 的文件分区、128MB 的交换分区。具体操作步骤如下。

步骤 1： 对硬盘分区时，必须使用 root 身份在#提示符下操作，如图 2-64 所示。

```
# fdisk /dev/hda
```

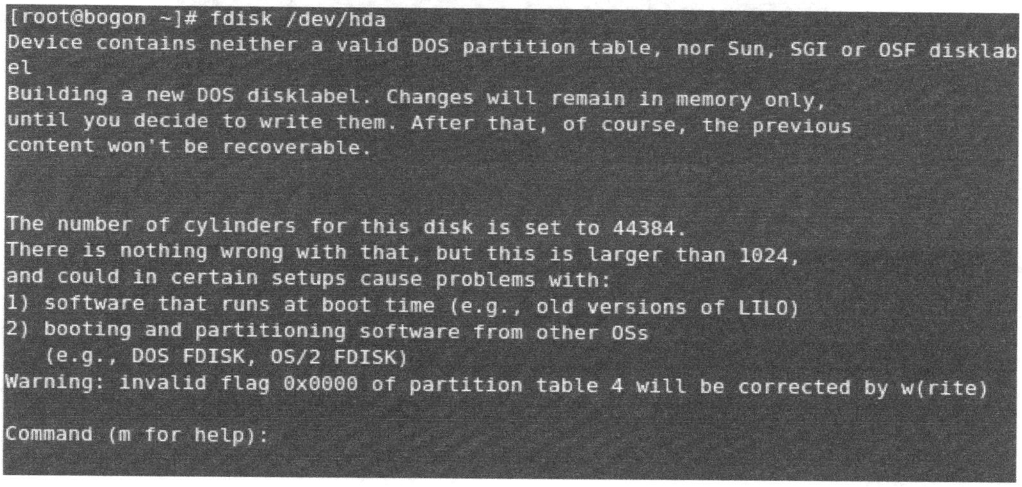

```
[root@bogon ~]# fdisk /dev/hda
Device contains neither a valid DOS partition table, nor Sun, SGI or OSF disklab
el
Building a new DOS disklabel. Changes will remain in memory only,
until you decide to write them. After that, of course, the previous
content won't be recoverable.


The number of cylinders for this disk is set to 44384.
There is nothing wrong with that, but this is larger than 1024,
and could in certain setups cause problems with:
1) software that runs at boot time (e.g., old versions of LILO)
2) booting and partitioning software from other OSs
   (e.g., DOS FDISK, OS/2 FDISK)
Warning: invalid flag 0x0000 of partition table 4 will be corrected by w(rite)

Command (m for help):
```

图 2-64 用 fdisk 命令对硬盘分区

知识链接

fdisk 命令的格式如下。

```
fdisk [参数] <目标硬盘>
```

其中，目标硬盘是准备进行分区的硬盘，一般用/dev/hda 形式表示。至于是 hda 还是 hdb，取决于所连接的 IDE 接口。fdisk 命令的参数主要有以下几个。

-l：列出指定硬盘的分区状况，包括分区类型、各分区的起始地址和结束地址、分区大小等。

-u：与-l 配合使用，一般用扇区数取代磁盘数来标示各个分区的起始地址和结束地址。

与 Windows 不同的是，Linux 中的 fdisk 命令不会实时修改硬盘分区表，直到输入 w 命令后系统才开始保存。因此，人们可以对硬盘进行任意分区，最后输入 q 命令退出，此时硬盘的分区表不变。如果对分区结果满意，则可以输入 w 命令进行保存。

步骤 2：屏幕输出的最后一行如下。

```
Command (m for help):
```

它表示可以输入 m 寻求帮助，输入 m 并按 Enter 键后如图 2-65 所示。

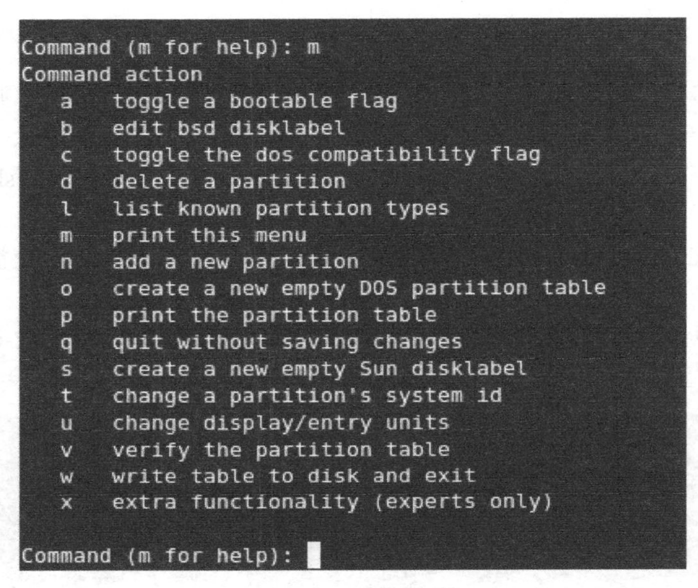

图 2-65 帮助信息

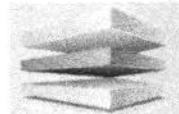

知识链接

在进行分区时使用的命令都是单字母命令，各命令的意义如下。

a：将分区设置为可引导的活动分区。

b：编辑 BSD 分区的磁盘卷标。

c：设置为与 DOS 兼容的分区。

d：删除分区。

l：列出所有支持分区的文件系统类型。

m：显示帮助信息。

n：建立新分区。

o：建立新的 DOS 分区。

p：显示当前分区表。

q：不保存分区结果直接退出。

s：建立新的 SUN 分区。

t：改变分区文件系统的类型。

u：切换使用扇区或柱面为单位来显示分区容量。
v：检查分区的正确性。
w：保存分区的结果并退出。
x：切换到专家模式。

步骤 3： 输入 p 命令显示当前的分区状态，如图 2-66 所示，结果表示现在硬盘上没有任何分区。

```
Command (m for help): p

Disk /dev/hda: 21.4 GB, 21474836480 bytes
15 heads, 63 sectors/track, 44384 cylinders
Units = cylinders of 945 * 512 = 483840 bytes

   Device Boot      Start         End      Blocks   Id  System

Command (m for help):
```

图 2-66　输入 p 命令显示当前的分区状态

步骤 4： 使用 n 命令建立新分区，如图 2-67 所示。

在图 2-67 中，e 表示建立扩展分区，p 表示建立主分区。

步骤 5： 输入 p，先建立一个主分区，系统会提示输入分区号，如图 2-68 所示。

```
Command (m for help): n
Command action
   e   extended
   p   primary partition (1-4)
```

图 2-67　使用 n 命令建立新分区

图 2-68　系统提示输入分区号

步骤 6： 由于现在硬盘上没有任何分区，因此输入 1，表示建立硬盘上第一个主分区。系统提示如图 2-69 所示。

```
Partition number (1-4): 1
First cylinder (1-44384, default 1):
```

图 2-69　建立硬盘上第一个主分区

步骤 7： 直接按 Enter 键表示新分区的起始柱面是 1，系统提示输入新分区的结束地址，如图 2-70 所示。

```
First cylinder (1-44384, default 1):
Using default value 1
Last cylinder or +size or +sizeM or +sizeK (1-44384, default 44384):
```

图 2-70　系统提示输入新分区的结束地址

步骤 8： 若输入+10240MB，则表示新分区大小为 10GB。再用 p 命令查看新分区，如图 2-71 所示。

```
Last cylinder or +size or +sizeM or +sizeK (1-44384, default 44384): +10240MB

Command (m for help): p

Disk /dev/hda: 21.4 GB, 21474836480 bytes
15 heads, 63 sectors/track, 44384 cylinders
Units = cylinders of 945 * 512 = 483840 bytes

   Device Boot      Start         End      Blocks   Id  System
/dev/hda1               1       21165    10000431   83  Linux

Command (m for help): 
```

图 2-71　查看新分区

步骤 9: 再次使用 n 命令建立新的分区，但是输入+128MB，表示新分区的大小是 128MB。此时分区状况如图 2-72 所示。

```
Command (m for help): n
Command action
   e   extended
   p   primary partition (1-4)
p
Partition number (1-4): 2
First cylinder (21166-44384, default 21166):
Using default value 21166
Last cylinder or +size or +sizeM or +sizeK (21166-44384, default 44384): +128MB

Command (m for help): p

Disk /dev/hda: 21.4 GB, 21474836480 bytes
15 heads, 63 sectors/track, 44384 cylinders
Units = cylinders of 945 * 512 = 483840 bytes

   Device Boot      Start         End      Blocks   Id  System
/dev/hda1               1       21165    10000431   83  Linux
/dev/hda2           21166       21431      125685   83  Linux

Command (m for help): 
```

图 2-72　再次建立新分区

步骤 10: 输入 t 命令更改分区的类型，然后输入 2，表示对第二个主分区/dev/hda2 更改分区类型。输入 L 命令查看所有支持的文件类型，可以看到 83 表示 Linux 文件类型，82 表示交换分区，如图 2-73 所示。

步骤 11: 输入 82，然后使用 p 命令查看当前的分区状况，此时说明已经成功地建立了两个分区，如图 2-74 所示。

```
Command (m for help): t
Partition number (1-4): 2
Hex code (type L to list codes): L

 0  Empty           1e  Hidden W95 FAT1 80  Old Minix       bf  Solaris
 1  FAT12           24  NEC DOS         81  Minix / old Lin c1  DRDOS/sec (FAT-
 2  XENIX root      39  Plan 9          82  Linux swap / So c4  DRDOS/sec (FAT-
 3  XENIX usr       3c  PartitionMagic  83  Linux           c6  DRDOS/sec (FAT-
 4  FAT16 <32M      40  Venix 80286     84  OS/2 hidden C:  c7  Syrinx
 5  Extended        41  PPC PReP Boot   85  Linux extended  da  Non-FS data
 6  FAT16           42  SFS             86  NTFS volume set db  CP/M / CTOS / .
```

图 2-73　查看所有支持的文件类型

```
Hex code (type L to list codes): 82
Changed system type of partition 2 to 82 (Linux swap / Solaris)

Command (m for help): p

Disk /dev/hda: 21.4 GB, 21474836480 bytes
15 heads, 63 sectors/track, 44384 cylinders
Units = cylinders of 945 * 512 = 483840 bytes

   Device Boot      Start         End      Blocks   Id  System
/dev/hda1               1       21165    10000431   83  Linux
/dev/hda2           21166       21431      125685   82  Linux swap / Solaris

Command (m for help):
```

图 2-74 查看当前的分区状况

步骤 12：确认无误后，输入 w，保存分区的结果并退出，如图 2-75 所示。

```
Command (m for help): w
The partition table has been altered!

Calling ioctl() to re-read partition table.
Syncing disks.
[root@bogon ~]#
```

图 2-75 保存分区的结果并退出

2. 创建文件系统

1）文件系统的基础知识

我们对存储设备分区是远远不够的，还要对这些新增分区进行格式化；一个分区只有建立了某种文件系统后，这个分区才能使用；建立文件系统过程，就是用相应格式化工具格式化分区的过程，这个过程和在 Windows 中格式化某个分区为 NTFS 分区类似。

在 Linux 操作系统中，几乎支持目前主流的所有文件系统，如 NTFS（只读）、FAT（可读可写）、ext2、ext3、ReiserFS、HFS（MAC 操作系统的文件系统）、Swap 分区等。

2）创建文件系统

知识链接

mke2fs 命令格式如下。

```
mke2fs [<选项>…] <设备名> [blocks-count]
```

blocks-count 用于指定要创建的文件系统的块数，此值应该小于 fdisk 命令查看的此分区或逻辑卷的块数，若省略此参数，则将使用整个分区或逻辑卷创建文件系统。

主要选项如下。

-b<block-size>：指定区块大小，单位为字节。

-c：在创建文件系统之前检查是否有损坏的区块。一个 c 做只读检查，两个 c 做读/写检查。

-f<fragment-size>：指定不连续区段的大小，单位为字节。

-F：强制执行 mke2fs，不建议使用。

-i<bytes-per-inode>：指定“字节/inode”的比例。

-N<number-of-inodes>：指定要建立的 inode 数目。

-j：建立一个 ext3 日志文件系统。

-J<journal-options>：指定 ext3 日志文件系统的参数。

-l<filename>：从指定的文件中，读取文件系统中损坏区块的信息。

-L<volume-label>：设置文件系统的卷标（最长 11 个字符）。

-m<reserved-blocks-percentage>：指定给管理员保留区块的比例，预设为 5%。

-M<last-mounted-directory>：记录最后一次挂装的目录。

-q：执行时不显示任何信息。

-v：执行时显示详细信息。

（1）使用命令 mke2fs 格式化一个 10GB 的分区使之成为 ext2 文件系统，如图 2-76 所示。

```
#mke2fs /dev/hda1
```

```
[root@bogon ~]# mke2fs /dev/hda1
mke2fs 1.39 (29-May-2006)
Filesystem label=
OS type: Linux
Block size=4096 (log=2)
Fragment size=4096 (log=2)
1251712 inodes, 2500107 blocks
125005 blocks (5.00%) reserved for the super user
First data block=0
Maximum filesystem blocks=2562719744
77 block groups
32768 blocks per group, 32768 fragments per group
16256 inodes per group
Superblock backups stored on blocks:
        32768, 98304, 163840, 229376, 294912, 819200, 884736, 1605632

Writing inode tables: done
Writing superblocks and filesystem accounting information: done

This filesystem will be automatically checked every 26 mounts or
180 days, whichever comes first.  Use tune2fs -c or -i to override.
[root@bogon ~]#
```

图 2-76 格式化成 ext2 文件系统

知识链接

图 2-76 中包括显示了有关新建 ext2 文件系统的以下信息。

区块大小（Block size）：为 4096 字节（4KB）。

Fragment 大小（Fragment size）：实际上 ext2/ext3/ext4 都不支持 Fragment 功能，所以值一定和区块大小一样。

inodes 数目：在整个文件系统中建立了 1251712 个 inode，也是文件系统可能拥有文件数目的上限。

区块数目：在整个文件系统中建立了 2500107 个区块。

保留区块（reserved blocks）：在整个文件系统中保留了约 5%的空间共 125005 个区块（约 488MB=125005 × 4KB）供系统管理员工作之用。

文件系统区块数目上限（Maximum filesystem blocks）：当前 ext2/ext3 支持一个文件系统可能拥有区块数目的上限，这里为 2562719744，即表示文件系统上限为 10TB=2562719744 × 4KB。

区块组数目（block groups）：在整个文件系统中建立了 77 个区块组。

区块/组（blocks per group）：每个区块组的区块数目，这里为 32768，即每个区块组约有 128MB=32768 × 4KB。

inodes/组（inodes per group）：每个区块组的 inode 数目，这里为 16256。

Superblock 备份（Superblock backups）：Superblock 备份在编号 32768、98304、163840、229376、294912、819200、884736 和 1605632 区块，即编号 1、3、5、7、9、25、27 和 49 区块组。

（2）使用命令 mke2fs-j 格式化一个 10GB 的分区，使之成为 ext3 文件系统，如图 2-77 所示。

```
#mke2fs -j /dev/hda1
```

```
[root@bogon ~]# mke2fs -j /dev/hda1
mke2fs 1.39 (29-May-2006)
Filesystem label=
OS type: Linux
Block size=4096 (log=2)
Fragment size=4096 (log=2)
1251712 inodes, 2500107 blocks
125005 blocks (5.00%) reserved for the super user
First data block=0
Maximum filesystem blocks=2562719744
77 block groups
32768 blocks per group, 32768 fragments per group
16256 inodes per group
Superblock backups stored on blocks:
        32768, 98304, 163840, 229376, 294912, 819200, 884736, 1605632

Writing inode tables: done
Creating journal (32768 blocks): done
Writing superblocks and filesystem accounting information: done

This filesystem will be automatically checked every 39 mounts or
180 days, whichever comes first.  Use tune2fs -c or -i to override.
[root@bogon ~]#
```

图 2-77　格式化成 ext3 文件系统

与格式化 ext2 的代码几乎相同，唯一的区别是多了一个“Creating journal”（建立日志）

的步骤。此行同时显示日志的大小，这里为 32768 个区块（128MB=32768×4KB）。

任务验收

通过本任务的实施，学会在 Linux 操作系统中使用命令新建磁盘分区与创建文件系统等操作。

评 价 内 容	评 价 标 准
在 Linux 操作系统中使用命令新建磁盘分区与创建文件系统	在规定时间内，按照要求在 Linux 操作系统中完成使用命令新建磁盘分区与创建文件系统等操作

拓展练习

（1）在虚拟机上，为 Linux 操作系统的主机添加一块 20GB 的 SCSI 硬盘。

（2）在 Linux 中，新建一个 16GB 的文件分区、256MB 的交换分区。

（3）在 Linux 中，使用命令对 16GB 的文件分区创建 ext3 文件系统。

任务 2　RAID 创建与管理

任务描述

最近，新兴学校的教师在访问服务器时，经常发现速度慢，管理员也发现服务器的磁盘空间即将用完，管理员决定添置大容量磁盘为教师提供网络存储、文件共享、数据库等网络服务功能，满足日常的办公需要，针对速度慢、空间不够等问题，管理员决定购买硬盘后使用动态磁盘进行管理。

任务分析

动态磁盘的管理基于卷的管理。卷是由一个或多个磁盘上的可用空间组成的存储单元，可以将它格式化为一种文件系统并分配驱动器号。动态磁盘具有提供容错、提高磁盘利用率和访问效率的功能，由于小赵对此并不熟悉，于是小赵请来飞越公司的工程师帮忙。

任务实施

RAID（Redundant Arrays of Independent Disks，独立冗余磁盘阵列）可以被理解成一种使用磁盘驱动器的方法，它将一组磁盘驱动器用某种逻辑方式联系起来，作为一个逻辑磁盘驱动器使用。

通常情况下，人们在服务器端采用各种 RAID 技术来保护数据，中高档的服务器一般提供了昂贵的硬件 RAID 控制器，但很多小企业无力承受这笔开销。在 Linux 下可以通过软件来实现硬件的 RAID 功能，既节省了投资，又能达到很好的效果。下面在一个典型的环境中实现带有一块备用磁盘的软 RAID1（数据镜像）阵列。

1. 磁盘分区

添加 4 块 SCSI 硬盘，第一块磁盘上安装 Linux 操作系统，其余 3 块组成阵列。对磁盘进行分区，如图 2-78 所示。

```
#fdisk /dev/sdb
```

```
[root@bogon ~]# fdisk /dev/sdb
```

图 2-78　对磁盘进行分区

将设备/dev/sdb 上的全部磁盘空间划分给一个主分区，建立/dev/sdb1 分区。对剩余的磁盘做同样的操作，创建/dev/sdb2、/dev/sdc3、/dev/sdd4 这 3 个分区。

2. 创建 RAID 阵列

步骤 1： 输入命令如图 2-79 所示，用于创建 RAID 阵列。

```
#mdam -Cv /dev/md0 -l1 -n2 -xl /dev/sd{b,c,d}1
```

```
[root@bogon ~]# mdadm -Cv /dev/md0 -l1 -n2 -x1 /dev/sd{b,c,d}1
mdadm: size set to 18868224K
mdadm: array /dev/md0 started.
[root@bogon ~]#
```

图 2-79　创建 RAID0 阵列

知识链接

参数说明如下。

-C：该参数为创建阵列模式。

/dev/md0：阵列的设备名称。

-l1：阵列模式，可以选择 0、1、4、5 等不同的阵列模式，这里设置为 RAID1 模式。

-n2：阵列中活动磁盘的数目，该数目加上备用磁盘的数目应该等于阵列中总的磁盘数目。

-x1：阵列中备用磁盘的数目。设置当前阵列中含有一块备用磁盘。

/dev/sd{b,c,d}1：参与创建阵列的磁盘名称。阵列由 3 块磁盘组成，其中两块为镜像的活动磁盘，一块为备用磁盘，用于提供故障后的替换。

步骤 2： 这一过程需要一定时间，因为磁盘要进行同步化操作，查看/proc/mdstat 文件，该文件显示 RAID 的当前状态和同步完成所需的时间，如图 2-80 所示。这表示新创建的 RAID1 已经可以使用了。

```
#cat /proc/mdstat
```

```
[root@bogon ~]# cat /proc/mdstat
Personalities : [raid1]
md0 : active raid1 sdd1[2](S) sdc1[1] sdb1[0]
      18868224 blocks [2/2] [UU]

unused devices: <none>
[root@bogon ~]#
```

图 2-80　查看/proc/mdstat 文件

步骤 3： 编辑阵列的配置文件。

mdadm 的配置文件主要为人们日常管理提供方便，并不是阵列所需的。首先扫描系统中的全部阵列，如图 2-81 所示。

```
#mdadm --detail -scan
```

```
[root@bogon ~]# mdadm --detail -scan
ARRAY /dev/md0 level=raid1 num-devices=2 metadata=0.90 spares=1 UUID=dc1e0f79:c4
dc18f0:cecb2f0f:f04be266
[root@bogon ~]#
```

图 2-81　扫描系统中的全部阵列

扫描结果显示阵列的名称、模式和磁盘名称，并且列出了阵列的 UUID。UUID 也同时存在于阵列的每个磁盘中，缺少 UUID 的磁盘不能参与阵列的组成。

编辑阵列的配置文件/etc/mdadm.conf，如图 2-82 所示。

```
#vi /etc/mdadm.conf
```

```
[root@bogon ~]# vi /etc/mdadm.conf
```

图 2-82　进入阵列的配置文件

将扫描显示的结果按照文件规定的格式修改后，添加到文件的末尾，添加内容如图 2-83 所示。在配置文件中定义了阵列的名称、模式、阵列中活动磁盘的数目及名称，还定义了一个备用的磁盘组 group1。

```
DEVICE /dev/sdb1 /dev/sdc1 /dev/sdd1
ARRAY /dev/md0 level=raid1 num-devices=2 uuid=dc1e0f79:c4dc18f0:cecb2f0f:f04be26
6 spare-group=group1
```

图 2-83　添加内容

步骤 4： 启动和停止阵列。启动阵列，如图 2-84 所示。停止阵列，如图 2-85 所示。

```
#mdadm -As /dev/md0
```

```
[root@bogon ~]# mdadm -As /dev/md0
mdadm: /dev/md0 has been started with 2 drives and 1 spare.
[root@bogon ~]#
```

图 2-84　启动阵列

```
#mdadm -S /dev/md0
```

```
[root@bogon ~]# mdadm -S /dev/md0
mdadm: stopped /dev/md0
[root@bogon ~]#
```

图 2-85 停止阵列

3. 在阵列上建立新的文件系统

步骤 1：在阵列上建立新的文件系统，如图 2-86 所示。

```
# mkfs.ext3 /dev/md0
```

```
[root@bogon ~]# mkfs.ext3 /dev/md0
mke2fs 1.39 (29-May-2006)
Filesystem label=
OS type: Linux
Block size=4096 (log=2)
Fragment size=4096 (log=2)
2359296 inodes, 4717056 blocks
235852 blocks (5.00%) reserved for the super user
First data block=0
Maximum filesystem blocks=0
144 block groups
32768 blocks per group, 32768 fragments per group
16384 inodes per group
Superblock backups stored on blocks:
        32768, 98304, 163840, 229376, 294912, 819200, 884736, 1605632, 2654208,
        4096000

Writing inode tables: done
Creating journal (32768 blocks): done
Writing superblocks and filesystem accounting information: done

This filesystem will be automatically checked every 36 mounts or
180 days, whichever comes first.  Use tune2fs -c or -i to override.
[root@bogon ~]#
```

图 2-86 在阵列上建立 ext3 文件系统

步骤 2：经过几分钟后新的文件系统生成，现在即可使用了，将/dev/md0 挂接在/opt 安装点上，如图 2-87 所示。

```
#mount /dev/md0 /opt
```

```
[root@bogon ~]# mount /dev/md0 /opt
[root@bogon ~]#
```

图 2-87 /dev/md0 挂接在/opt 安装点上

步骤 3：修改/etc/fstab 文件，添加如图 2-88 所示内容，这样系统启动后就会自动挂接设备到/opt 安装点上。

```
LABEL=/             /           ext3    defaults        1 1
LABEL=/boot         /boot       ext3    defaults        1 2
tmpfs               /dev/shm    tmpfs   defaults        0 0
devpts              /dev/pts    devpts  gid=5,mode=620  0 0
sysfs               /sys        sysfs   defaults        0 0
proc                /proc       proc    defaults        0 0
LABEL=SWAP-sda3     swap        swap    defaults        0 0
/dev/md0            /opt        ext3    defaults        0 0
~
```

图 2-88　修改/etc/fstab 文件

4. RAID 管理

步骤 1：显示当前阵列的各项参数和同步状态，如图 2-89 所示。

```
#mdadm --detail /dev/md0
```

```
[root@bogon ~]# mdadm --detail /dev/md0
/dev/md0:
        Version : 0.90
  Creation Time : Mon Sep  8 19:29:38 2014
     Raid Level : raid1
     Array Size : 18868224 (17.99 GiB 19.32 GB)
  Used Dev Size : 18868224 (17.99 GiB 19.32 GB)
   Raid Devices : 2
  Total Devices : 3
Preferred Minor : 0
    Persistence : Superblock is persistent

    Update Time : Mon Sep  8 20:25:59 2014
          State : clean
 Active Devices : 2
Working Devices : 3
 Failed Devices : 0
  Spare Devices : 1

           UUID : dc1e0f79:c4dc18f0:cecb2f0f:f04be266
         Events : 0.2

    Number   Major   Minor   RaidDevice State
       0       8       17        0      active sync   /dev/sdb1
       1       8       33        1      active sync   /dev/sdc1

       2       8       49        -      spare   /dev/sdd1
[root@bogon ~]#
```

图 2-89　当前阵列的各项参数和同步状态

步骤 2：显示当前阵列中磁盘的各项参数和状态，如图 2-90 所示。

```
#mdadm -E /dev/sdb1
```

```
[root@bogon ~]# mdadm -E /dev/sdb1
/dev/sdb1:
          Magic : a92b4efc
        Version : 0.90.00
           UUID : dc1e0f79:c4dc18f0:cecb2f0f:f04be266
  Creation Time : Mon Sep  8 19:29:38 2014
     Raid Level : raid1
  Used Dev Size : 18868224 (17.99 GiB 19.32 GB)
     Array Size : 18868224 (17.99 GiB 19.32 GB)
   Raid Devices : 2
  Total Devices : 3
Preferred Minor : 0

    Update Time : Mon Sep  8 20:25:59 2014
          State : clean
 Active Devices : 2
Working Devices : 3
 Failed Devices : 0
  Spare Devices : 1
       Checksum : b2794b4e - correct
         Events : 2


      Number   Major   Minor   RaidDevice State
this     0       8       17        0      active sync   /dev/sdb1

   0     0       8       17        0      active sync   /dev/sdb1
   1     1       8       33        1      active sync   /dev/sdc1
   2     2       8       49        2      spare   /dev/sdd1
```

图 2-90 当前阵列中磁盘的各项参数和状态

步骤 3：当阵列中的磁盘失败时，从阵列中移去失败的磁盘，如图 2-91 所示。

```
#mdadm /dev/md0 -f /dev/sdb1 -r /dev/sdb1
```

```
[root@bogon ~]# mdadm /dev/md0 -f /dev/sdb1 -r /dev/sdb1
mdadm: set /dev/sdb1 faulty in /dev/md0
mdadm: hot removed /dev/sdb1
[root@bogon ~]#
```

图 2-91 移去失败的磁盘

步骤 4：当新的磁盘替换了失败的磁盘后，在阵列中添加新磁盘，如图 2-92 所示。

```
#mdadm /dev/md0 --add /dev/sdb1
```

```
[root@bogon ~]# mdadm /dev/md0 --add /dev/sdb1
mdadm: re-added /dev/sdb1
[root@bogon ~]#
```

图 2-92 阵列中添加新磁盘

任务验收

通过本任务的实施，学会在 Linux 操作系统中创建 RAID 阵列、在阵列上新建文件系统、管理 RAID 阵列。

评价内容	评价标准
Linux 操作系统中 RAID 创建与管理	在规定时间内，按照要求在 Linux 操作系统中创建 RAID 阵列、在阵列上新建文件系统、管理 RAID 阵列。

拓展练习

（1）在 Linux 中添加 3 块硬盘，创建 RAID 阵列。

（2）在阵列上创建 ext2 文件系统。

（3）显示当前阵列的各项参数和状态。

任务 3　挂载文件系统

任务描述

新兴学校的网络管理员小赵发现在 Linux 操作系统中，光盘、闪存盘、软盘等设备都不能直接使用，这给小赵的工作带来了困难，小赵急需懂得如何使用这些设备，如何能够读取、写入其中的内容。

任务分析

在 Linux 操作系统中，外置的设备基本上都要通过挂载后才能正常使用，所以确实给小赵的工作带来了困难，由于小赵对此并不熟悉，于是请来飞越公司的工程师帮忙。

任务实施

挂载点必须是一个目录。一个分区挂载在一个已存在的目录上，这个目录可以不为空，但挂载后这个目录下以前的内容将不可用。对于其他操作系统建立的文件系统的挂载也是这样。光盘、软盘、其他操作系统使用的文件系统的格式与 Linux 使用的文件系统的格式是不一样的。光盘使用的文件系统是 ISO 9660；软盘使用的文件系统是 FAT16 或 ext2；Windows NT

使用的文件系统是 FAT16、NTFS；Windows 98 使用的文件系统是 FAT16、FAT32；Windows 2000 和 Windows XP 使用的文件系统是 FAT16、FAT32、NTFS。挂载前要了解 Linux 是否支持所要挂载的文件系统格式。

1. 通过 mount 命令来挂载文件系统

在 Linux 中访问光盘的步骤如下。

步骤 1： 创建/mnt/cdrom 目录，查看/mnt/cdrom 中的内容，如图 2-93 所示。

```
#mkdir /mnt/cdrom
```

```
[root@bogon ~]# mkdir /mnt/cdrom
[root@bogon ~]# ls /mnt/cdrom
[root@bogon ~]#
```

图 2-93　创建目录并查看内容

步骤 2： 在光驱中放入光盘后，使用命令挂载光盘，再次查看/mnt/cdrom 中的内容，如图 2-94 所示。

```
#mount -t iso9660 /dev/cdrom /mnt/cdrom
```

```
[root@bogon ~]# mount -t iso9660 /dev/cdrom /mnt/cdrom
mount: block device /dev/cdrom is write-protected, mounting read-only
[root@bogon ~]# ls /mnt/cdrom
                       RELEASE-NOTES-en          RELEASE-NOTES-nl
EULA                   RELEASE-NOTES-en.html     RELEASE-NOTES-nl.html
GPL                    RELEASE-NOTES-en_US       RELEASE-NOTES-pt_BR
                       RELEASE-NOTES-en_US.html  RELEASE-NOTES-pt_BR.html
                       RELEASE-NOTES-es          RELEASE-NOTES-ro
                       RELEASE-NOTES-es.html     RELEASE-NOTES-ro.html
RELEASE-NOTES-cs       RELEASE-NOTES-fr
RELEASE-NOTES-cs.html  RELEASE-NOTES-fr.html     RPM-GPG-KEY-beta
RELEASE-NOTES-de       RELEASE-NOTES-ja          RPM-GPG-KEY-CentOS-5
RELEASE-NOTES-de.html  RELEASE-NOTES-ja.html     TRANS.TBL
[root@bogon ~]#
```

图 2-94　挂载光盘并查看内容

知识链接

mount 命令用于把其他的文件系统挂载到 Linux 的目录树中，命令格式如下。

```
mount [-参数] [设备名称] [挂载点]
```

挂载点一般使用/mnt 目录，设备文件一般有软盘、硬盘分区、光盘和闪存盘等。如果单独使用 mount 命令，未指出设备和点，则系统会列出已经挂载的所有文件系统。

常用参数如下。

（1）-t<文件系统类型>：指定设备的文件系统类型，可用的类型有以下几种。

minix：Linux 最初使用的文件系统。

ext2：二级扩展文件系统。

ext3：ext2 的后续版本。

reiserfs：Linux 中另一种优秀的文件系统。

msdos：MS-DOS 的 FAT 分区，俗称 FAT16。

vfat：Windows 95/98 的 FAT 分区，俗称 FAT32。

ntfs：Windows NT/2000/XP 中的 NT 分区，只能进行只读访问。

iso9660：CD-ROM 光盘的标准文件系统。

nfs：网络文件系统。

hpfs：OS/2 文件系统。

auto：系统自动检测文件系统的类型。

（2）-o<选项>：指定挂载文件系统时的选项。有些也可以用在/etc/fstab 中。常用的选项有以下几种。

codepage=XXX：代码页。

iocharset=XXX：字符集。

ro：以只读方式挂载。

rw：以读写方式挂载。

nouser：使一般用户无法挂载。

user：可以让一般用户挂载设备。

2. 通过 umount 命令来卸载文件系统

umount 命令用来把已经挂载的文件系统从当前目录树上卸载下来。若文件系统当前正处于使用状态（如有打开的文件或进入的目录），则必须等工作处理完毕后才能卸载该文件系统。

在 Linux 中卸载光盘后，如果此时按一下光驱的弹出键，光驱并不会弹出，必须经过卸载后才可以弹出光驱。卸载光驱后，查看/mnt/cdrom 中的内容，如图 2-95 所示。

```
#umount /mnt/cdrom
```

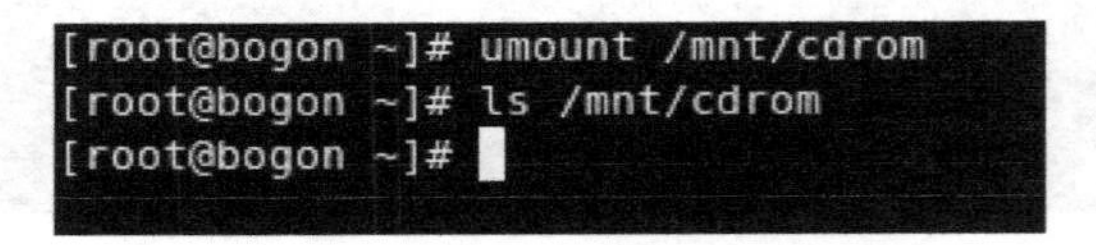

图 2-95　卸载光驱并查看内容

知识链接

mount 命令用于把其他的文件系统挂载到 Linux 的目录树中，命令格式如下。

```
mount [-参数] [设备名称] [挂载点]
```

任务验收

通过本任务的实施，学会在 Linux 操作系统中使用命令挂载和卸载文件系统等操作。

评价内容	评价标准
在 Linux 操作系统中挂载文件系统	在规定时间内，按照要求在 Linux 操作系统中完成使用命令挂载和卸载文件系统等操作

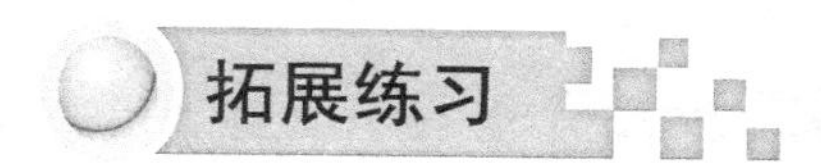

拓展练习

（1）在 Linux 中挂载光盘，查看其内容。

（2）在 Linux 中卸载光盘。

任务 4　查看文件磁盘使用情况

任务描述

新兴学校的网络管理员小赵想要查看磁盘使用情况、目录或文件所占的磁盘空间，以了解当前服务器的运行情况。

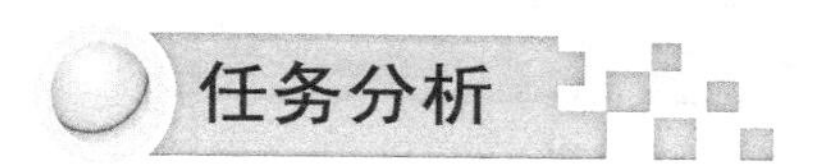

任务分析

为了查看磁盘空间的使用情况，可以使用 df 命令和 du 命令。df 命令用来报告磁盘空间的使用状况，如使用的块数、所占的百分比等；du 命令可以详细显示指定目录使用的磁盘空间。由于小赵对此并不熟悉，于是请来飞越公司的工程师帮忙。

任务实施

1. 显示报告文件系统磁盘使用信息

使用 df 命令可以查看磁盘信息，显示磁盘的文件系统与使用情况。

步骤 1：不加参数的 df 命令显示信息如图 2-96 所示。

```
#df
```

```
[root@bogon ~]# df
Filesystem           1K-blocks      Used Available Use% Mounted on
/dev/sda2             17981340   3339432  13713756  20% /
/dev/sda1               295561     16200    264101   6% /boot
tmpfs                   517552         0    517552   0% /dev/shm
/dev/md0              18572028    176200  17452420   1% /opt
/dev/hdc               4087030   4087030         0 100% /media/CentOS_5.5_Final
[root@bogon ~]#
```

图 2-96　不加参数的 df 命令显示信息

步骤 2：参数-h 表示所使用的磁盘空间用 KB、MB 和 GB 来表示，如图 2-97 所示。

```
#df -h
```

```
[root@bogon ~]# df -h
Filesystem            Size  Used Avail Use% Mounted on
/dev/sda2              18G  3.2G   14G  20% /
/dev/sda1             289M   16M  258M   6% /boot
tmpfs                 506M     0  506M   0% /dev/shm
/dev/md0               18G  173M   17G   1% /opt
/dev/hdc              3.9G  3.9G     0 100% /media/CentOS_5.5_Final
[root@bogon ~]#
```

图 2-97　加参数-h 的 df 命令显示信息

步骤 3：显示所有文件系统对节点和磁盘块的使用情况，这时需要参数-i，如图 2-98 所示。

```
#df -i
```

```
[root@bogon ~]# df -i
Filesystem            Inodes   IUsed   IFree IUse% Mounted on
/dev/sda2            4643968  120815 4523153    3% /
/dev/sda1              76304      35   76269    1% /boot
tmpfs                 129388       1  129387    1% /dev/shm
/dev/md0             2359296      11 2359285    1% /opt
/dev/hdc                   0       0       0    -  /media/CentOS_5.5_Final
[root@bogon ~]#
```

图 2-98　加参数-i 的 df 命令显示信息

从上图可以看出，每一个文件系统中有多少可用的 inode、其中有多少已被使用、还剩余多少、它们所占的比例等关于整个硬盘的使用情况。

步骤 4：以 MB 为单位显示/home 目录的文件系统的使用情况，如图 2-99 所示。

```
#df -m /home/
```

```
[root@bogon ~]# df -m /home/
Filesystem           1M-blocks      Used Available Use% Mounted on
/dev/sda2                17560      3262     13393  20% /
[root@bogon ~]#
```

图 2-99　以 MB 为单位显示/home 目录的文件系统的使用情况

df 工具程序被广泛地用来生成文件系统使用的统计数据。它能显示系统中所有文件系统的信息，包括它们的总容量、可用的空闲空间、目前的安装点等。

知识链接

df 命令格式如下。

```
df [选项]…[文件]…
```

常用选项如下。

-a 或--all：列出包括 Block 为 0 的文件系统。

--block-size=<区块大小>：以指定的区块大小来显示区块数目。

-h 或--human-readable：以可读性较高的方式来显示信息。

-H 或--si：与-h 参数相同，但在计算时以 1000B 而非 1024B 为换算单位。

-i 或--inodes：显示 inode 的信息。

-k 或--kilobytes：指定区块大小为 1024B。

-l 或--local：仅显示本地端的文件系统。

-m 或--megabytes：指定区块大小为 1048576B。

--no-sync：在取得磁盘使用信息前不要执行 sync 指令，此为预设值。

-P 或--portability：使用 POSIX 的输出用法。

--sync：在取得磁盘使用信息前，先执行 sync 指令。

-t<文件系统类型>或--type=<文件系统类型>：仅显示指定文件系统类型的磁盘信息。

-T 或--print-type：显示文件系统的类型。

-x<文件系统类型>或--exclude-type=<文件系统类型>：不要显示指定文件系统的磁盘信息。

--help：显示帮助。

--version：显示版本信息。

[文件]是指定磁盘设备。

2. 显示目录或者文件占用的磁盘空间

使用 du 命令能显示关于硬盘使用情况的信息，它能显示某个目录下的所有文件和子目录占用硬盘空间的大小。

步骤 1：不加任何参数的 du 命令，显示前 10 行输出信息，如图 2-100 所示。

```
#du | head -10
```

步骤 2：du 命令也可以使用-h 参数，参数的意义与 df 中参数的意义相同，显示前 10 行输出信息，如图 2-101 所示。

```
#dh -h | head -10
```

```
[root@bogon /]# du | head -10
8       ./var/preserve
8       ./var/tmp
8       ./var/racoon
8       ./var/opt
16      ./var/empty/sshd/etc
24      ./var/empty/sshd
32      ./var/empty
8       ./var/www/cgi-bin
528     ./var/www/icons/small
1812    ./var/www/icons
[root@bogon /]#
```

图 2-100　不加任何参数的 du 命令

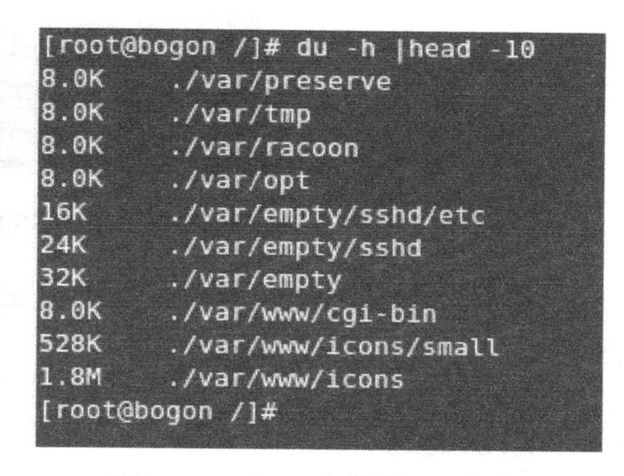

图 2-101　加-h 参数的 du 命令

步骤 3：查看 tmp 目录使用情况，显示前 10 行输出信息，如图 2-102 所示。

```
#du /tmp | head -10
```

步骤 4：显示/usr 目录占用的空间，以 GB 为单位，如图 2-103 所示。

```
#du -s --si /usr
```

```
[root@bogon /]# du /tmp |head -10
12      /tmp/.font-unix
16      /tmp/vmware-config0
12      /tmp/.X11-unix
224     /tmp/VMwareDnD/56c2f9b2
21284   /tmp/VMwareDnD/012346ca
72      /tmp/VMwareDnD/4c4fdafd
23312   /tmp/VMwareDnD/902bfdb1
200     /tmp/VMwareDnD/03324090
228     /tmp/VMwareDnD/09be5b9c
592     /tmp/VMwareDnD/cfdd56ac
[root@bogon /]#
```

图 2-102　查看 tmp 目录使用情况

```
[root@bogon /]# du -s --si /usr
2.3G    /usr
[root@bogon /]#
```

图 2-103　显示/usr 目录占用的空间

步骤 5：显示/tmp 目录下的子目录占用的空间，如图 2-104 所示。

```
#du /tmp --max -depth=1
```

```
[root@bogon /]# du /tmp --max-depth=1
12      /tmp/.font-unix
16      /tmp/vmware-config0
12      /tmp/.X11-unix
172728  /tmp/VMwareDnD
564     /tmp/vmware-root-4254184629
12      /tmp/keyring-MLbN8E
108     /tmp/orbit-root
12      /tmp/ssh-sZLpgZ3930
12      /tmp/keyring-83SghG
8       /tmp/virtual-root.m0Eqzy
8       /tmp/virtual-root.e5WYka
8       /tmp/virtual-root.Q02AgV
12      /tmp/.ICE-unix
12      /tmp/keyring-P6m2gz
8       /tmp/virtual-root.zY5G0d
24      /tmp/gconfd-root
12      /tmp/keyring-OxLYZf
464     /tmp/vmware-root
174104  /tmp
[root@bogon /]#
```

图 2-104　显示/tmp 目录下的子目录占用的空间

du 命令显示，每个命令占用的硬盘空间大小以块为单位，列在每行的最前面，后面跟着目录名称。

知识链接

du 命令格式如下。

```
du [选项]…[文件]…
```

常用选项如下。

-a 或-all：显示目录中所有文件的大小。

-b 或-bytes：显示目录或文件大小时，以字节为单位。

-c 或--total：除了显示个别目录或文件的大小外，也显示所有目录或文件的总和。

-D 或--dereference-args：显示指定符号链接的源文件大小。

-h 或--human-readable：以 KB、MB、GB 为单位，提高信息的可读性。

-H 或--si：与-h 参数相同，但是 KB、MB、GB 以 1000 为换算单位。

-k 或--kilobytes：以 1024B 为单位。

-l 或--count-links：重复计算硬件链接的文件。

-L<符号链接>或—dereference<符号链接>：显示选项中所指定符号链接的源文件大小。

-m 或--megabytes：以 MB 为单位。

-s 或--summarize：仅显示总计。

-S 或--separate-dirs：显示个别目录的大小时，并不含其子目录的大小。

-x 或--one-file-xystem：以一开始处理时的文件系统为准，若遇上其他不同的文件系统目录则略过。

-X<文件>或--exclude-from=<文件>：在<文件>中指定目录或文件。

--exclude=<目录或文件>：略过指定的目录或文件。

--max-depth=<目录层数>：超过指定层数的目录后，予以忽略。

--help：显示帮助信息。

--version：显示版本信息。

任务验收

通过本任务的实施，学会在 Linux 操作系统中使用命令显示报告文件系统磁盘使用信息，显示目录或者文件所占的磁盘空间。

评 价 内 容	评 价 标 准
Linux 操作系统中查看文件磁盘使用情况	在规定时间内，按照要求在 Linux 操作系统中完成使用命令显示报告文件系统磁盘使用信息，显示目录或者文件所占的磁盘空间等操作

拓展练习

（1）在 Linux 中，以 MB 为单位显示/dev 目录的文件系统使用情况。

（2）在 Linux 中，查看 home 目录使用情况。

（3）在 Linux 中，显示/usr 目录下的子目录占用的空间。

项目验收

考 核 内 容	评 价 标 准
Linux 操作系统的磁盘管理	根据实际要求，在规定时间内，完成新建磁盘分区与创建文件系统；RAID 创建与管理；挂载文件系统；查看文件磁盘使用情况等操作

项目 3　用户和用户组管理

项目描述

新兴学校的网络管理员小赵对 Linux 服务器进行了基本的设置，但教师依然无法进行工作，他们希望管理员尽快解决问题，小赵经过查看后，发现用户还没有合理的用户名和密码，所以他决定和新同事小张一起开始设置用户名和密码。

项目分析

根据项目需求，分析可知：用户和用户组的管理项目要从在 Linux 操作系统中使用命令进行用户和用户组的添加、删除和修改开始，整个项目的认知与分析流程如图 2-105 所示。

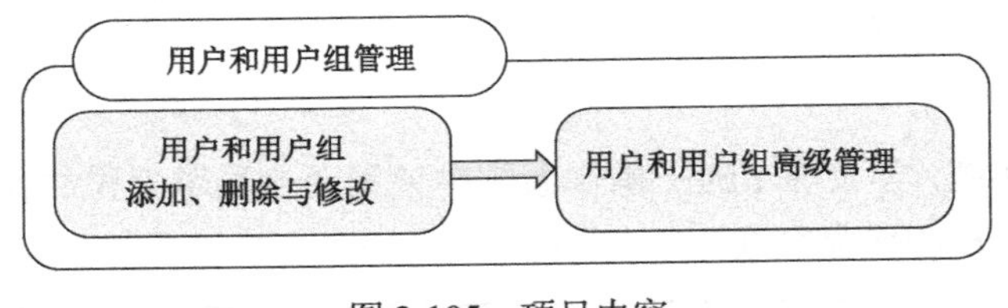

图 2-105　项目内容

任务 1　用户和用户组添加、删除与修改

任务描述

新兴学校的管理员小赵已对 Linux 服务器进行了基本的设置，现在需要小赵和小张为教师添加用户名和密码，以使教师正常工作。

任务分析

Linux 是一个真正的多用户操作系统，无论用户是从本地还是从远程登录 Linux，用户都必须拥有用户账号。用户登录时，系统将检验输入的用户名和口令，只有当该用户名已存在，而且口令与用户名相匹配时，用户才能进入系统。由于小赵对此并不熟悉，于是请来飞越公司的工程师帮忙。

任务实施

1. 添加用户账号

（1）添加用户账号就是在系统中创建一个新账号，使用 useradd 命令添加新用户“xiaozhang”，并且在/home 目录下创建与新建用户名同名的文件夹，如图 2-106 所示。

```
#useradd xiaozhang
```

查看/home 下新建用户“xiaozhang”，如图 2-107 所示。

```
#cd /home.df
#ls
```

```
[root@qs ~]# useradd xiaozhang
[root@qs ~]#
[root@qs ~]# ls /home
abc  fi  user1  user1.txt  xiaozhang
```

图 2-106　添加新用户

```
[root@qs ~]# cd /home
[root@qs home]# ls
xiaozhang
```

图 2-107　查看新建用户

（2）创建了一个用户 xiaozhang，其中-d 和-m 选项用来为登录名 xiaozhang 产生一个主目录/usr/xiaozhang（/usr 为默认的用户主目录所在的父目录），如图 2-108 所示。

```
#useradd -d /usr/sam -m sam
```

```
[root@qs ~]# useradd -d /usr/sam -m sam
[root@qs ~]#
```

图 2-108　在主目录下创建用户 xiaozhang

主目录下会出现小张创建的用户名的文件夹 xiaozhang，如图 2-109 所示。

图 2-109　主目录用户

知识链接

useradd 的命令格式如下。

```
useradd选项用户名
```

其中，各选项含义如下。

-c comment：指定一段注释性描述。

-d 目录：指定用户主目录，如果此目录不存在，则同时使用-m 选项，即可创建主目录。

-g 用户组：指定用户所属的用户组。

-G 用户组，用户组：指定用户所属的附加组。

-s Shell 文件：指定用户的登录 Shell。

-u 用户号：指定用户的用户号，如果同时有-o 选项，则能重复使用其他用户的标识号。

-p：这个命令指需提供 MD5 的加密口令，普通数字是不可以的。

2. 删除用户账户

（1）删除用户。小张利用 userdel 命令删除用户 xiaozhang，在不使用任何参数的情况下，删除之后发现/home 目录下 xiaozhang 文件夹依然存在，若需要删除，则可用 rm 命令手动删除，如图 2-110 所示。

```
#userdel xiaozhang
```

```
[root@qs ~]# userdel xiaozhang
[root@qs ~]#
[root@qs ~]# ls /home
abc  fi  user1  user1.txt  xiaozhang
```

图 2-110 删除用户 xiaozhang

（2）删除用户的主目录，如图 2-111 所示。

```
#userdel -r xiaozhang
```

```
[root@qs home]# userdel -r xiaozhang
```

图 2-111 删除用户的主目录

或者使用 rm 命令的 rf 参数进行目录的强制删除，如图 2-112 所示。

```
#rm -rf xiaozhang
```

```
[root@qs home]# userdel xiaozhang
[root@qs home]# rm -rf xiaozhang/
[root@qs home]# ls
user1
```

图 2-112 强制删除目录

知识链接

一个用户账号不再使用时，可从系统中删除。删除用户账号就是将/etc/passwd 等系统文件中的该用户记录删除，必要时还要删除用户的主目录。删除一个已有的用户账号应使用 userdel 命令，其格式如下。

```
userdel选项用户名
```

3. 修改用户账户

（1）将 xiaozhang 添加到组 sam 中，如图2-113所示。

```
# usermod -G sam xiaozhang
```

```
[root@qs etc]# pwd
/etc
[root@qs etc]# tail -3 group
image:x:503:
sam:x:505:
xiaozhang:x:506:
[root@qs etc]# usermod -G sam xiaozhang
[root@qs etc]#
```

图2-113 将 xiaozhang 添加到组 sam 中

（2）修改用户名为 xiaozhang，如图2-114所示。

```
# usermod -l xiaozhang sam
```

```
[root@qs etc]# usermod -l xiaozhang sam
```

图2-114 修改用户名为 xiaozhang

（3）锁定账号 abc，如图2-115所示。

```
# usermod -L abc
```

```
[root@qs home]# usermod -L abc
[root@qs home]#
```

图2-115 锁定账号 xiaozhang

（4）解除对 xiaozhang 的锁定，如图2-116所示。

```
# usermod -U xiaozhang
```

```
[root@qs home]# usermod -U abc
[root@qs home]#
```

图2-116 解除 xiaozhang 的锁定

知识链接

修改用户账号就是根据实际情况更改用户的有关属性，如用户号、主目录、用户组、登录 Shell 等。修改已有用户的信息使用 usermod 命令，格式如下。

```
usermod [-LU][-c <备注>][-d <登入目录>][-e <有效期限>][-f <缓冲天数>][-g <群组>][-G <群组>][-l <账号名称>][-s <shell>][-u <uid>][用户账号]
```

其中，各项的含义如下。

-c<备注>：修改用户账号的备注文字。

-d<登入目录>：修改用户登入时的目录。

-e<有效期限>：修改账号的有效期限。

-f<缓冲天数>：修改在密码过期后多少天即关闭该账号。

-g<群组>：修改用户所属的群组。

-G<群组>：修改用户所属的附加群组。
-l<账号名称>：修改用户账号名称。
-L：锁定用户密码，使密码无效。
-s<shell>：修改用户登入后所使用的 Shell。
-u<uid>：修改用户 ID。
-U：解除密码锁定。

4. 添加用户组

（1）在系统中增加一个新组 xiaozhang1，如图 2-117 所示。

```
# groupadd xiaozhang1
```

```
[root@qs home]# groupadd xiaozhang1
[root@qs home]# tail -3 /etc/group
image:x:503:
sam:x:505:
xiaozhang1:x:506:
[root@qs home]#
```

图 2-117 增加一个新组 xiaozhang1

（2）在系统中增加一个新组 xiaozhang2，同时指定新组的组标识号是 106，如图 2-118 所示。

```
#groupadd -g 106 xiaozhang2
```

```
[root@qs home]# groupadd -g 106 xiaozhang2
[root@qs home]# tail -3 /etc/group
sam:x:505:
xiaozhang1:x:506:
xiaozhang2:x:106:
[root@qs home]#
```

图 2-118 增加一个新组 xiaozhang2

知识链接

修改用户组的属性时使用 groupmod 命令。
增加一个新的用户组时使用 groupadd 命令。其格式如下。

```
groupadd 选项用户组[用户组添加后，将用户进行组赋予chown和chgrp指令]
```

其能使用的选项有以下两个。
-g GID：指定新用户组的组标识号（GID）。
-o：一般和-g 选项同时使用，表示新用户组的 GID 可以和系统已有用户组的 GID 相同。

5. 删除用户组

删除一个已有的用户组 xiaozhang1，如图 2-119 所示。

```
#groupdel xiaozhang1
#tail -3 group
```

```
[root@qs home]# groupdel xiaozhang1
[root@qs home]# tail -3 /etc/group
image:x:503:
sam:x:505:
xiaozhang2:x:106:
[root@qs home]#
```

图 2-119 删除用户组 xiaozhang1

知识链接

要删除一个已有的用户组，可使用 groupdel 命令，格式如下。

groupdel 用户组

6. 修改用户组

（1）将组 xiaozhang 2 的组标识号修改为 105，如图 2-120 所示。

```
#groupmod -g 105 xiaozhang 2
#tail -3 /etc/group
```

```
[root@qs home]# groupmod -g 105 xiaozhang2
[root@qs home]# tail -3 /etc/group
image:x:503:
sam:x:505:
xiaozhang2:x:105:
```

图 2-120 将 xiaozhang 2 的组标识号修改为 105

（2）将组 xiaozhang 的标识号改为 10000，组名修改为 xiaozhang1，如图 2-121 所示。

```
#groupmod -g 10000 -n xiaozhang1 xiaozhang
#tail -3 /etc/group
```

```
[root@qs ~]# groupmod -g 10000 -n xiaozhang1 xiaozhang
[root@qs ~]# tail -3 /etc/group
sam:x:505:
xiaozhang2:x:105:
xiaozhang1:x:10000:
[root@qs ~]#
```

图 2-121 将 xiaozhang 组的标识号改为 10000 且组名修改为 xiaozhang1

知识链接

修改用户组的属性时使用 groupmod 命令。其格式如下。

groupmod 选项用户组

常用的选项有以下几个。

-g GID：为用户组指定新的组标识号。

-o：和-g 选项同时使用，用户组的新 GID 可以和系统已有用户组的 GID 相同。

-n：新用户组将用户组的名称改为新名称。

任务验收

通过本任务的实施，学会在 Linux 操作系统中使用命令进行用户和用户组的添加、删除和修改等操作。

评 价 内 容	评 价 标 准
Linux 操作系统中使用命令完成用户和用户组的添加、删除和修改	在规定时间内，按照要求在 Linux 操作系统中完成使用命令进行用户和用户组的添加、删除和修改等操作

拓展练习

（1）在 Linux 中使用命令添加一个用户名。

（2）在 Linux 中使用命令修改一个用户名的属性。

（3）在 Linux 中使用命令删除一个指定用户名。

（4）在 Linux 中使用命令添加一个用户组。

（5）在 Linux 中使用命令修改一个用户组的属性。

（6）在 Linux 中使用命令删除一个指定用户组。

任务 2　用户和用户组高级管理

任务描述

新兴学校的网络管理员小赵发现有的时候需要改变用户的口令，他想知道是否可以不进入每个用户而更改，如何查看与用户有关的系统文件，如何赋予普通用户特殊权限等。

任务分析

小赵的这些疑问都是可以解决的，只是小赵是初学者，对此并不熟悉，于是他请来飞越公司的工程师帮忙，主要完成以下任务。

（1）在 Linux 操作系统中使用命令进行用户口令的管理。

（2）在 Linux 操作系统中使用命令查看与用户账号有关的系统文件。

（3）在 Linux 操作系统中使用命令赋予普通用户特殊权限。

任务实施

1. 用户口令的管理

（1）假设当前用户是 zhang，则下面的命令可修改该用户自己的口令，如图 2-122 所示。

```
#passwd
```

```
[zhang@localhost home]$ passwd
Changing password for user zhang.
Changing password for zhang
(current) UNIX password:
```

图 2-122　修改该用户的口令

（2）如果是超级用户，则可以用下列形式指定修改任何用户的口令，如图 2-123 所示。

```
#passwd zhang
```

```
[root@localhost ~]# passwd zhang
Changing password for user zhang.
New UNIX password:
Retype new UNIX password:
```

图 2-123　超级用户可指定修改任何用户的口令

（3）利用命令删除用户 zhang 的口令，如图 2-124 所示。

```
#passwd -d zhang
```

```
[root@localhost ~]# passwd -d zhang
Removing password for user zhang.
passwd: Success
[root@localhost ~]#
```

图 2-124　删除用户 zhang 的口令

（4）锁定用户 zhang，如图 2-125 所示。

```
#passwd -l zhang
```

```
[root@localhost ~]# passwd -l zhang
Locking password for user zhang.
passwd: Success
[root@localhost ~]#
```

图 2-125　锁定用户 zhang

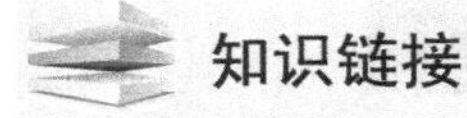

知识链接

用户管理的一项重要内容是用户口令的管理。用户账号刚创建时没有口令，但是被系统锁定无法使用，必须为其指定口令后才可以使用，即使是指定空口令也可以使用。

修改用户组的属性时，指定和修改用户口令的 Shell 命令是 passwd。超级用户可以为自己和其他用户指定口令，普通用户只能用它修改自己的口令。其格式如下。

```
passwd  选项用户名
```

可使用的选项有以下几种。

-l：锁定口令，即禁用账号。

-u：口令解锁。

-d：使账号无口令。

-f：强迫用户下次登录时修改口令。

普通用户修改自己的口令时，passwd 命令会先询问原口令，验证后再要求用户输入两遍新口令，如果两次输入的口令一致，则将这个口令指定给用户；而超级用户为用户指定口令时，不需要知道原口令。

为了系统安全，用户应该选择比较复杂的口令，如最好使用 8 位长的口令，口令中包含大写字母、小写字母和数字，并且应该与姓名、生日等不相同。

2. 查看与用户账号有关的系统文件

（1）对应一个用户，每行记录又被冒号(:)分隔为 7 个字段，如图 2-126 所示。

```
#cat /etc/passwd
```

```
[root@localhost ~]# cat /etc/passwd
root:$1$PEqV8g3W$uo3ZfDp1Ak037wgIg7qTi0:0:0:root:/root:/bin/bash
bin:*:1:1:bin:/bin:/sbin/nologin
daemon:*:2:2:daemon:/sbin:/sbin/nologin
adm:*:3:4:adm:/var/adm:/sbin/nologin
lp:*:4:7:lp:/var/spool/lpd:/sbin/nologin
sync:*:5:0:sync:/sbin:/bin/sync
shutdown:*:6:0:shutdown:/sbin:/sbin/shutdown
halt:*:7:0:halt:/sbin:/sbin/halt
mail:*:8:12:mail:/var/spool/mail:/sbin/nologin
news:*:9:13:news:/etc/news:
```

图 2-126 查看对应记录

（2）查看 shadow-的信息，如图 2-127 所示。

```
#cat /etc-/shadow-
```

```
[root@localhost ~]# cat /etc/shadow-
root:$1$PEqV8g3W$uo3ZfDp1Ak037wgIg7qTi0:15916:0:99999:7:::
bin:*:15916:0:99999:7:::
daemon:*:15916:0:99999:7:::
adm:*:15916:0:99999:7:::
lp:*:15916:0:99999:7:::
sync:*:15916:0:99999:7:::
shutdown:*:15916:0:99999:7:::
halt:*:15916:0:99999:7:::
```

图 2-127 查看 shadow-信息

（3）查看 group 的信息，如图 2-128 所示。

```
#cat /etc/group
```

```
[root@localhost ~]# cat /etc/group
root:x:0:root
bin:x:1:root,bin,daemon
daemon:x:2:root,bin,daemon
sys:x:3:root,bin,adm
adm:x:4:root,adm,daemon
tty:x:5:
disk:x:6:root
lp:x:7:daemon,lp
mem:x:8:
kmem:x:9:
wheel:x:10:root
```

图 2-128　查看 group 信息

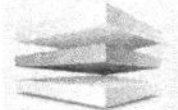

知识链接

完成用户管理的工作有许多种方法，但是每一种方法实际上都是对有关的系统文件进行修改。与用户和用户组相关的信息都存放在一些系统文件中，这些文件包括/etc/passwd，/etc/shadow，/etc/group 等。

/etc/passwd 文件是用户管理工作涉及的最重要的一个文件。Linux 系统中的每个用户都在/etc/passwd 文件中有一个对应的记录行，它记录了这个用户的一些基本属性。这个文件对所有用户都是可读的。其格式如下。

```
用户名：Shell口令：用户标识号：组标识号：注释性描述：主目录：登录
```

3. 赋予普通用户特殊权限

管理员需要允许 zhang 用户在主机上执行 reboot 命令，在/etc/sudoers 中加入“zhang=/usr/sbin/reboot”。

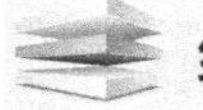

经验分享

命令一定要使用绝对路径，以避免其他目录的同名命令被执行，从而造成安全隐患。

保存退出，gem 用户想执行 reboot 命令时，只要在提示符下运行下列命令和正确的密码，即可重启服务器，如图 2-129 所示。

```
#zhang=/usr/sbin/reboot
```

```
[root@localhost ~]# zhang=/usr/sbin/reboot
[root@localhost ]# su zhang
[zhang@localhost root]$ sudo /user/sbin/reboot

We trust you have received the usual lecture from the local System
Administrator. It usually boils down to these three things:

    #1) Respect the privacy of others.
    #2) Think before you type.
    #3) With great power comes great responsibility.

[sudo] password for zhang:
```

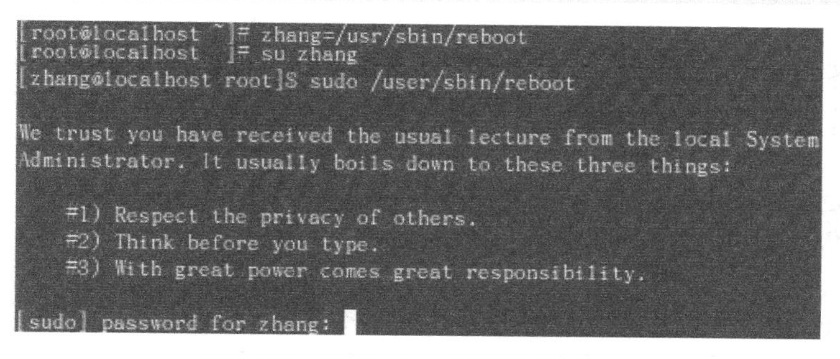

图 2-129　设置 zhang 用户执行 reboot

知识链接

在 Linux root 系统中，管理员往往不只一人，若每位管理员都用身份进行管理工作，则根本无法弄清楚谁该做什么。所以最好的方式是，管理员（Leader Root）当做系统的，然后创建一些普通用户，分配一部分系统管理工作给它们。

sudo 通过维护一个特权到用户名映射的数据库将特权分配给不同的用户，这些特权可由数据库中所列的一些不同的命令来识别。为了获得某一特权项，有资格的用户只需简单地在命令行中输入 sudo 与命令名之后，按照提示再次输入口令（用户自己的口令，不是 root 用户的口令）即可。例如，sudo 允许普通用户格式化磁盘，但是没有赋予普通用户其他的 root 用户特权。

sudo 工具由文件/etc/sudoers 进行配置，该文件包含所有可以访问 sudo 工具的用户列表并定义了它们的特权。

在命令行中键入 sudo 命令会列出所有参数，参数如下。

-V：显示版本编号。

-h：显示 sudo 命令的使用参数。

-v：因为 sudo 在第一次执行时或者在 N（N 预设为 5）分钟内没有执行时会询问密码。这个参数用于重新做一次确认，如果超过 N 分钟，也会问密码。

-k：将强迫使用者在下一次执行 sudo 时询问密码（不论有没有超过 N 分钟）。

-b：将要执行的命令放在背景中执行。

-p：prompt 可以更改询问密码的提示语，其中，%u 会替换为使用者的账号名称，%h 会显示主机名称。

-u username/#uid：不加此参数时，代表要以 root 的身份执行命令，而添加此参数后，可以以 username 的身份执行命令（#uid 为该 username 的 UID）。

-s：执行环境变量中的 SHELL 所指定的 Shell，或者/etc/passwd 里所指定的 Shell。

-H：将环境变量中的 HOME（宿主目录）指定为要变更身份的使用者的宿主目录。（若不加-u 参数，则指系统管理者 root。）

任务验收

通过本任务的实施，学会 Linux 操作系统中用户口令的管理、与用户账号有关的系统文件查看、赋予普通用户特殊权限等操作。

拓展练习

（1）在 Linux 操作系统中使用命令进行用户口令的管理。

（2）在 Linux 操作系统中使用命令查看与用户账号有关的系统文件。

（3）在 Linux 操作系统中使用命令赋予普通用户特殊权限。

项目验收

考核内容	评价标准
Linux 操作系统的文件用户和用户组高级管理	根据实际要求，在规定时间内，使用命令完成用户和用户组的添加、修改和删除；用户口令的设置；查看用户信息；指定用户执行命令等操作

项目 4 进程管理

项目描述

新兴学校的信息中心购置了服务器，已经安装了 Linux 服务器，现想查看系统的进场运行情况，网络管理员小赵查看书籍，开始研究 Linux 操作系统中进程的启动和监视，查找了很多资料后，小赵决定利用边学习边实践的方法来完成任务。

项目分析

根据项目需求，分析可知：要在 Linux 操作系统中使用命令进行系统进程的启动、监视等操作。整个项目的认知与分析流程如图 2-130 所示。

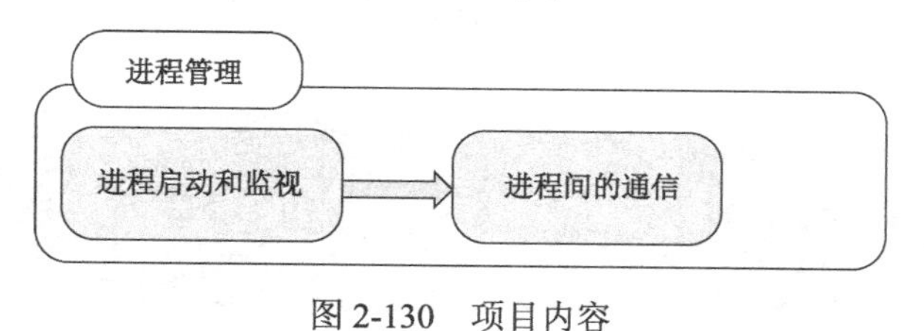

图 2-130 项目内容

任务 1 进程启动和监视

任务描述

新兴学校的网络管理员小赵根据学习计划，准备学习 Linux 操作系统中进程的启动和监视，这部分内容涉及 Linux 的常用命令。

任务分析

小赵是初学者，对此并不熟悉，为了便于自学，小赵请来飞越公司的工程师帮忙，主要完成以下任务。

（1）在 Linux 操作系统中使用命令启动某个进程。

（2）在 Linux 操作系统中使用命令对正在运行的进程进行监视。

任务实施

1. 启动进程

（1）使用 vi 编辑 fi 文件，然后按 Ctrl+Z 组合键挂起，如图 2-131 所示。

```
#vi fi
```

（2）使用 vi 编辑 fi 文件后台运行，如图 2-132 所示。

```
#vi fi &
```

```
[root@bogon ~]# vi fi

[1]+  Stopped                 vi fi
[root@bogon ~]#
```

图 2-131　编辑 fi 文件

图 2-132　后台运行文件

2. 监视进程

（1）利用命令 who 查看当前在线的用户情况，如图 2-133 所示。

```
#who
```

```
[root@bogon ~]# who
root     :0          2014-09-11 10:45
root     pts/1       2014-09-11 14:55 (:0.0)

[2]+  Stopped                 vi fi
```

图 2-133　查看在线用户情况

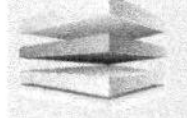

知识链接

该命令主要用于查看当前在线的用户情况。系统管理员可以使用 who 命令监视每个登录的用户此时此刻的行为。

（2）利用命令 w 显示登录到系统的用户情况，如图 2-134 所示。

```
#w
```

```
[root@bogon ~]# w
 15:19:07 up  4:34,  2 users,  load average: 0.02, 0.05, 0.07
USER     TTY      FROM              LOGIN@   IDLE   JCPU   PCPU WHAT
root     :0       -                 10:45   ?xdm?  18.41s  0.11s /usr/bin/gnome-
root     pts/1    :0.0              14:55    0.00s  0.00s  0.00s w
```

图 2-134　查看用户情况

知识链接

该命令也用于显示登录到系统的用户情况，但是与 who 不同的是，w 命令功能更加强大，它不但可以显示有谁登录到系统，还可以显示出这些用户当前正在进行的工作，w 命令是 who 命令的一个增强版。

（3）查看正在运行的进程，如图 2-135 所示。

#ps

```
[root@bogon ~]# ps
  PID TTY          TIME CMD
15297 pts/1    00:00:00 bash
15311 pts/1    00:00:00 vi
15347 pts/1    00:00:00 vi
15375 pts/1    00:00:00 ps
```

图 2-135　查看正在运行的进程

知识链接

ps 最基本也是非常强大的进程查看命令。使用该命令可以确定有哪些进程正在运行和运行的状态、进程是否结束、进程有没有僵死、哪些进程占用了过多的资源等。ps 命令可以监控后台进程的工作情况，因为后台进程是不和屏幕、键盘这些标准输入/输出设备进行通信的，如果需要检测其情况，则可以使用 ps 命令。

（4）查看运行进程（动态），如图 2-136 所示。

#top

```
[root@bogon ~]# top

top - 15:29:36 up  4:45,  2 users,  load average: 0.10, 0.10, 0.09
Tasks: 119 total,   2 running, 114 sleeping,   2 stopped,   1 zombie
Cpu(s):  0.0%us,  0.0%sy,  0.0%ni,100.0%id,  0.0%wa,  0.0%hi,  0.0%si,  0.0%st
Mem:    515316k total,   491536k used,    23780k free,    18848k buffers
Swap:  1048568k total,       92k used,  1048476k free,   303748k cached

  PID USER      PR  NI  VIRT  RES  SHR S %CPU %MEM    TIME+  COMMAND
    1 root      15   0  2072  592  512 S  0.0  0.1   0:00.26 init
    2 root      RT  -5     0    0    0 S  0.0  0.0   0:00.00 migration/0
    3 root      34  19     0    0    0 S  0.0  0.0   0:00.00 ksoftirqd/0
    4 root      RT  -5     0    0    0 S  0.0  0.0   0:00.00 watchdog/0
    5 root      10  -5     0    0    0 S  0.0  0.0   0:00.55 events/0
    6 root      10  -5     0    0    0 S  0.0  0.0   0:00.00 khelper
    7 root      11  -5     0    0    0 S  0.0  0.0   0:00.00 kthread
   10 root      10  -5     0    0    0 S  0.0  0.0   0:00.03 kblockd/0
```

图 2-136　查看运行进程（动态）

知识链接

top 命令和 ps 命令的基本作用是相同的，都用于显示系统当前的进程和其他状况。但 top 是一个动态显示过程，可以通过用户按键来不断刷新当前状态。如果在前台执行该命令，则它将独占前台，直到用户终止该程序为止。比较准确地说，top 命令提供了实时的对系统处理器的状态监视。它将显示系统中 CPU 最“敏感”的任务列出来。该命令可以按 CPU 使用，按内存使用和执行时间对任务进行排序；而且该命令的很多特性都可以通过交互式命令或者在个人定制文件中进行设定。

任务验收

通过本任务的实施，学会在 Linux 操作系统中使用命令进行进程的启动和监视等操作。

评 价 内 容	评 价 标 准
Linux 操作系统中使用命令完成进程的启动和监视	在规定时间内，按照要求在 Linux 操作系统中完成使用命令进行进程的启动和监视等操作

拓展练习

（1）在 Linux 中使用命令启动进程的一个程序。

（2）在 Linux 中使用命令查询在线的用户情况。

（3）在 Linux 中使用命令查看正在运行的进程。

（4）在 Linux 中使用命令查看运行的进程（动态）。

任务 2　进程间的通信

任务描述

新兴学校的网络管理员小赵在学习 Linux 中的进程监视时，发现有的时候进程间需要进行通信，他想知道如何通过命令来实现这些功能。

任务分析

小赵是初学者，对此并不熟悉，为了便于自学，小赵请来飞越公司的工程师帮忙，主要完成以下任务。

（1）在 Linux 操作系统中利用 ipcs 显示 IPC 资源。
（2）在 Linux 操作系统中查询限制。
（3）在 Linux 操作系统中检查限额值。

任务实施

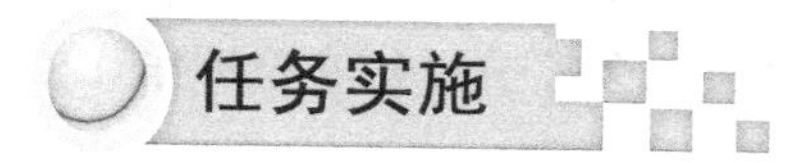

1. ipcs 命令

（1）利用 ipcs 命令显示 IPC 资源，如图 2-137 所示。

```
#ipcs -u
```

（2）查询限制，如图 2-138 所示。

```
#ipcs -l
```

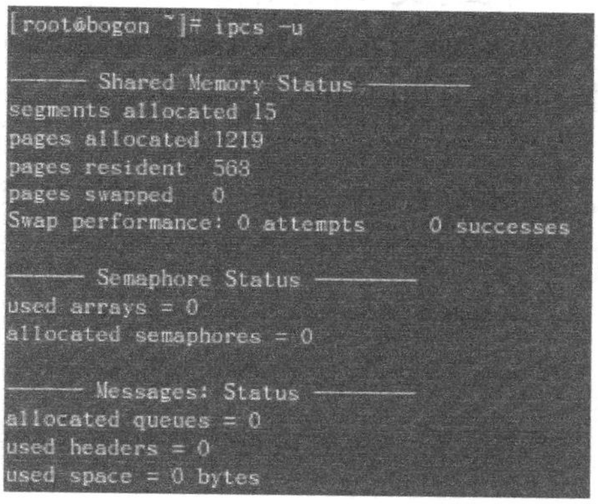

```
[root@bogon ~]# ipcs -u

------ Shared Memory Status --------
segments allocated 15
pages allocated 1219
pages resident  563
pages swapped   0
Swap performance: 0 attempts     0 successes

------ Semaphore Status --------
used arrays = 0
allocated semaphores = 0

------ Messages: Status --------
allocated queues = 0
used headers = 0
used space = 0 bytes
```

图 2-137　显示的 IPC 资源

```
[root@bogon ~]# ipcs -l

------ Shared Memory Limits --------
max number of segments = 4096
max seg size (kbytes) = 4194303
max total shared memory (kbytes) = 1073741824
min seg size (bytes) = 1

------ Semaphore Limits --------
max number of arrays = 128
max semaphores per array = 250
max semaphores system wide = 32000
max ops per semop call = 32
semaphore max value = 32767

------ Messages: Limits --------
max queues system wide = 16
max size of message (bytes) = 65536
default max size of queue (bytes) = 65536
```

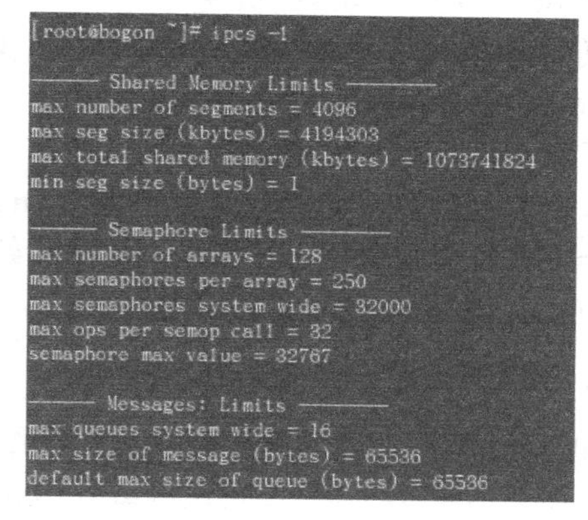

图 2-138　查询限制

（3）/proc 文件系统包含了多个存储当前 IPC 限额设置的文件。可以打开这些文件来检查限额值，也可以通过编辑这些文件来修改限额值。下列与 IPC 资源相关的文件位于目录 /proc/sys/kernel 中，如图 2-139 所示。

```
#ipcs /proc
```

```
[root@bogon ~]# ipcs /proc

------ Shared Memory Segments --------
key        shmid      owner      perms      bytes      nattch     status
0x74001e86 1736704    root       600        4          0
0x00000001 1900545    root       600        655360     2
0x74001e5b 2490370    root       600        4          0
0x00000000 2916355    root       600        393216     2          dest
0x74001e5a 2457604    root       600        4          0
0x00000000 2949125    root       600        393216     2          dest
0x00000000 2981894    root       600        393216     2          dest
0x00000000 3014663    root       600        393216     2          dest
0x00000000 3047432    root       600        393216     2          dest
0x00000000 3080201    root       600        393216     2          dest
0x00000000 3112970    root       600        393216     2          dest
0x00000000 3145739    root       600        393216     2          dest
0x00000000 3178508    root       600        393216     2          dest
0x00000000 3211277    root       600        393216     2          dest
0x00000000 3244046    root       600        393216     2          dest

------ Semaphore Arrays --------
key        semid      owner      perms      nsems
```

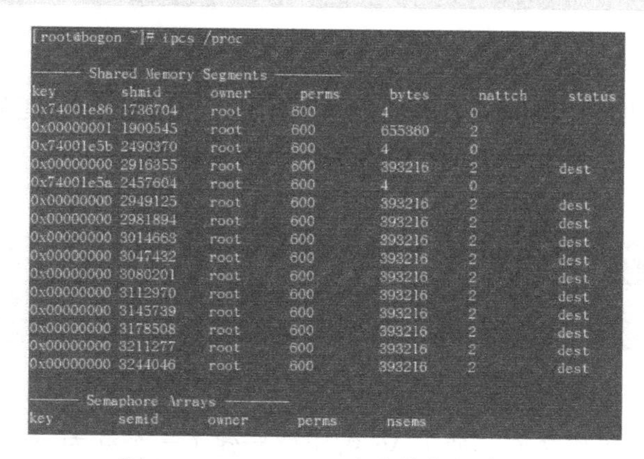

图 2-139　ipcs /proc 命令的执行结果

知识链接

在 Linux 内核中，每个 IPC 资源都被描述为 IPC 标识符或 IPC 对象形式的数据结构。IPC 机制基于该数据结构及其相关操作而实现。Linux 内核包含了一组创建和操作 IPC 标识符及对象的系统调用。

IPC 标识符的类型（信号量、消息队列或共享内存）由唯一关键字标识。每种类型的 IPC 资源都由其相应的“创建”系统调用来建立，如对于信号量为 semget()，对于消息队列为 msgget()，对于共享内存则为 shmget()。这些*get()系统调用向调用者返回唯一的 IPC ID。

应用程序获得该 ID 后，就可以通过 ID 来访问 IPC 对象，并通过相应的“控制”系统调用来控制 IPC 标识符，如对于信号量为 semctl()，对于消息队列为 msgctl()，对于共享内存则为 shmctl()。另外，Linux 内核中的 IPC 机制还为应用程序提供了操作 IPC 资源的系统调用：semop()可以增减信号量取值，msgsnd()和 msgrcv()可以通过消息队列在进程间发送和接收消息，shmat()和 shmdt()用于共享内存操作并允许进程将自身关联到一个共享内存段或者解除一个共享内存段与自身的关联。

每个 IPC 标识符都是长度为 44B 的 struct ipc_ids 类型的数据结构。每种 IPC 资源类型都包含一个数组来存储标识符指针。该全局数组的总项数由相应 IPC 资源类型的最大标识符数目(semmni、msgmni 或 shmmni)来决定。

2. 使用 kill 命令终止进程

kill 命令默认使用的信号为 15，用于结束进程或者作业。如果进程或者作业忽略此信号，则可以使用信号 9，强制终止进程或者作业。

（1）显示系统支持的信号，如图 2-140 所示。

```
# kill -l
```

```
[root@str ~]# kill -l
 1) SIGHUP       2) SIGINT       3) SIGQUIT      4) SIGILL
 5) SIGTRAP      6) SIGABRT      7) SIGBUS       8) SIGFPE
 9) SIGKILL     10) SIGUSR1     11) SIGSEGV     12) SIGUSR2
13) SIGPIPE     14) SIGALRM     15) SIGTERM     16) SIGSTKFLT
17) SIGCHLD     18) SIGCONT     19) SIGSTOP     20) SIGTSTP
```

图 2-140 显示系统支持的信号

（2）使用 ps 命令查看作业列表，系统能够列出所有当前执行的任务，其中第一列信息代表执行这个进程的用户，第二列代表进程编号，显示结果如图 2-141 所示。

```
# ps -ef
```

```
root     17906  3989  0 09:33 pts/1    00:00:00 wc -l
root     17932  3984  0 09:33 pts/3    00:00:00 bash
root     18010  3984  0 09:36 pts/2    00:00:00 bash
root     18024 18010  0 09:36 pts/2    00:00:00 vi text.txt
root     18026 17932  0 09:36 pts/3    00:00:00 ps -ef
```

图 2-141 使用 ps 命令显示进程

（3）在执行第二步操作之前，使用 Vi 编辑器新建了一个称为 text.txt 的文件，然后将窗口最小化，再开启一个命令编辑器，使用 kill 命令终止第 18024 号进程，如图 2-142 所示。

```
# kill -s 9 18024
```

（4）观察另一个命令编辑器中的 Vi 程序，显示已经被 kill 命令强制终止了，如图 2-143 所示。

```
root     18024 18010  0 09:36 pts/2    00:00:00 vi text.txt
root     18081 17932  0 09:40 pts/3    00:00:00 ps -ef
[root@str ~]# kill -s 9 18024
[root@str ~]#
```

图 2-142　使用 kill 命令终止进程

图 2-143　被 kill 命令强制终止的进程

任务验收

通过本任务的实施，学会在 Linux 操作系统中利用 ipcs 显示 IPC 资源的方法，在 Linux 操作系统中查询限制，在 Linux 操作系统中检查限额值。

评 价 内 容	评 价 标 准
Linux 操作系统的进程间的通信	根据实际要求，在规定时间内，使用命令完成 ipcs 显示 IPC 资源，利用 ipcs 命令查询限制，利用 ipcs 命令检查限额值等操作

拓展练习

（1）利用 ipcs 显示 IPC 资源。
（2）利用 ipcs 命令查询限制。
（3）利用 ipcs 命令检查限额值。
（4）使用 kill 命令终止进程。

项目 5　计划任务

项目描述

新兴学校的信息中心购置了服务器，已经安装了 Linux 服务器，现想让某些工作在某个时间段自动运行，网络管理员小赵查看书籍，开始研究 Linux 操作系统中的指定时间执行命令，查找了很多资料后，他决定利用边学习边实践的方法来完成任务。

项目分析

根据项目需求，分析可知，可在 Linux 操作系统中使用命令进行指定时间执行操作。整个项目的认知与分析流程如图 2-144 所示。

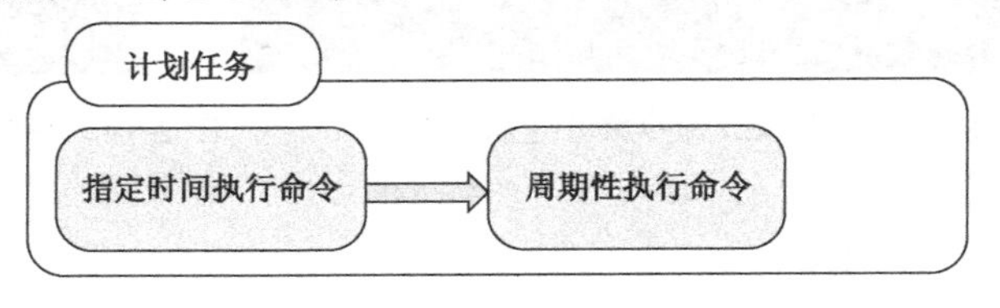

图 2-144　项目内容

任务 1　指定时间执行命令

任务描述

新兴学校的网络管理员小赵想让某些工作在某个时间段自动运行，这样他就可以轻松一些。

任务分析

小赵对此并不熟悉，于是请来飞越公司的工程师帮忙，工程师建议小赵使用指定时间执行命令，这样就可以自动完成某些工作了。

任务实施

步骤 1：假设现在时间是上午 8:30，指定在今天上午 10:11 执行某命令，如图 2-145 所示。

```
#at 10:11am
at> home.txt
```

```
[root@bogon ~]# at 10:11am
at> home.txt
```

图 2-145　指定时间执行命令

步骤 2：在 3 天后下午 4 点执行文档 home 中的作业，如图 2-146 所示。

```
#at -f home.txt 4pm + 3days
```

```
[root@bogon ~]# at -f home.txt 4pm + 3days
job 3 at 2014-09-18 16:00
```

图 2-146　指定时间完成指定任务

知识链接

用户现在指定了一个执行时间——凌晨 3:20，而发出 Linux at 命令的时间是前一天晚上的 20:00，那么究竟在哪一天执行该命令呢？假如用户在 3:20 以前仍然在工作，那么该命令将在这个时候完成；假如用户 3:20 以前就退出了工作状态，那么该命令将在第二天凌晨执行。下面是 Linux at 命令的语法格式。

```
at [-V] [-q 队列] [-f 文档名] [-mldbv] 时间
at -c 作业 [作业...]
```

at 允许使用一套相当复杂的指定时间的方法，实际上是将 POSIX.2 标准扩展了。它能够接受在当天的 hh:mm（小时:分钟）式的时间指定。假如该时间已过去，那么会在第二天执行。当然，也能够使用 midnight（深夜）、noon（中午）、teatime（饮茶时间，一般是下午 4 点）等比较模糊的词语来指定时间。用户还能够采用 12 小时计时制，即在时间后面加上 AM（上午）或 PM（下午）来说明是上午还是下午。也能够指定命令执行的具体日期，指定格式为 month day（月日）或 mm/dd/yy（月/日/年）或 dd.mm.yy（日.月.年）。指定的日期必须跟在指定时间的后面。也能够使用相对计时法，这对于安排不久以后就要执行的命令是很有好处的。指定格式为 now + count time-units，now 就是当前时间，time-units 是时间单位，这里可以为 minutes（分钟）、hours（小时）、days（天）、weeks（星期）。count 是时间的数量，如几天、几小时，等等。也有一种计时方法是直接使用 today（今天）、tomorrow（明天）来指定完成命令的时间。

任务验收

通过本任务的实施，学会在 Linux 操作系统中使用命令进行指定时间执行命令等操作。

评 价 内 容	评 价 标 准
Linux 操作系统中使用命令完成指定时间执行命令	在规定时间内，按照要求，在 Linux 操作系统中使用命令完成指定时间执行命令等操作

拓展练习

进行指定时间执行命令操作。

任务 2　周期性执行命令

任务描述

新兴学校的网络管理员小赵有一个很苦恼的问题：大家都下班了，他要留下来做备份和维护数据库等工作。小赵想让这些工作在晚上自动运行，这样他就可以正常下班了，他想到可以使用进程调度来实现。

任务分析

进程调度允许用户根据需要在指定的时间自动运行指定的进程，也允许用户将非常消耗资源和实践的进程安排到系统比较空闲的时间来执行。进程调度有利于提高资源的利用率，均衡系统负载，并提高系统管理的自动化程度。小赵对此并不熟悉，于是请来飞越公司的工程师帮忙，主要完成以下任务。

（1）在 Linux 中使用命令安装 crontab。

（2）在 Linux 中使用命令查看 crontab 服务状态。

（3）在 Linux 中使用命令手动启动 crontab 服务。

（4）在 Linux 中使用命令列出 crontab 文件。

（5）在 Linux 中使用命令编辑 crontab 文件。

（6）在 Linux 中使用命令恢复丢失的 crontab 文件。

任务实施

1. crond 服务

（1）安装 crontab，如图 2-147 所示。

```
#yum install crontabs
```

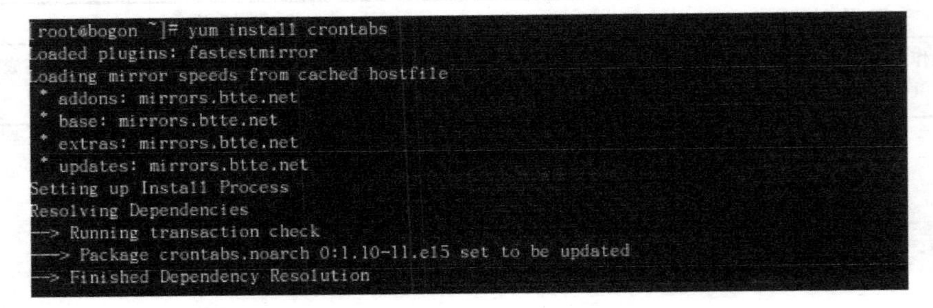

（a）

图 2-147　安装 crontab

```
Dependencies Resolved

=============================================================================
 Package              Arch          Version             Repository     Size
=============================================================================
Updating:
 crontabs             noarch        1.10-11.el5         base           7.0 k

Transaction Summary
=============================================================================
Install      0 Package(s)
Upgrade      1 Package(s)

Total download size: 7.0 k
Is this ok [y/N]: y
Downloading Packages:
crontabs-1.10-11.el5.noarch.rpm                        | 7.0 kB     00:00
warning: rpmts_HdrFromFdno: Header V3 DSA signature: NOKEY, key ID e8562897
```

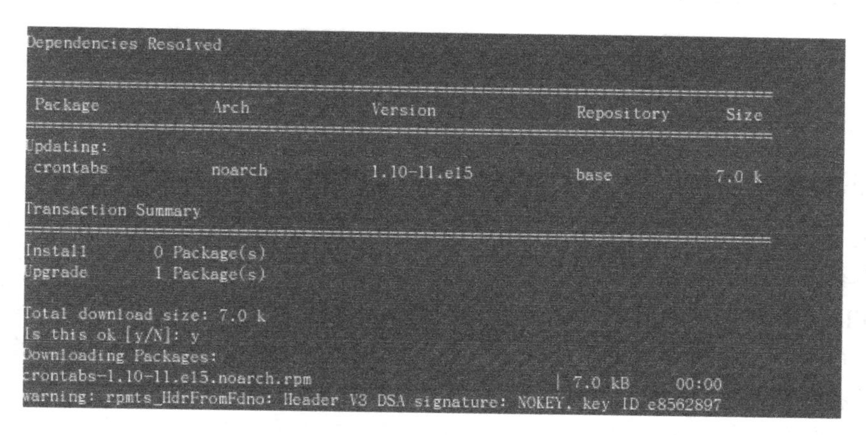

（b）

图 2-147　安装 crontab（续）

（2）查看 crontab 服务状态，如图 2-148 所示。

```
#service crond status
```

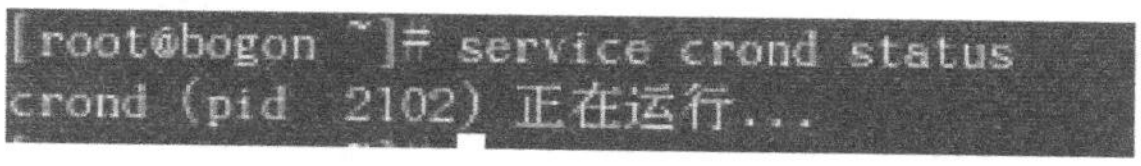

```
[root@bogon ~]# service crond status
crond (pid  2102) 正在运行...
```

图 2-148　查看 crontab 服务状态

（3）手动启动 crontab 服务，如图 2-149 所示。

```
#service crond start
```

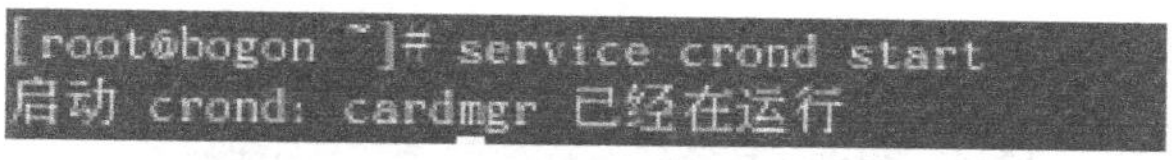

```
[root@bogon ~]# service crond start
启动 crond: cardmgr 已经在运行
```

图 2-149　手动启动 crontab 服务

（4）查看 crontab 服务是否已设置为开机启动，如图 2-150 所示。

```
#ntsysv
```

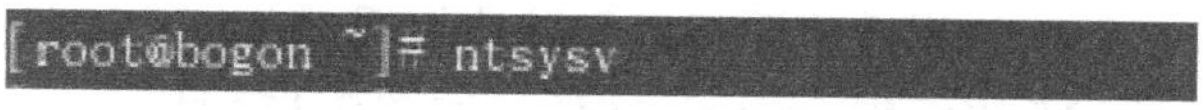

```
[root@bogon ~]# ntsysv
```

图 2-150　是否已设置为开机启动

（5）将 crontab 服务加入开机自动启动，如图 2-151 所示。

```
#chkconfig -level 35 crond on
```

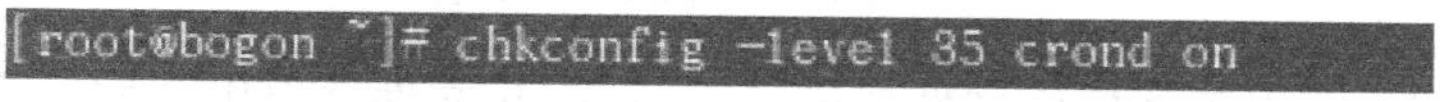

```
[root@bogon ~]# chkconfig -level 35 crond on
```

图 2-151　加入开机自动启动

2. crontab 命令

（1）设定某个用户的 crontab 服务，-u　root 表示 root 用户的 crontab 服务，如图 2-152 所示。

```
#crontab -u root laozhang.txt
```

```
[root@bogon ~]# crontab -u root laozhang.txt
```

图 2-152　设定 crontab 服务

知识链接

-u user: 用来设定某个用户的 crontab 服务，例如，“-u ixdba”表示设定 ixdba 用户的 crontab 服务，此参数一般由 root 用户来运行。

file: file 是命令文件的名称，表示将 file 作为 crontab 的任务列表文件并载入。

如果在命令行中没有指定这个文件，则 crontab 命令将接收标准输入设备（键盘）上输入的命令，并将它们载入 crontab。

-e: 编辑某个用户的 crontab 文件内容。如果不指定用户，则表示编辑当前用户的 crontab 文件。

-l: 显示某个用户的 crontab 文件内容，如果不指定用户，则表示显示当前用户的 crontab 文件内容。

-r: 从/var/spool/cron 目录中删除某个用户的 crontab 文件，如果不指定用户，则默认删除当前用户的 crontab 文件。

-i: 在删除用户的 crontab 文件时给出确认提示。

（2）列出 crontab 文件。为了列出 crontab 文件，可以用以下命令。

```
# crontab -l
0,15,30,45,18-06 * * * /bin/echo `date` > dev/tty1
```

（3）可以使用这种方法在 home 目录中对 crontab 文件做备份，如图 2-153 所示。

```
# crontab -l > $HOME/user1
```

```
[root@qs home]# crontab -l > $home/user1
[root@qs home]#
```

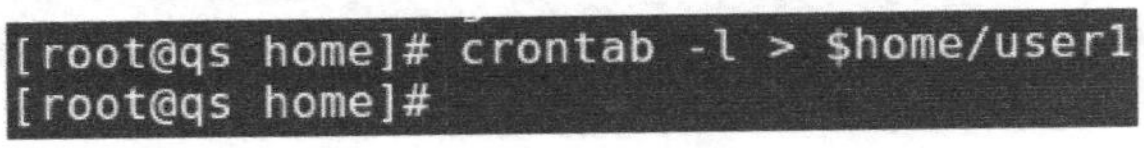

图 2-153　备份 crontab 文件

这样，一旦不小心误删了 crontab 文件，就可以用前面所讲述的方法迅速恢复。

（4）编辑 crontab 文件：如果希望添加、删除或编辑 crontab 文件中的条目，而环境变量又设置为 Vi，那么可以用 Vi 来编辑 crontab 文件，如图 2-154 所示。

```
# crontab -e
```

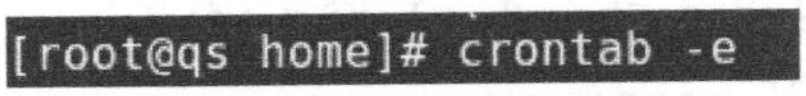

```
[root@qs home]# crontab -e
```

图 2-154　编辑 crontab 文件

可以像使用 Vi 编辑其他任何文件那样修改 crontab 文件并退出。如果修改了某些条目或添加了新的条目，那么在保存该文件时，系统会对其进行必要的完整性检查。如果其中的某个域出现了超出允许范围的值，则会提示用户。

（5）删除 crontab 文件：要删除 crontab 文件，可以使用如下命令，如图 2-155 所示。

```
# crontab -r
```

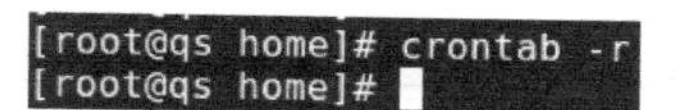

图 2-155 删除 crontab 文件

任务验收

通过本任务的实施，学会 Linux 操作系统中周期性执行命令的操作。

评价内容	评价标准
Linux 操作系统的周期性执行命令	根据实际要求，在规定时间内，使用命令完成指定时间执行命令、周期性执行命令等操作

拓展练习

（1）安装 crontab。
（2）查看 crontab 服务状态。
（3）手动启动 crontab 服务。
（4）列出 crontab 文件。
（5）编辑 crontab 文件。

项目 6 命令编辑器

项目描述

新兴学校的信息中心购置了服务器，已经安装了 Linux 服务器，现需要对服务器创建文件和编辑文件，网络管理员小赵查看书籍，开始研究 Linux 操作系统中的常用命令，查找了很多资料后，他决定利用边学习边实践的方法来完成任务。

项目分析

根据项目需求，分析可知：在 Linux 操作系统中可以 Vi 编辑器进行编辑文件、使用命令进行一些日常的操作。整个项目的认知与分析流程如图 2-156 所示。

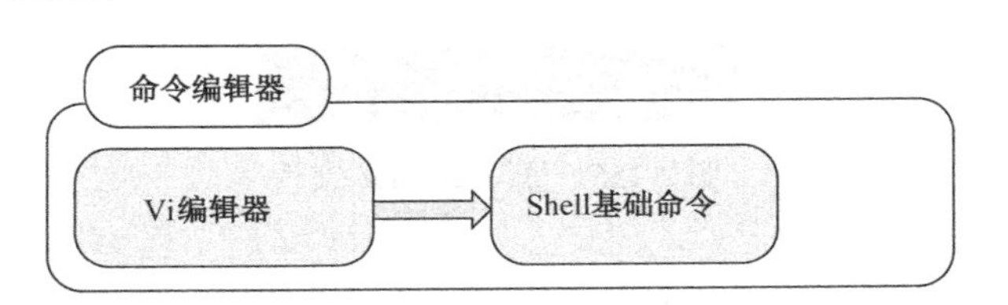

图 2-156　项目内容

任务 1　Vi 编辑器

任务描述

新兴学校的网络管理员小赵，现在正在学习 Linux 操作系统中的 Vi 编辑器部分。此部分内容涉及 Linux 常用命令较多，小赵想尽快熟悉这些命令和功能。

任务分析

小赵是初学者，对此并不熟悉，为了便于自学，小赵请来飞越公司的工程师帮忙，主要完成以下任务。

（1）在 Linux 操作系统中使用命令操作命令行模式（Command Mode）。

（2）在 Linux 操作系统中使用命令操作插入模式（Insert Mode）。

（3）在 Linux 操作系统中使用命令操作底行模式（Last Line Mode）。

任务实施

1. Vi 编辑器

步骤 1：打开文件 xiaozhang，如图 2-157 所示。

```
#vi xiaozhang
```

```
[root@bogon ~]# vi xiaozhang
```

图 2-157　打开文件 xiaozhang

被打开文档内容为 xiaozhang，如图 2-158 所示。

步骤 2：使用 I 键，切换至插入模式并输入 welcome，如图 2-159 所示。

步骤 3：使用 Esc 键切换回命令行模式，按：键切换至底行模式，输入保存并退出命令 wq，如图 2-160 所示。

步骤 4：xiaozhang 文档内容被更改，如图 2-161 所示。

图 2-158　Vi 编辑器打开文档

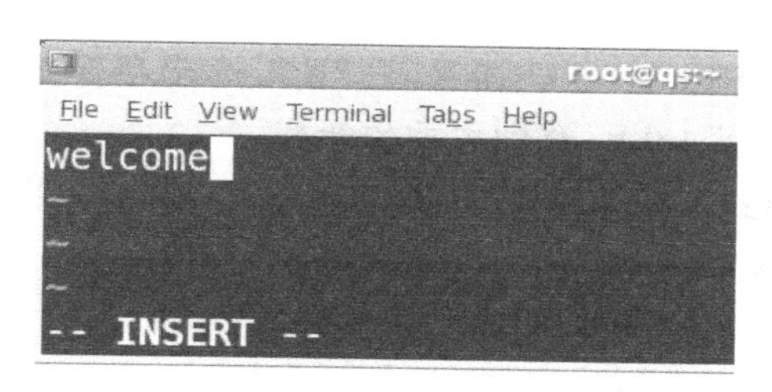

图 2-159　切换至插入模式

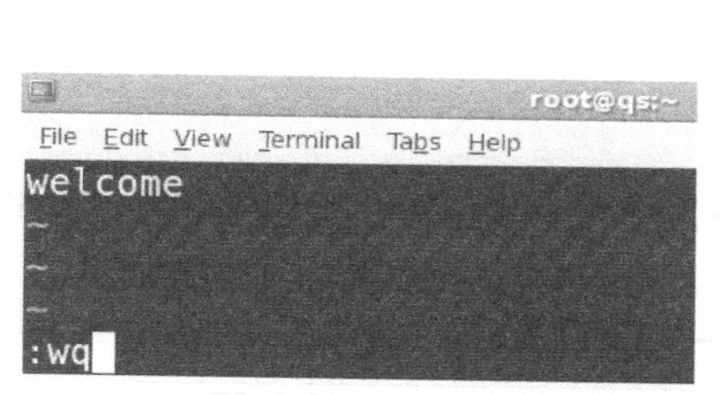

图 2-160　保存并退出

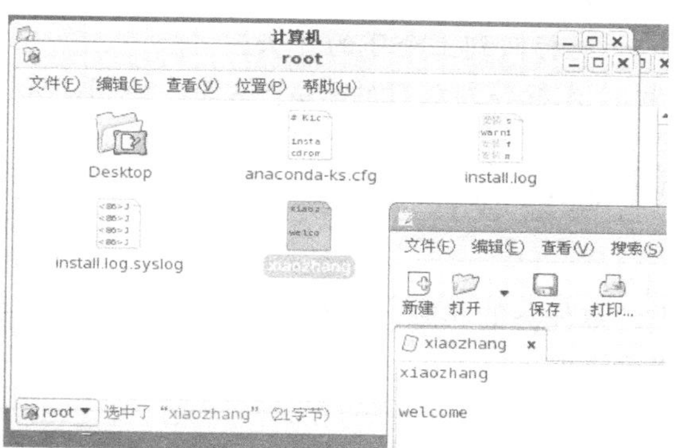

图 2-161　文档内容被更改

知识链接

1. Vi 的基本概念

基本上 **Vi** 可以分为 3 种状态，分别是命令行模式、插入模式和底行模式，各模式的功能区分如下。

（1）命令行模式：区段及进入插入模式，或者到底行模式。

（2）插入模式：只有在插入模式下，才可以做文字输入，按 Esc 键可回到命令行模式。

（3）底行模式：将文件保存或退出，也可以设置编辑环境，如寻找字符串、列出行号等。但一般在使用时把 Vi 简化成两个模式，即将底行模式也算入命令行模式。

2. 命令行模式功能键

（1）插入模式。

i：切换进入插入模式，按 I 键进入插入模式后，从光标当前位置开始输入文件。

a：进入插入模式后，从目前光标所在位置的下一个位置开始输入文字。

o：进入插入模式后，插入新的一行，从行首开始输入文字。

（2）从插入模式切换为命令行模式按 Esc 键。

（3）移动光标。

Vi 可以直接用键盘上的光标键来上下左右移动，但正规的 Vi 用小写英文字母“h”、“j”，分别控制光标左、下、上、右移一格。

「Ctrl」+「b」：屏幕往“后”移动一页。

「Ctrl」+「f」：屏幕往“前”移动一页。

「Ctrl」+「u」：屏幕往“后”移动半页。

「Ctrl」+「d」：屏幕往“前”移动半页。
数字「0」：移到文章的开头。
「G」：移动到文章的最后。
「$」：移动到光标所在行的“行尾”。
「^」：移动到光标所在行的“行首”
「w」：光标跳到下个字的开头。
「e」：光标跳到下个字的字尾。
「b」：光标回到上个字的开头。
「#l」：光标移到该行的第#个位置，如 5l、56l。

任务验收

通过本任务的实施，学会在 Linux 操作系统中使用命令操作命令行模式、插入模式、底行模式等操作。

评 价 内 容	评 价 标 准
Linux 操作系统中使用命令完成命令行模式、插入模式、底行模式的切换	在规定时间内，按照要求在 Linux 操作系统中完成使用命令进行命令行模式、插入模式、底行模式等的操作

拓展练习

（1）完成命令行模式操作。
（2）完成插入模式操作。
（3）完成底行模式操作。

任务 2　Shell 基础命令

任务描述

新兴学校的网络管理员小赵在学习 Linux 中 Vi 编辑器时，发现有的时候需要很多基础的命令，他想知道这些命令的含义和命令的使用方法。

任务分析

Linux 操作系统中 Vi 编辑器部分的常用命令是比较多的。小赵是初学者，对此并不熟悉，为了便于自学，小赵请来飞越公司的工程师帮忙，主要完成以下任务。

（1）在 Linux 操作系统中使用命令进行文件、目录操作。
（2）在 Linux 操作系统中使用查看文件内容的命令。
（3）在 Linux 操作系统中使用基本系统命令。
（4）在 Linux 操作系统中使用压缩命令。

任务实施

1. 文件、目录操作命令

1）ls 命令

查看 root 文件夹下的文件，如图 2-162 所示。

```
#ls /root/
```

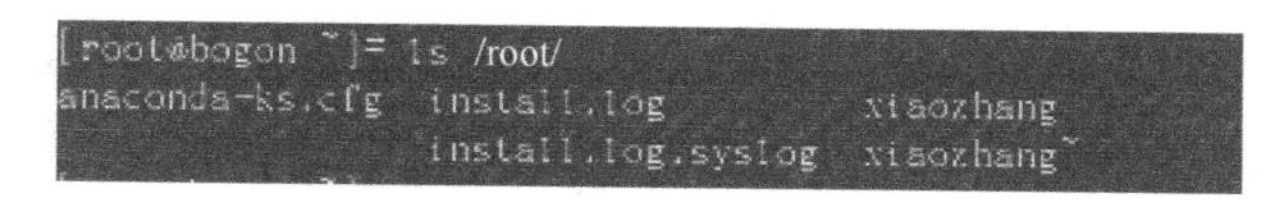

图 2-162 查看文件

知识链接

ls：以默认方式显示当前目录文件列表。
ls -a：显示所有文件，包括隐藏文件。
ls -l：显示文件属性，包括大小、日期、符号连接、是否可读写及是否可执行。
ls -lh：显示文件的大小，以容易理解的格式印出文件大小（如 1KB、234MB、2GB）。
ls -lt：显示文件，按照修改时间排序。

2）cd 命令

改变目录为 home，如图 2-163 所示。

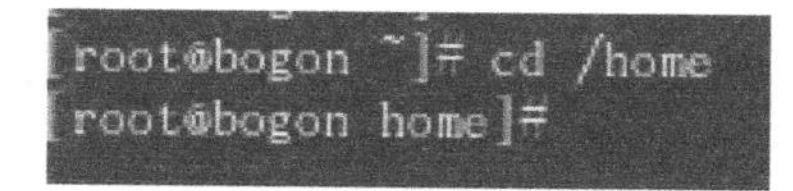

图 2-163 改变目录

知识链接

cd dir：切换到当前目录下的 dir 目录。
cd /：切换根目录。
cd ..：切换到上一级目录。
cd ../..：切换到上二级目录。
cd ~：切换到用户目录，如是 root 用户，则切换到/root 下。

3）cp 命令

将文件 xiaozhang1 复制为 laozhang，如图 2-164 所示。

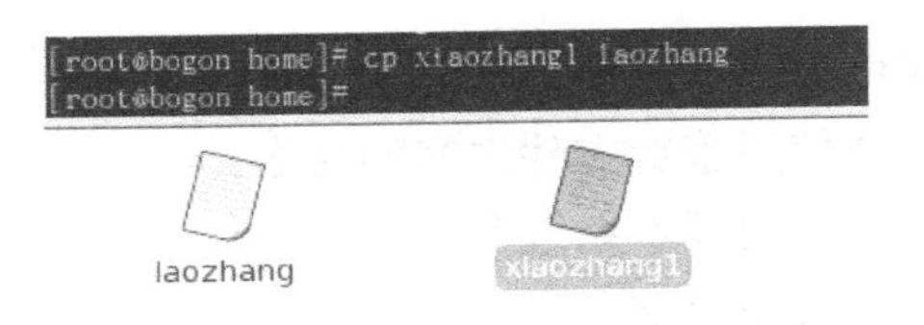

图 2-164　将文件 xiaozhang1 复制为 laozhang

知识链接

cp source target：将文件 source 复制为 target。

cp /root /source.：将/root 下的文件 source 复制到当前目录。

cp –av source_dir target_dir：将整个目录复制，两个目录完全一样。

4）rm 命令

删除文档 laozhang，如图 2-165 所示。

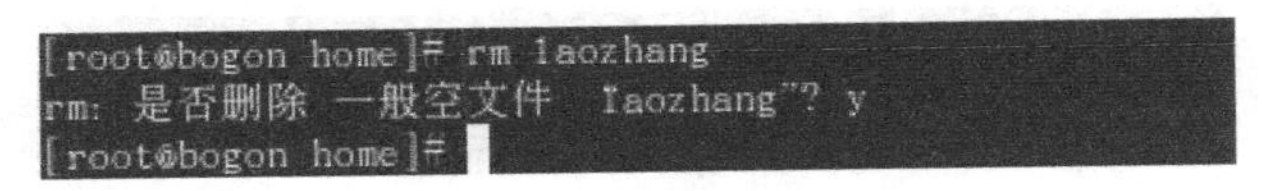

图 2-165　删除文档 laozhang

知识链接

rm file：删除某一个文件。

rm -f file：删除时不进行提示。可以与 r 参数配合使用。

rm -rf dir：删除当前目录下名为 dir 的整个目录。

5）mv 命令

将 xiaozhang1 改名为 laozhang，如图 2-166 所示。

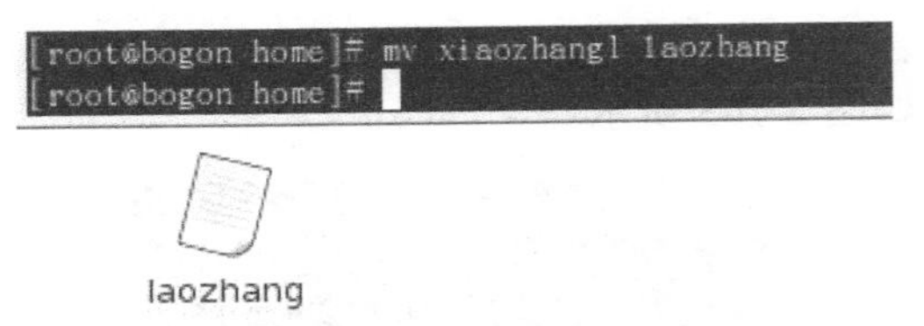

图 2-166　xiaozhang1 改名为 laozhang

2. 查看文件内容命令

1）cat 命令

查看 root 文件中文档 xiaozhang 的内容，如图 2-167 所示。

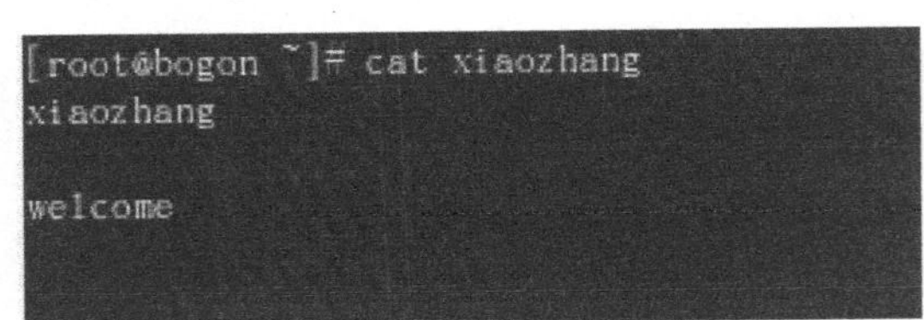

图 2-167　查看文档内容

2）more 命令

分页查看文档 install.log 的内容，如图 2-168 所示。

```
[root@bogon ~]# more install.log
安装 setup-2.5.58-7.el5.noarch
warning: setup-2.5.58-7.el5: Header V3 DSA signature: NOKEY, key ID e8562897
安装 filesystem-2.4.0-3.el5.i386
安装 mailcap-2.1.23-1.fc6.noarch
安装 basesystem-8.0-5.1.1.el5.centos.noarch
安装 tzdata-2010e-1.el5.noarch
安装 glibc-common-2.5-49.i386
安装 cracklib-dicts-2.8.9-3.3.i386
安装 gnome-mime-data-2.4.2-3.1.i386
--More--(1%)
```

图 2-168　分页查看文档 install.log 的内容

3）tail 命令

查看 install.log 文件的后 10 行，如图 2-169 所示。

```
[root@bogon ~]# tail -n 10 install.log
安装 xorg-x11-drv-v4l-0.1.1-4.i386
安装 xorg-x11-drv-glint-1.1.1-4.1.i386
安装 xorg-x11-drv-summa-1.1.0-1.1.i386
安装 xorg-x11-drv-mutouch-1.1.0-3.i386
安装 synaptics-0.14.4-8.fc6.i386
安装 linuxwacom-0.7.8.3-8.el5.i386
安装 system-config-display-1.0.48-2.el5.noarch
安装 xorg-x11-drivers-7.1-4.2.el5.i386
安装 system-config-keyboard-1.2.11-1.el5.noarch
安装 firstboot-1.4.27.8-1.el5.centos.i386
```

图 2-169　查看 install.log 文件的后 10 行

4）touch 命令

创建一个空文件，文件名为 laozhang.txt，如图 2-170 所示。

图 2-170　创建一个空文件

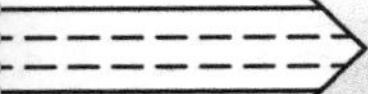

3. 基本系统命令

（1）w 命令，显示登录用户的详细信息，如图 2-171 所示。

```
#w
```

```
[root@bogon ~]# w
 17:55:12 up  3:17,  2 users,  load average: 0.47, 0.46, 0.43
USER     TTY      FROM              LOGIN@   IDLE   JCPU   PCPU WHAT
root     :0       -                 14:40   ?xdm?   7:42   0.92s /usr/bin/gnome-
root     pts/1    :0.0              14:49    1.00s  0.60s  0.04s w
```

图 2-171　显示登录用户的详细信息

（2）who 命令，显示登录信息，如图 2-172 所示。

```
#who
```

```
[root@bogon ~]# who
root     :0           2014-09-17 14:40
root     pts/1        2014-09-17 14:49 (:0.0)
```

图 2-172　显示登录信息

（3）last 命令，查看最近哪些用户登录系统，如图 2-173 所示。

```
#last
```

```
[root@bogon ~]# last
root     pts/1        :0.0             Wed Sep 17 14:49   still logged in
root     pts/1        :0.0             Wed Sep 17 14:42 - 14:49  (00:06)
root     :0                            Wed Sep 17 14:40   still logged in
root     :0                            Wed Sep 17 14:40 - 14:40  (00:00)
reboot   system boot  2.6.18-194.el5   Wed Sep 17 14:38          (03:20)
```

图 2-173　查看最近哪些用户登录系统

（4）date 命令，系统日期设定，如图 2-174 所示。

```
#data
```

```
2014年 09月 17日 星期三 18:02:12 CST
[root@bogon ~]#
```

图 2-174　系统日期设定

知识链接

date：显示当前日期时间。

date -s 20:30:30：设置系统时间为 20:30:30。

date -s 2002-3-5：设置系统日期为 2003-3-5。

date -s "060520 06:00:00"：设置系统日期为 2006 年 5 月 20 日 6 点整。

（5）uname 命令，查看系统版本，如图 2-175 所示。

```
#uname
```

```
[root@bogon ~]# uname
Linux
[root@bogon ~]# uname -r
2.6.18-194.el5
```

图 2-175　查看系统版本

（6）su 命令，切换账户到 root，如图 2-176 所示。

```
#su root
```

```
[chenguang@bogon root]$ su root
口令:
[root@bogon ~]#
```

图 2-176　切换账户到 root

4. 压缩命令

（1）zip 命令用于压缩和解压缩文件，如图 2-177 所示。

```
[root@bogon ~]# unzip laozhang.txt.zip
Archive:  laozhang.txt.zip
 extracting: laozhang.txt
```

图 2-177　解压缩文件 laozhang.txt.zip

（2）tar 命令用于文件压缩、解压，如图 2-178 所示。

```
[root@bogon ~]# tar cvf laozhang.txt.tar laozhang.txt
laozhang.txt
```

图 2-178　tar 格式文件压缩

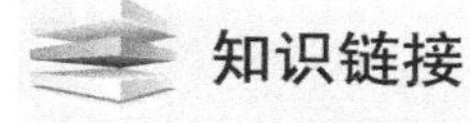

知识链接

-cvf　<DSTfilename.tar><SRCfilename>：压缩文件或目录。

-xvf　<SRCfilename>：解压缩文件或目录。

-zcvf　<DSTfilename><SRCfilename>：压缩文件，格式为 tar.gz。

-zxvf　<DSTfilename><SRCfilename>：解压缩文件，格式为 tar.gz。

-zcvf　<DST.tgz><SRCfilename>：压缩文件，格式为 tgz。

-zxvf　<DST.tgz><SRCfilename>：解压缩文件，格式为 tgz。

任务验收

通过本任务的实施，学会在 Linux 操作系统中使用命令进行文件、目录操作，查看文件内容，使用基本系统命令等。

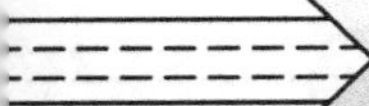

评 价 内 容	评 价 标 准
Linux 操作系统的命令编辑器	根据实际要求，在规定时间内，使用命令完成文件、目录操作、文件内容查看、使用基本系统命令、压缩和解压缩文件等操作

拓展练习

（1）使用命令进行文件、目录操作。

（2）使用查看文件内容的命令。

（3）使用基本系统命令。

（4）使用压缩命令。

项目 7　软件包管理

项目描述

新兴学校的网络管理员小赵学习了一段时间 Linux 之后，遇到了一些新的问题，在使用某种软件的时候，无法进行软件的安装，于是小赵急需懂得在 Linux 操作系统下如何安装软件。

项目分析

软件包管理项目主要内容包括：图形界面安装和卸载软件包、源码安装软件包、RPM 软件包管理和 YUM 软件包管理等内容。小赵要查找资料，对各种软件包安装和管理的方法进行认真练习、熟练应用。整个项目的认知与分析流程如图 2-179 所示。

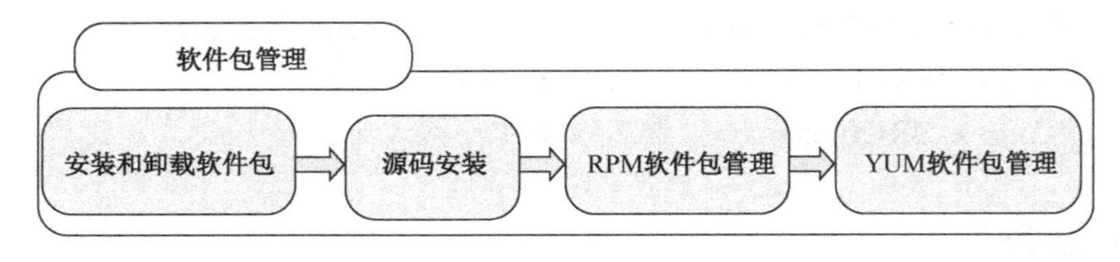

图 2-179　项目内容

任务 1　安装和卸载软件包

任务描述

新兴学校的信息中心已经在服务器上安装好了 Linux 操作系统，并进行了简单的配置，但现在需要安装软件包，这可难住了网络管理员小赵，小赵只好先学习最接近 Windows 软件安装的图形界面安装和卸载软件包。

任务分析

在图形界面中进行操作没有繁琐的命令，更容易操作，更容易上手。小赵是初学者，对此并不熟悉，为了便于自学，小赵请来飞越公司的工程师帮忙，主要完成以下任务。

（1）在 Linux 图形界面中安装软件包。

（2）在 Linux 图形界面中卸载软件包。

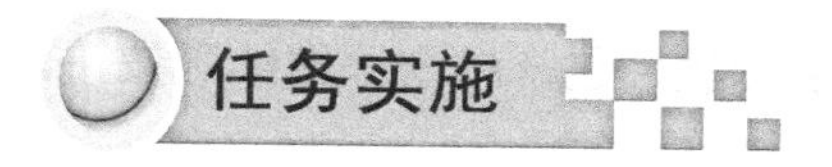

任务实施

1. 安装软件包

步骤 1： 在 Linux 操作系统图形界面中，选择“应用程序”→“添加/删除软件”选项，打开“软件包管理者”窗口，如图 2-180 所示。

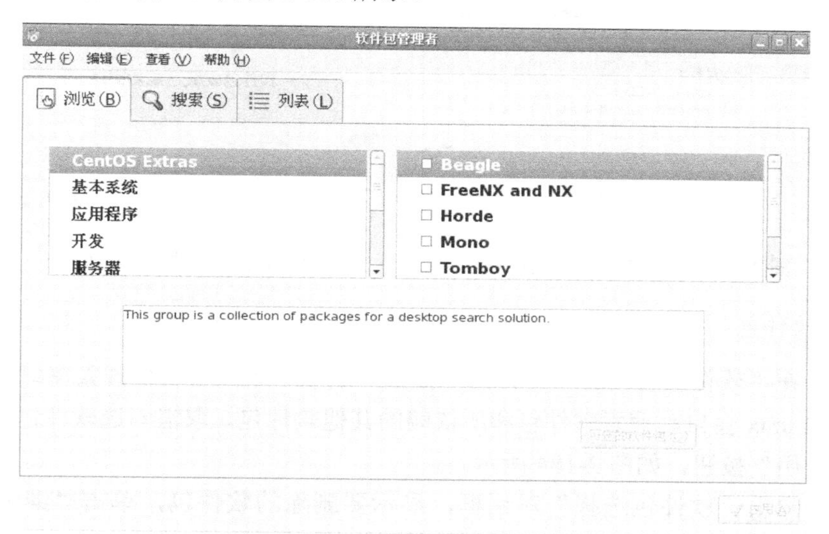

图 2-180　“软件包管理者”窗口

步骤 2：选择“搜索”选项卡，在软件搜索窗口中输入软件名称“nmap”，Linux 会自动搜索软件包和所依赖的其他软件包，勾选软件包后，单击窗口右下角的“应用”按钮，如图 2-181 所示，即可完成软件包的安装。

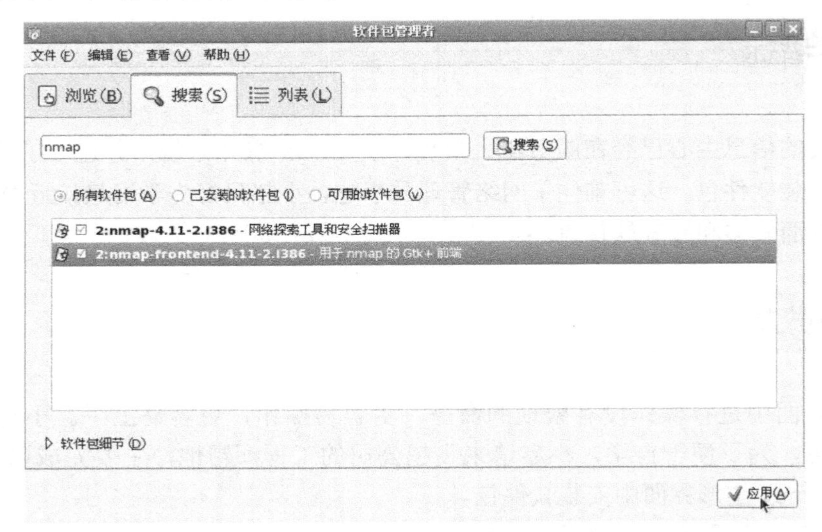

图 2-181 “搜索”选项卡

步骤 3：弹出“软件包选择”对话框，显示已选择要安装的软件包，单击“继续”按钮，如图 2-182 所示。

步骤 4：稍等片刻，结果如图 2-183 所示，单击“OK”按钮完成软件安装。

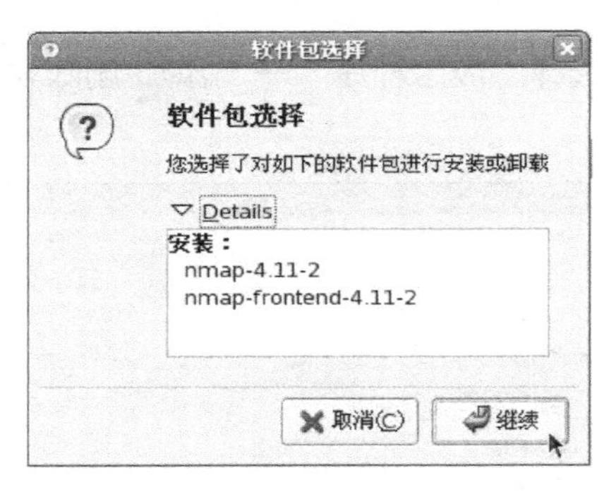

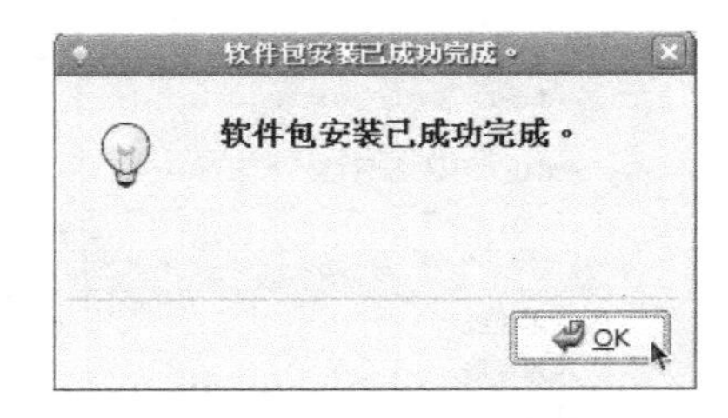

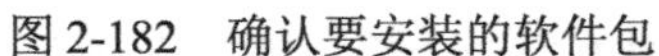

图 2-182 确认要安装的软件包　　　　图 2-183 软件包安装成功

2. 卸载软件包

步骤 1：在“软件包管理者”窗口的“搜索”选项卡中，在软件搜索窗口中输入软件名称“nmap”，Linux 会自动搜索软件包和所依赖的其他软件包，取消勾选软件包后，单击窗口右下角的“应用”按钮，如图 2-184 所示。

步骤 2：弹出“软件包选择”对话框，显示要删除的软件包，单击“继续”按钮，如图 2-185 所示。

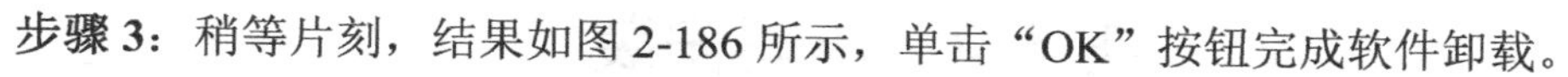

步骤 3：稍等片刻，结果如图 2-186 所示，单击“OK”按钮完成软件卸载。

图 2-184　在“搜索”选项卡中卸载软件包

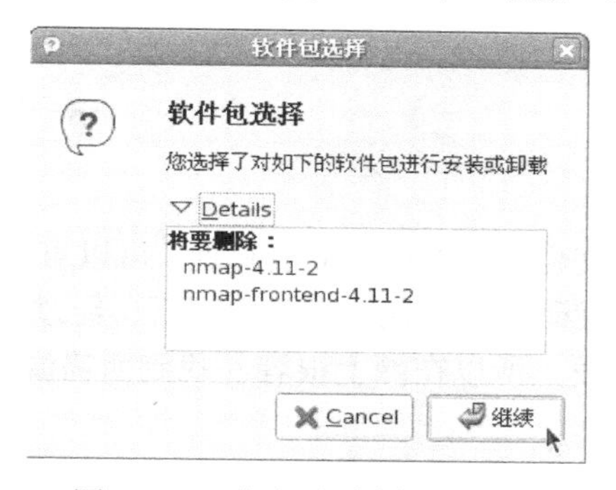

图 2-185　确认要删除的软件包

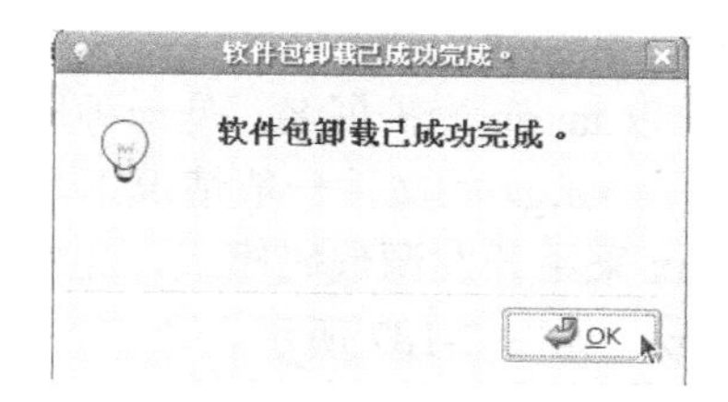

图 2-186　软件包卸载成功

任务验收

通过本任务的实施，学会在 Linux 操作系统的图形界面中安装和卸载软件包。

评 价 内 容	评 价 标 准
在 Linux 操作系统的图形界面中安装和卸载软件包	在规定时间内，按照要求在 Linux 操作系统的图形界面中安装和卸载指定软件包

拓展练习

在 Linux 操作系统的图形界面中安装一个软件包 Netcat。

任务 2　源码安装

任务描述

新兴学校的管理员小赵感觉图形界面进行软件管理很简单，但是很多软件包是源码的，免费在网上发布，用户可以免费下载并安装，如何使用下载的源代码包进行安装呢？这可难住了小赵。

任务分析

直接使用源代码编译安装，需要经历源代码的编译链接过程，这一编译工作由最终用户完成。应用程序的编译安装一般是通过一系列的开发工具和脚本语言配合完成的，并不是一件非常复杂的工作。小赵对此并不熟悉，于是请来飞越公司的工程师帮忙。

任务实施

步骤 1： 下载源代码包。

源代码包以.tar.gz 为扩展名，是一种压缩文件，在 Linux 下很常见，可以直接解压并使用这种压缩文件。.tar.gz 的文件一般情况下是源代码的安装包，需要先解压再经过编译、安装才能执行。Linux 采用开发源代码模式，免费分发，所以在网上很容易找到所需源代码。例如，gd-2.0.32.tar.gz，如图 2-187 所示。

步骤 2： 解压缩。

最常见的源码包.tar.gz 是由工具压缩而成的，.tar.gz 结尾的文件用到的工具是 tar 和 gunzip，常见的源码包实际上是通过 tar 将不同的源文件打包，再通过 gunzip 压缩后发布的，这两个步骤可以通过一条命令来实现，如图 2-188 所示。

```
# tar zxvf gd-2.0.32.tar.gz
```

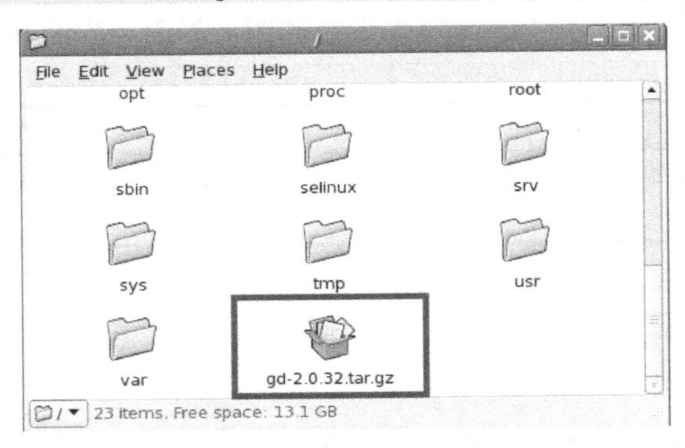

图 2-187　下载源代码包

```
[root@bogon /]# tar zxvf gd-2.0.32.tar.gz
```

图 2-188　解压缩

步骤 3：生成、进入目录。

通过 tar 命令展开原始软件包后，生成目录为 gd-2.0.32，通过 cd 命令进入目录，如图 2-189 所示。

```
[root@bogon /]# cd gd-2.0.32
[root@bogon gd-2.0.32]#
```

图 2-189　生成并进入目录

```
#cd gd-2.0.32
```

步骤 4：configure。

解压完成、跳转到源码的解压目录后即可开始安装，configure 实际上是一个脚本文件，在当前目录下键入“./configure”，如图 2-190 所示，Shell 就会运行当前目录下的 configure 脚本。需要注意的是，在整个 configure 过程中，其实编译尚未进行，configure 仅仅是做编译相关的准备工作，它主要对当前的工作平台做一些依赖性检查，如编译器是否安装、连接器是否存在，如果在检测过程中没有任何错误，configure 脚本就会在当前目录下生成下一步编译链接所要用到的另一个文件 Makefile。

```
# ./configure
```

```
[root@bogon gd-2.0.32]#
[root@bogon gd-2.0.32]# ./configure
```

图 2-190　configure

步骤 5：make。

如果 configure 过程正确完成，那么在源码目录中会生成相应的 Makefile 文件，Makefile 文件简单来说包括的是一组文件依赖关系以及编译链接的相关步骤，事实上，真正的编译链接工作也不是 make 做的，make 只是一个通用的工具，一般情况下，make 会根据 Makefile 中的规则调用合适的编译器编译所有与当前软件相依赖的源码，生成所有相关的目标文件，最后使用链接器生成最终的可执行程序，如图 2-191 所示。

```
# make
```

步骤 6：make install。

当 configure 和 make 两个步骤正确完成后，代表编译链接过程已经完全结束，最后要做的是将可执行程序安装到正确的位置，“install”只是 Makefile 文件中的一个标号，“make install”代表 make 工具执行 Makefile 文件中“install”标号下的所有相关操作，应用程序一般会默认安装到/usr/local/bin，如图 2-192 所示。

```
# make install
```

```
[root@bogon gd-2.0.32]#
[root@bogon gd-2.0.32]# make install
```

图 2-192　make install

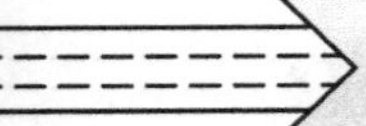

步骤 7：make clean。

这个步骤只是安装的后续步骤，需要注意的是，“clean”是 Makefile 文件中的一个标号，执行这个步骤的时候，Makefile 文件必须保留，“make clean”用来清除编译链接过程中的一些临时文件，这个步骤可有可无，如图 2-193 所示。

```
# make clean
```

```
[root@bogon gd-2.0.32]#
[root@bogon gd-2.0.32]# make clean
```

图 2-193　make clean

通过本任务的实施，学会 Linux 操作系统中使用源码包方式安装软件。

评 价 内 容	评 价 标 准
在 Linux 操作系统中使用源码包方式安装软件	在规定时间内，按照要求在 Linux 操作系统中使用源码包方式安装指定软件

拓展练习

在 Linux 操作系统中使用源码包方式安装一个软件包 MySQL。

任务 3　RPM 软件包管理

任务描述

新兴学校的网络管理员小赵发现很多软件包都是以.rpm 结尾的，但.rpm 结尾的软件包如何使用，包括如何安装、卸载、升级等，小赵对此都不清楚。

任务分析

RPM 包管理系统可为最终用户提供方便的软件包管理功能，主要包括安装、卸载、升级、查询等，执行这些任务的工具是 RPM。小赵是初学者，对此并不熟悉，为了便于自学，小赵请来飞越公司的工程师帮忙，主要完成以下任务。

（1）在 Linux 中，安装 RPM 软件包。

（2）在 Linux 中，卸载 RPM 软件包。

（3）在 Linux 中，升级 RPM 软件包。
（4）在 Linux 中，查询 RPM 软件包信息。
（5）在 Linux 中，校验已安装的 RPM 软件包。

任务实施

1. 安装软件包

步骤 1： RPM 会检查软件包与其他包之间的依赖与冲突，执行软件包生成时设置的安装前脚本，对原有的同名配置文件实行改名保存（即在原文件名后加上.orig 后再保存，以便于恢复）。

步骤 2： 解压应用程序软件包，把程序文件复制到设置的位置，执行设置的安装后脚本程序，更新 RPM 数据库，再根据具体情况决定是否执行安装时触发脚本，到此安装完毕。

当然，这其中的过程不需要用户干涉，RPM 会自动完成这些操作。

使用 ivh 参数安装一个软件包，如图 2-194 所示。

```
#rpm -ivh ytalk-3.3.0-1.0.el2.rfx.i386.rpm
```

```
[root@bogon /]# rpm -ivh ytalk-3.3.0-1.0.el2.rfx.i386.rpm
warning: ytalk-3.3.0-1.0.el2.rfx.i386.rpm: Header V3 DSA signature: NOKEY, k
ey ID 6b8d79e6
Preparing...                                                         (100
########################################### [100%]
   1:ytalk                                                           ( 62
########################################### [100%]
[root@bogon /]#                                            root@bogon:/
```

图 2-194　RPM 安装软件包

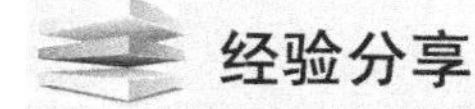

经验分享

将目录切换到软件包所在目录后，输入 rpm 命令后安装软件包，可以使用 Tab 键使软件包名称自动补全，从而提高操作效率。

知识链接

安装软件包的命令格式如下。

```
rpm {-i|--install} [install-options] PACKAGE FILE …
```

选项-i 和--install 具有同样的意义，表明 RPM 执行一个软件包安装操作，PACKAGE FILE 是要安装的软件包名，可以用空格隔开指定多个软件包同时安装。

install-options 是安装时的选项，可以用来控制安装的行为，主要选项如下。

--hash[-h]：安装时以“#”号显示安装进度，每个“#”显示 2%的进度。

--test：只测试安装，检测是否满足软件包的依赖关系，是否存在潜在的冲突，并不进行实际安装。

--excludedocs：不安装软件包中的文档文件。

--includedocs：安装文档。

--replacepkgs：强制重新安装已经安装的软件包。

--replacefiles：替换属于其他软件包的文件。

--force：忽略软件包及文件的冲突。

--noscripts：不运行安装前和安装后脚本。

--prefix<path>：将软件包安装到由<path>指定的路径中。

--ignoreos：不检查运行软件包的操作系统。

--ignoresize：不检查空间大小。

--excludepath：不安装指定目录下的文件。

--relocate：重定位，使用新的位置代替软件安装中程序文件的安装位置。

--nodeps：不检查依赖关系。

--justdb：仅修改数据库。

--ftpproxy<host>：用<host>作为 FTP 代理。

--ftpport<port>：指定 FTP 的端口号为<port>。

通用选项是在 RPM 工具的任何工作状态下都有效的选项，在安装、卸载、升级、查询操作时都可以使用这些选项。

--root<path>：让 RPM 将<path>指定的路径作为“根目录”，这样预安装程序和后安装程序都会安装到这个目录中。

--rcfile<rcfile>：设置资源文件为<rcfile>，RPM 默认资源文件为/usr/lib/rpm/rpmrc。

--dbpath<path>：设置 RPM 数据库所在的路径为<path>。

2. 卸载软件包

RPM 在卸载软件包时，主要是删除安装的程序文件，但它首先会检查程序的依赖关系，即是否有其他应用程序需要该软件包中的文件。如果没有，则执行卸载前触发脚本程序，执行卸载前脚本程序，并检查配置文件。如果有修改，则换名保存，再删除属于这个软件包的所有文件，执行卸载后脚本程序，更新 RPM 数据库，根据具体情况执行卸载后触发脚本，卸载完成。

卸载上面安装的 ytalk 软件包，如图 2-195 所示。

```
#rpm -e ytalk
```

```
[root@bogon /]#
[root@bogon /]# rpm -e ytalk
[root@bogon /]#
```

图 2-195　使用 RPM 卸载软件包

知识链接

卸载的命令格式如下。

```
rpm {-e|--erase} [erase-options] PACKAGE FILE …
```

选项-e 和--erase 意义相同，表明 RPM 执行卸载操作。PACKAGE FILE 指明需要卸载的文件，可以同时指定多个待删除的文件。

--erase-options 选项主要有以下几个。

--test：只执行删除的测试。

--noscripts：不运行安装前和安装后脚本程序。

--nodeps：不检查依赖性。

--justdb：仅修改数据库。

--notriggers：不执行触发程序。

3. 升级软件包

RPM 的升级功能可使用户将一个软件包从旧版本升级到新版本，只需一个 rpm –U 命令即可，极大地方便了用户。

软件升级基本需要两项工作：一是安装新版本，二是卸载旧版本。RPM 还有一项重要的工作，即妥善处理配置文件。RPM 检查已经安装的上一个版本的配置文件，如果两个配置文件的配置项相同，并且配置项的内容经过修改，则保留原文件不被覆盖；或者原文件经过修改，但配置项内容不同，则原文件被换名（原文件名加上.rpmsave）保存，新文件会复制为配置文件；其他情况下，原文件都被新文件覆盖。

步骤 1：使用 rpm –qi 命令查看已安装的 mtools 软件包的相关信息，显示当前版本是 3.9.1，如图 2-196 所示。

```
#rpm -qi mtools
```

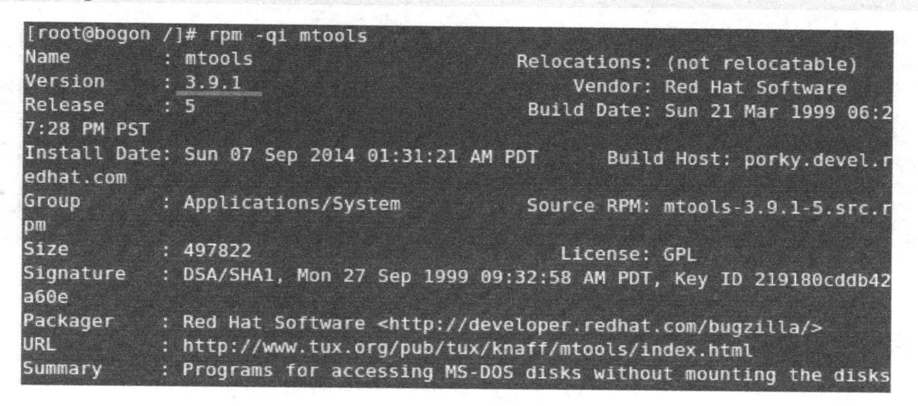

图 2-196　查看 mtools 软件包的版本信息

步骤 2：将下载的软件保存在根目录，使用 rpm –Uvh 命令来升级该软件包，如图 2-197 所示。

```
#rpm -Uvh mtools-3.9.10-2.fc6.i386.rpm
```

```
[root@bogon /]# rpm -Uvh mtools-3.9.10-2.fc6.i386.rpm
warning: mtools-3.9.10-2.fc6.i386.rpm: Header V3 DSA signature: NOKEY, key I
D e8562897
Preparing...                                                    ( 50
########################################### [100%]
   1:mtools                                                     (  2
########################################### [100%]
[root@bogon /]#                    root@bogon:/
```

图 2-197 升级 mtools 软件包

知识链接

RPM 升级软件包的命令格式如下。

```
rpm {-U|--upgrade} [install-options] PACKAGE FILE …
```

选项-U 和--upgrade 都表示 RPM 执行软件包升级安装。

因为升级软件同样是安装一个软件包的过程，所以其安装选项基本与安装软件包时的选项相同，只有一个例外，即--oldpackage，也就是升级到旧的版本。当用户因某种原因希望使用一个软件包的旧版本系统时，使用--oldpackage 可把当前版本的软件包“降级”到旧的版本。

步骤 3：查看升级后的 mtools 软件包信息，当前版本是 3.9.10，如图 2-198 所示。

```
#rpm -qi mtools
```

```
[root@bogon /]# rpm -qi mtools
Name        : mtools                       Relocations: (not relocatable)
Version     : 3.9.10                           Vendor: CentOS
Release     : 2.fc6                        Build Date: Sat 06 Jan 2007 04:0
9:29 PM PST
Install Date: Sun 07 Sep 2014 01:36:07 AM PDT      Build Host: builder5.cent
os.org
Group       : Applications/System          Source RPM: mtools-3.9.10-2.fc6.
src.rpm
Size        : 326859                          License: GPL
Signature   : DSA/SHA1, Tue 03 Apr 2007 05:25:08 PM PDT, Key ID a8a447dce856
2897
URL         : http://mtools.linux.lu/
Summary     : Programs for accessing MS-DOS disks without mounting the disks
.
Description :
Mtools is a collection of utilities for accessing MS-DOS files.
Mtools allow you to read, write and move around MS-DOS filesystem
files (normally on MS-DOS floppy disks).  Mtools supports Windows95
style long file names, OS/2 XDF disks, and 2m disks.
```

图 2-198 查看升级后的版本信息

4. 查询软件包信息

利用 RPM 的查询功能，用户可以方便地查询系统中所有已经安装的和没有安装的软件包的信息，也可以查找一个文件属于哪个软件包等。

步骤 1：安装 ytalk 软件包，并查询软件包的信息，如图 2-199 所示。

```
# rpm -ivh ytalk-3.3.0-1.0.el2.rfx.i386.rpm
# rpm -qi ytalk
```

```
[root@bogon /]# rpm -ivh ytalk-3.3.0-1.0.el2.rfx.i386.rpm
warning: ytalk-3.3.0-1.0.el2.rfx.i386.rpm: Header V3 DSA signature: NOKEY, k
ey ID 6b8d79e6
Preparing...                                                          (100
########################################### [100%]
   1:ytalk                                                            ( 62
########################################### [100%]
[root@bogon /]# rpm -qi ytalk
Name        : ytalk                    Relocations: (not relocatable)
Version     : 3.3.0                         Vendor: Dag Apt Repository,
http://dag.wieers.com/apt/
Release     : 1.0.el2.rfx                Build Date: Sat 13 Nov 2010 01:4
1:55 PM PST
Install Date: Sun 07 Sep 2014 01:54:32 AM PDT      Build Host: lisse.hasselt
.wieers.com
Group       : Applications/Communications   Source RPM: ytalk-3.3.0-1.0.el2.
rfx.src.rpm
Size        : 104165                          License: GPL
Signature   : DSA/SHA1, Sat 13 Nov 2010 02:16:39 PM PST, Key ID a20e52146b8d
79e6
Packager    : Dag Wieers <dag@wieers.com>
URL         : http://www.impul.se/ytalk/
```

图 2-199 查询已安装的软件包信息

步骤 2： 查询 ytalk 软件包的安装文件列表，如图 2-200 所示。

```
#rpm -ql ytalk
```

步骤 3： 查询系统中所有包的排序列表，如图 2-201 所示。

```
#rpm -qa| sort | more
```

```
[root@bogon /]# rpm -ql ytalk
/etc/ytalkrc
/usr/bin/ytalk
/usr/share/doc/ytalk-3.3.0
/usr/share/doc/ytalk-3.3.0/AUTHORS
/usr/share/doc/ytalk-3.3.0/COPYING
/usr/share/doc/ytalk-3.3.0/ChangeLog
/usr/share/doc/ytalk-3.3.0/INSTALL
/usr/share/doc/ytalk-3.3.0/README
/usr/share/man/man1/ytalk.1.gz
[root@bogon /]#
```

图 2-200 查询已安装软件包的列表

```
[root@bogon /]# rpm -qa | sort | more
acl-2.2.39-6.el5
acpid-1.0.4-9.el5_4.2
alacarte-0.10.0-1.fc6
alsa-lib-1.0.17-1.el5
alsa-utils-1.0.17-1.el5
amtu-1.0.6-1.el5
anacron-2.3-45.el5.centos
apmd-3.2.2-5
apr-1.2.7-11.el5_3.1
apr-util-1.2.7-11.el5
aspell-0.60.3-7.1
aspell-en-6.0-2.1
at-3.1.8-84.el5
atk-1.12.2-1.fc6
at-spi-1.7.11-3.el5
attr-2.4.32-1.1
audiofile-0.2.6-5
audit-1.7.17-3.el5
audit-libs-1.7.17-3.el5
audit-libs-python-1.7.17-3.el5
authconfig-5.3.21-6.el5
```

图 2-201 查询系统中所有包的排序列表

步骤 4： 查询系统中所有包的数量，如图 2-202 所示。

```
# rpm -qa | wc -l
```

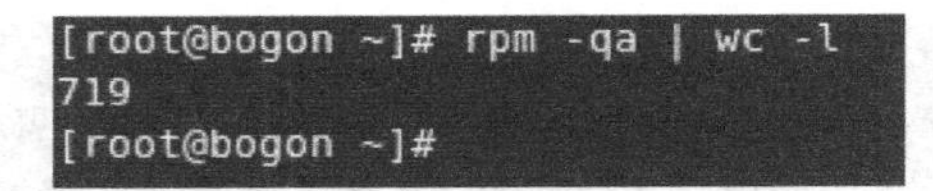

图 2-202 查询系统中所有包的数量

步骤 5：查询系统中所有包中的所有文件的数量，如图 2-203 所示。

```
# rpm -qal | wc -l
```

```
[root@bogon ~]# rpm -qal | wc -l
106977
[root@bogon ~]#
```

图 2-203 查询系统中所有包中的所有文件的数量

步骤 6：查询用 RPM 安装的所有文档文件的数量，如图 2-204 所示。

```
# rpm -qad | wc -l
```

```
[root@bogon ~]# rpm -qad | wc -l
12647
[root@bogon ~]#
```

图 2-204 查询用 RPM 安装的所有文档文件的数量

步骤 7：搜索名称中包括“ytalk”（区分字母大小写）的所有包，如图 2-205 所示。

```
# rpm -qa | grep -i ytalk
```

```
[root@bogon ~]# rpm -qa | grep -i ytalk
ytalk-3.3.0-1.0.el2.rfx
[root@bogon ~]#
```

图 2-205 搜索名称中包括“ytalk”的所有包

知识链接

RPM 命令的查询格式如下。

```
rpm {-q|--query} [select-options] [query-options]
```

选项-q 和--query 都是要求 RPM 执行查询操作。

（1）select-options 用来指定本次查询的对象，选项包括以下几个。

-p<file>（or “-”）:查询未安装的软件包的信息。

-f<file>：查询<file>属于哪个软件包。

-a：查询所有安装的软件包。

--triggeredby：查询哪些包被指定的包触发。

--whatprovides<x>：查询提供了<x>功能的软件包。

-g<group>：查询属于<group>组的软件包。

--whatrequires<x>：查询所有需要<x>功能的软件包。

（2）query-options 选项指定了本次查询所要获得的信息，包括以下信息。

<null>：显示软件包的全部标识。

-i：显示软件包的概要信息。

-l：显示软件包的文件列表。

-c：显示配置文件列表。

-d：显示文档文件列表。

-s：显示软件包中的文件列表，并显示每个文件的状态。

--scripts：显示安装、卸载、校验脚本。

--queryformat[--qf]：以用户指定的方式显示查询信息。

--dump：显示每个文件的所有已校验信息。

--provides：显示软件包提供的功能。

--requires[-R]：显示软件包所需的功能。

5. 校验已安装的软件包

当用 RPM 安装、升级或卸载软件包时，RPM 将所有信息都记录到数据库中。RPM 的校验就是比较安装的文件信息和数据库中记载的信息之间的差别，一旦发现某个软件包被破坏（有文件丢失等情况），RPM 就会报告错误。RPM 通过这样一种机制来保证系统的正常运行。

RPM 除了校验软件包的依赖关系之外，还校验每个文件，检查其属性是否正确。文件属性包括属主、属组、权限、MD5 校验和、大小、主设备号、从设备号、符号链接及最后修改时间共 9 项内容。其中每一项发生改变，RPM 都会发现。RPM 并非全部校验这 9 项属性，因为文件类型不同，其中某些属性会没有意义，因而 RPM 也不用去检查。

RPM 校验中如果没有错误发生，则不会有任何输出；如果发现文件丢失，则会显示丢失信息“missing 文件名”；如果属性被修改，则会显示 8 位或 9 位的字符串和文件名的组合。

校验 ytalk 软件包，如图 2-206 所示。

```
#rpm -V ytalk
```

```
[root@bogon ~]# rpm -V ytalk
[root@bogon ~]#
```

图 2-206　校验 ytalk 软件包

知识链接

RPM 校验软件包的命令格式如下。

```
rpm {-V|--verify} [select-options] [verify-options]
```

select-options 选项指定校验对象，同于查询选项的设置，而 verify-options 指定了校验的内容，包含以下几项内容。

--noscripts：不运行校验脚本。

--nodeps：不校验依赖关系。

--nofiles：忽略丢失文件的错误。

--nomd5：忽略 MD5 校验和的错误。

通过本任务的实施，学会在 Linux 操作系统中安装 RPM 软件包、卸载 RPM 软件包、升级 RPM 软件包、查询 RPM 软件包信息、校验已安装的 RPM 软件包等操作。

评价内容	评价标准
Linux 操作系统中 RPM 软件包管理	在规定时间内，按照要求，在 Linux 操作系统中安装 RPM 软件包、卸载 RPM 软件包、升级 RPM 软件包、查询 RPM 软件包信息、校验已安装的 RPM 软件包

拓展练习

（1）在 Linux 中，安装 perl-CGI-2.81-88.i386.rpm 软件包。
（2）在 Linux 中，卸载 perl-CGI-2.81-88.i386.rpm 软件包。
（3）在 Linux 中，搜索名称中包括“mtools”的所有包。
（4）在 Linux 中，校验 MySQL 软件包。

任务 4　YUM 软件包管理

任务描述

网络管理员小赵在学习了 RPM 软件包管理后，发现了一个让他十分头疼的问题，即 RPM 软件包之间的依赖性，这使得小赵无法安装需要的软件包。

任务分析

针对这个问题，Linux 推出了 YUM。YUM 是一款基于 Red Hat/Fedora Core 的发行版软件，允许用户在线更新。YUM 是一款功能强大的软件，它会自动计算软件包的相互依赖关系，并判断哪些软件应该安装，哪些软件不必安装。使用 YUM 可以方便地进行软件的安装、查询、更新、卸载等，而且命令简洁又好记。小赵对此并不熟悉，于是请来飞越公司的工程师帮忙，工程师建议使用 YUM 软件包进行管理。

任务实施

1. 安装、更新、查询及卸载软件

步骤 1： 安装软件包。#yum install <packages>用于安装指定的软件包，如图 2-207 所示。

```
#yum install bind
```

```
[root@bogon ~]# yum install bind
Loaded plugins: fastestmirror
Loading mirror speeds from cached hostfile
 * addons: mirror.neu.edu.cn
 * base: mirrors.btte.net
 * extras: mirrors.btte.net
 * updates: mirrors.btte.net
Setting up Install Process
Resolving Dependencies
--> Running transaction check
---> Package bind.i386 30:9.3.6-20.P1.el5_8.6 set to be updated
--> Processing Dependency: bind-libs = 30:9.3.6-20.P1.el5_8.6 for package: bind
--> Running transaction check
--> Processing Dependency: bind-libs = 30:9.3.6-4.P1.el5_4.2 for package: bind-u
tils
---> Package bind-libs.i386 30:9.3.6-20.P1.el5_8.6 set to be updated
--> Running transaction check
---> Package bind-utils.i386 30:9.3.6-20.P1.el5_8.6 set to be updated
--> Finished Dependency Resolution

Dependencies Resolved

================================================================================
 Package          Arch        Version                     Repository      Size
================================================================================
Installing:
 bind             i386        30:9.3.6-20.P1.el5_8.6      base           982 k
Updating for dependencies:
 bind-libs        i386        30:9.3.6-20.P1.el5_8.6      base           864 k
```

图 2-207 安装 bind 软件包

步骤 2：更新软件包。#yum update <packages>用于更新指定的软件包，如图 2-208 所示。

```
#yum update perl
```

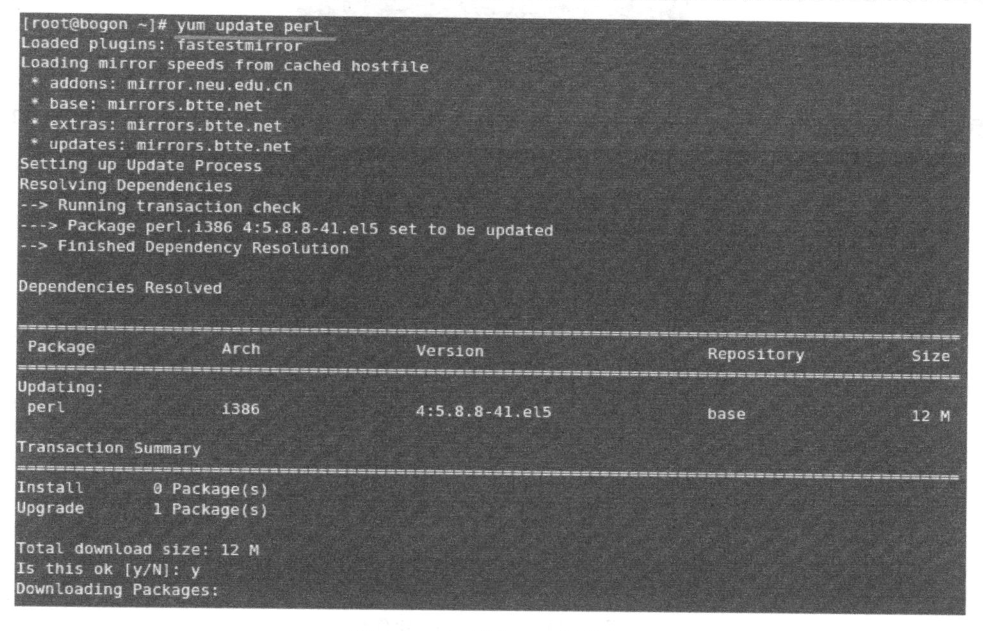

```
[root@bogon ~]# yum update perl
Loaded plugins: fastestmirror
Loading mirror speeds from cached hostfile
 * addons: mirror.neu.edu.cn
 * base: mirrors.btte.net
 * extras: mirrors.btte.net
 * updates: mirrors.btte.net
Setting up Update Process
Resolving Dependencies
--> Running transaction check
---> Package perl.i386 4:5.8.8-41.el5 set to be updated
--> Finished Dependency Resolution

Dependencies Resolved

================================================================================
 Package          Arch        Version                     Repository      Size
================================================================================
Updating:
 perl             i386        4:5.8.8-41.el5              base            12 M

Transaction Summary
================================================================================
Install       0 Package(s)
Upgrade       1 Package(s)

Total download size: 12 M
Is this ok [y/N]: y
Downloading Packages:
```

图 2-208 更新 perl 软件包

步骤 3：检查可更新软件包，检查可更新的所有软件包，如图 2-209 所示。

```
#yum check-update
```

```
[root@bogon ~]# yum check-update
Loaded plugins: fastestmirror
Loading mirror speeds from cached hostfile
 * addons: mirror.neu.edu.cn
 * base: mirrors.btte.net
 * extras: mirrors.btte.net
 * updates: mirrors.btte.net

NetworkManager.i386                    1:0.7.0-13.el5                base
NetworkManager-glib.i386               1:0.7.0-13.el5                base
NetworkManager-gnome.i386              1:0.7.0-13.el5                base
PyXML.i386                             0.8.4-6.el5                   base
SDL.i386                               1.2.10-9.el5                  base
SysVinit.i386                          2.86-17.el5                   base
acl.i386                               2.2.39-8.el5                  base
acpid.i386                             1.0.4-12.el5                  base
alsa-utils.i386                        1.0.17-7.el5                  base
amtu.i386                              1.0.6-2.el5                   base
apr.i386                               1.2.7-11.el5_6.5              base
apr-util.i386                          1.2.7-11.el5_5.2              base
aspell.i386                            12:0.60.3-13                  base
aspell-en.i386                         50:6.0-3                      base
audit.i386                             1.8-2.el5                     base
audit-libs.i386                        1.8-2.el5                     base
audit-libs-python.i386                 1.8-2.el5                     base
authconfig.i386                        5.3.21-7.el5                  base
authconfig-gtk.i386                    5.3.21-7.el5                  base
autofs.i386                            1:5.0.1-0.rc2.183.el5         base
avahi.i386      root@bogon:~           0.6.16-10.el5_6               base
```

图 2-209　检查可更新的所有软件包

步骤 4： 更新系统，下载并更新系统已安装的所有软件包，如图 2-210 所示。

```
#yum update
```

```
[root@bogon ~]#
[root@bogon ~]# yum update
```

图 2-210　下载并更新系统已安装的所有软件包

步骤 5： 卸载软件包。#yum remove <packages>用于卸载指定的软件包，如图 2-211 所示。

```
#yum remove bind
```

```
[root@bogon ~]# yum remove bind
Loaded plugins: fastestmirror
Setting up Remove Process
Resolving Dependencies
--> Running transaction check
---> Package bind.i386 30:9.3.6-20.P1.el5_8.6 set to be erased
--> Finished Dependency Resolution

Dependencies Resolved

================================================================================
 Package      Arch        Version                      Repository          Size
================================================================================
Removing:
 bind         i386        30:9.3.6-20.P1.el5_8.6       installed          2.1 M

Transaction Summary
================================================================================
Remove       1 Package(s)
Reinstall    0 Package(s)
Downgrade    0 Package(s)
```

图 2-211　卸载 bind 软件包

步骤 6: 查询软件包，能够列出资源库中所有可以安装或更新及已经安装的 RPM 软件包，如图 2-212 所示。

```
#yum list
```

步骤 7：清除缓存中的 RPM 头文件和包文件，如图 2-213 所示。

```
# yum clean all
```

```
[root@bogon ~]#
[root@bogon ~]# yum list
```

图 2-212　列出所有可以安装或更新及已经安装的 RPM 软件包

```
[root@bogon ~]# yum clean all
Loaded plugins: fastestmirror
Cleaning up Everything
Cleaning up list of fastest mirrors
[root@bogon ~]#
```

图 2-213　清除缓存中的 RPM 头文件和包文件

步骤 8：搜索相关的软件包，如图 2-214 所示。

```
# yum search ytalk
```

```
[root@bogon ~]# yum search ytalk
Loaded plugins: fastestmirror
Loading mirror speeds from cached hostfile
 * addons: mirrors.btte.net
 * base: mirrors.btte.net
 * extras: mirrors.btte.net
 * updates: mirrors.btte.net
======================================== Matched: ytalk ========================================
ytalk.i386 : Enhanced replacement for the BSD talk client
[root@bogon ~]#
```

图 2-214　搜索 ytalk 软件包

步骤 9：显示指定软件包的信息，如图 2-215 所示。

```
# yum info ytalk
```

```
[root@bogon ~]# yum info ytalk
Loaded plugins: fastestmirror
Loading mirror speeds from cached hostfile
 * addons: mirrors.btte.net
 * base: mirrors.btte.net
 * extras: mirrors.btte.net
 * updates: mirrors.btte.net
Installed Packages
Name       : ytalk
Arch       : i386
Version    : 3.3.0
Release    : 1.0.el2.rfx
Size       : 102 k
Repo       : installed
Summary    : Enhanced replacement for the BSD talk client
URL        : http://www.impul.se/ytalk/
License    : GPL
Description: Talk is a compatible replacement for the BSD talk(1) program.
           :
           : The main advantage of YTalk is the ability to communicate with any arbitrary
           : number of users at once. It supports both talk protocols ("talk" and
           : "ntalk") and can communicate with several different talk daemons at the same
           : time.
           :
           : You may also spawn a command shell in your talk window and let other users
           : watch. YTalk supports a basic set of VT100 control codes, as well as job
           : control (BSD support added in 3.1.3)

[root@bogon ~]#
```

图 2-215　显示 ytalk 软件包的信息

步骤 10：查询指定软件包的依赖信息，如图 2-216 所示。

```
# yum deplist mtools
```

```
[root@bogon ~]# yum deplist mtools
Loaded plugins: fastestmirror
Loading mirror speeds from cached hostfile
 * addons: mirrors.btte.net
 * base: mirrors.btte.net
 * extras: mirrors.btte.net
 * updates: mirrors.btte.net
Finding dependencies:
package: mtools.i386 3.9.10-2.fc6
  dependency: libc.so.6(GLIBC_2.1.3)
   provider: glibc.i686 2.5-118
   provider: glibc.i386 2.5-118
   provider: glibc.i686 2.5-118.el5_10.2
   provider: glibc.i686 2.5-118.el5_10.3
   provider: glibc.i386 2.5-118.el5_10.3
   provider: glibc.i386 2.5-118.el5_10.2
```

图 2-216 查询 mtools 软件包的依赖信息

知识链接

YUM 的命令格式如下。

```
yum [options] [command] [package…]
```

其中，[options]是可选的，选项包括-h（帮助）、-y（在安装过程中提示选择全部为“yes”）、-q（不显示安装的过程）等；[command]为所要进行的操作；[package…]是操作的对象。

2. 建立本地 YUM 库

如果在一些特定环境中不能够使用互联网进行在线的 YUM 软件包安装，则可以尝试建立本地 YUM 库，其中最简单的一种方法是直接将安装光盘挂载到系统目录中。

步骤 1：挂载光盘驱动器到/mnt/cdrom 目录中，如图 2-217 所示。

```
# mkdir /mnt/cdrom
# mount -t iso9660 /dev/cdrom /mnt/cdrom
```

```
[root@str ~]# mkdir /mnt/cdrom
[root@str ~]# mount -t iso9660 /dev/cdrom /mnt/cdrom/
mount: block device /dev/cdrom is write-protected, mounting read-only
[root@str ~]#
```

图 2-217 挂载光盘驱动器到/mnt/cdrom 中

步骤 2：修改 YUM 配置文件，在第 12 行中添加如下配置，添加完成后将第 17 行后的内容全部删除，如图 2-218 所示。

```
#vim /etc/yum.repos.d/CentOS-Base.repo
[Server]
name=Cnetos 5.5 Local Yum Server
baseurl=file:///mnt/cdrom
enabled=1
gpgcheck=0
```

```
12 [Server]
13 name=CentOS 5.5 Local Yum Server
14 baseurl=file:///mnt/cdrom/
15 enabled=1
16 gpgcheck=0
17
```

图 2-218 修改 YUM 配置文件

步骤 3： 使用 yum 命令进行本地软件包的安装，如图 2-219 所示。

```
# yum install dhcp
```

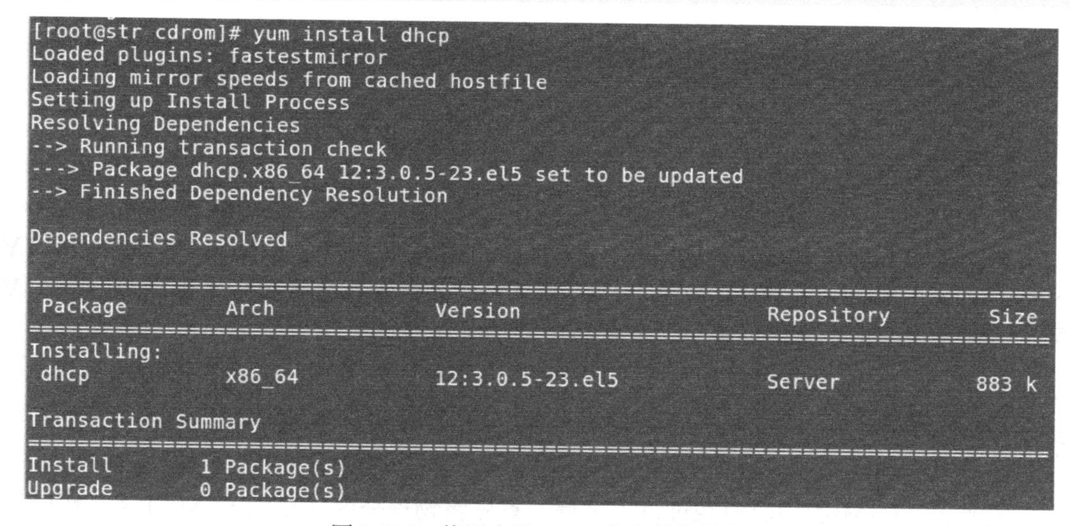

图 2-219 使用本地 YUM 库安装软件包

任务验收

通过本任务的实施，学会在 Linux 操作系统中使用 yum 命令安装、查询、升级、卸载软件包。

评 价 内 容	评 价 标 准
Linux 操作系统中 YUM 软件包管理	在规定时间内，按照要求在 Linux 操作系统中使用 yum 命令安装、查询、升级、卸载软件包

拓展练习

（1）在 Linux 中，使用 yum 命令安装 bind 软件包。

（2）在 Linux 中，使用 yum 命令卸载 bind 软件包。

（3）在 Linux 中，使用 yum 命令查询可更新的软件包。

（4）在 Linux 中，使用 yum 命令升级系统。

项目验收

考核内容	评价标准
Linux 操作系统的软件包管理	根据实际要求，在规定时间内，完成图形界面安装、卸载软件，指定软件的源码安装，RPM 软件包管理，YUM 软件包管理等操作

知识拓展　逻辑卷管理

任务描述

新兴学校的管理员小赵将磁盘空间不足的分区的数据先进行了备份，并卸载转化成 LVM（Logical Volume Manger，逻辑卷管理）分区，将新买的硬盘进行分区和格式化，也转化成 LVM 分区，这样为将来的磁盘扩展提供了方便和可能性。

任务分析

一般来说，LVM 的创建要经过以下过程：首先将物理分区转化为 LVM 分区；然后使用物理分区创建 PV（物理卷），将几个 PV 组合在一起形成 VG（卷组），将这个 VG 分割成 LV；最后将 LV 格式化并挂载。那么 LVM 的管理又涉及哪些呢？一般来说，涉及增加和减少 VG 的容量，即组成 VG 的 PV 可以随时增加和减少或者替换。小赵对此并不熟悉，于是请来飞越公司的工程师帮忙，工程师建议使用 YUM 软件包管理。

任务实施

1. *添加硬盘*

步骤 1：关闭虚拟主机，添加两块 50GB 的 SCSI 硬盘，如图 2-220 所示。

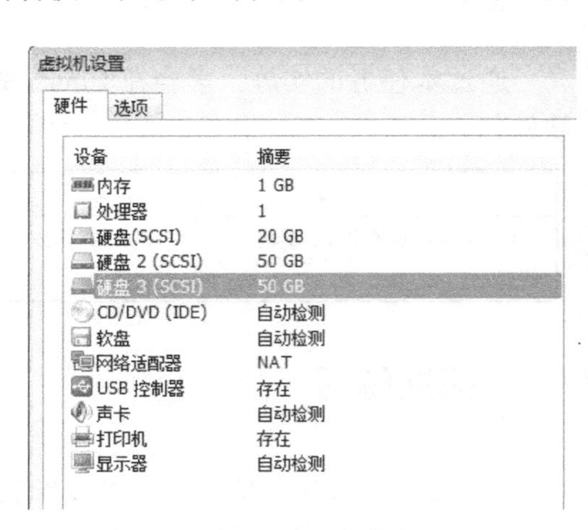

图 2-220　添加硬盘

步骤 2：重启客户端，系统识别新添加的两块硬盘。使用 fdisk -l 命令，发现新添加的两块磁盘已被识别到，分别为/dev/sdb 和/dev/sdc，如图 2-221 所示。

```
#fdisk -l
```

```
[root@bogon ~]# fdisk -l

Disk /dev/sda: 21.4 GB, 21474836480 bytes
255 heads, 63 sectors/track, 2610 cylinders
Units = cylinders of 16065 * 512 = 8225280 bytes

   Device Boot      Start         End      Blocks   Id  System
/dev/sda1   *           1          38      305203+  83  Linux
/dev/sda2              39        2349    18563107+  83  Linux
/dev/sda3            2350        2610     2096482+  82  Linux swap / Solaris

Disk /dev/sdb: 53.6 GB, 53687091200 bytes
255 heads, 63 sectors/track, 6527 cylinders
Units = cylinders of 16065 * 512 = 8225280 bytes

Disk /dev/sdb doesn't contain a valid partition table

Disk /dev/sdc: 53.6 GB, 53687091200 bytes
255 heads, 63 sectors/track, 6527 cylinders
Units = cylinders of 16065 * 512 = 8225280 bytes
```

图 2-221　查看磁盘

2. 创建并挂载逻辑卷

步骤 1： 创建 PV，如图 2-222 所示。

```
#pvcreate /dev/sdb
```

```
[root@bogon ~]# pvcreate /dev/sdb
  Writing physical volume data to disk "/dev/sdb"
  Physical volume "/dev/sdb" successfully created
```

图 2-222　创建 PV

步骤 2： 查看 PV，如图 2-223 所示。

```
#pvdisplay
```

```
[root@bogon ~]# pvdisplay
  "/dev/sdb" is a new physical volume of "50.00 GB"
  --- NEW Physical volume ---
  PV Name               /dev/sdb
  VG Name
  PV Size               50.00 GB
  Allocatable           NO
  PE Size (KByte)       0
  Total PE              0
  Free PE               0
  Allocated PE          0
  PV UUID               7169F2-xAUj-bAV9-WCVe-OGK4-3QBE-GX8QXh
```

图 2-223　查看 PV

步骤 3： 创建 VG，每一个 PE 块的容量为 16MB，VG 名称定义为 vg1，VG 的容量来自于/dev/sdb，如图 2-224 所示。

```
#vgcreate -s 16M vg1 /dev/sdb
```

```
[root@bogon ~]# vgcreate -s 16M vg1 /dev/sdb
  Volume group "vg1" successfully created
```

图 2-224　创建 VG

步骤 4：查看 VG，如图 2-225 所示。

```
#vgdisplay vg1
```

```
[root@bogon ~]# vgdisplay vg1
  --- Volume group ---
  VG Name               vg1
  System ID
  Format                lvm2
  Metadata Areas        1
  Metadata Sequence No  1
  VG Access             read/write
  VG Status             resizable
  MAX LV                0
  Cur LV                0
  Open LV               0
  Max PV                0
  Cur PV                1
  Act PV                1
  VG Size               49.98 GB
  PE Size               16.00 MB
  Total PE              3199
  Alloc PE / Size       0 / 0
  Free  PE / Size       3199 / 49.98 GB
  VG UUID               kiV7pb-xTU5-BzqG-AWYs-XqAd-TbLH-D48qxr
```

图 2-225　查看 VG

步骤 5：创建 LV（逻辑卷），容量为 30GB，定义逻辑卷的名称为 lv1，指定卷组的名称为 vg1，如图 2-226 所示。

```
#lvcreate -L 30G -n lv1 vg1
```

```
[root@bogon ~]# lvcreate -L 30G -n lv1 vg1
  Logical volume "lv1" created
```

图 2-226　创建 LV

步骤 6：查看底层变化及层级关系，如图 2-227 所示。

```
#ls /dev/vg1/lv1 -l
```

```
[root@bogon ~]# ls /dev/vg1/lv1 -l
lrwxrwxrwx 1 root root 19 Apr 17 23:23 /dev/vg1/lv1 -> /dev/mapper/vg1-lv1
```

图 2-227　查看底层变化

步骤 7：查看 LV，如图 2-228 所示。

```
#lvdisplay
```

```
[root@bogon ~]# lvdisplay
  --- Logical volume ---
  LV Name                /dev/vg1/lv1
  VG Name                vg1
  LV UUID                WhgzBe-y32D-AQlq-TPoS-Sh1h-OF29-Ua89u0
  LV Write Access        read/write
  LV Status              available
  # open                 0
  LV Size                30.00 GB
  Current LE             1920
  Segments               1
  Allocation             inherit
  Read ahead sectors     auto
  - currently set to     256
  Block device           253:0
```

图 2-228　查看 LV

步骤 8：格式化并创建文件系统，如图 2-229 所示。

```
#mkfs.ext3 /dev/vg1/lv1
```

```
[root@bogon ~]# mkfs.ext3 /dev/vg1/lv1
mke2fs 1.39 (29-May-2006)
Filesystem label=
OS type: Linux
Block size=4096 (log=2)
Fragment size=4096 (log=2)
3932160 inodes, 7864320 blocks
393216 blocks (5.00%) reserved for the super user
First data block=0
Maximum filesystem blocks=0
240 block groups
32768 blocks per group, 32768 fragments per group
16384 inodes per group
Superblock backups stored on blocks:
        32768, 98304, 163840, 229376, 294912, 819200, 884736, 1605632, 26542
08,
        4096000

Writing inode tables: done
Creating journal (32768 blocks): done
Writing superblocks and filesystem accounting information: done
```

图 2-229　格式化并创建文件系统

步骤 9：查看/dev/vg1/lv1 的 UUID，如图 2-230 所示。

```
#blkid /dev/vg1/lv1
```

```
[root@bogon ~]# blkid /dev/vg1/lv1
/dev/vg1/lv1: UUID="bed4f900-e6d5-4871-8bdb-a01869d40355" SEC_TYPE="ext2" TY
PE="ext3"
```

图 2-230　查看 UUID

步骤 10：挂载/dev/vg1/lv1，修改/etc/fstab 文件，如图 2-231 所示。

```
#vi /etc/fstab
```

```
[root@bogon ~]# vi /etc/fstab
```

图 2-231 修改/etc/fstab 文件

在/etc/fstab 文件的最后加入一行，如图 2-232 所示。

```
LABEL=/                 /                       ext3    defaults        1 1
LABEL=/boot             /boot                   ext3    defaults        1 2
tmpfs                   /dev/shm                tmpfs   defaults        0 0
devpts                  /dev/pts                devpts  gid=5,mode=620  0 0
sysfs                   /sys                    sysfs   defaults        0 0
proc                    /proc                   proc    defaults        0 0
LABEL=SWAP-sda3         swap                    swap    defaults        0 0
/dev/md0                /opt                    ext3    defaults        0 0
UUID=bed4f900-e6d5-4871-8bdb-a01869d40355 /mnt/lvl ext3 defaults 0 0
~
```

图 2-232 编辑/etc/fstab 文件

步骤 11：创建目录/mnt/lv1，如图 2-233 所示。

```
#mkdir /mnt/lv1
```

```
[root@bogon ~]# mkdir /mnt/lvl
```

图 2-233 创建目录/mnt/lv1

步骤 12：重新挂载，如图 2-234 所示。

```
#mount -a
```

```
[root@bogon ~]# mount -a
```

图 2-234 重新挂载

步骤 13：查看 lv1 是否挂载成功，如图 2-235 所示。

```
#mount |grep "lv1"
```

```
[root@bogon ~]# mount |grep "lvl"
/dev/mapper/vgl-lvl on /mnt/lvl type ext3 (rw)
```

图 2-235 查看 lv1 是否挂载成功

也可使用 df 命令来查看，如图 2-236 所示。

```
#df -h
```

```
[root@bogon ~]# df -h
Filesystem            Size  Used Avail Use% Mounted on
/dev/sda2              18G   11G  5.5G  67% /
/dev/sda1             289M   22M  253M   8% /boot
tmpfs                 506M     0  506M   0% /dev/shm
/dev/hdc              4.1G  4.1G     0 100% /media/CentOS_5.5_Final
/dev/mapper/vgl-lvl    30G  173M   28G   1% /mnt/lvl
```

图 2-236 使用 df 命令查看

3. 扩展逻辑卷

步骤 1：为另一块磁盘创建 PV，如图 2-237 所示。

```
#pvcreate /dev/sdc
```

```
[root@bogon ~]# pvcreate /dev/sdc
  Writing physical volume data to disk "/dev/sdc"
  Physical volume "/dev/sdc" successfully created
```

图 2-237　创建 PV

步骤 2：扩展逻辑卷，扩展空间来自/dev/sdc，如图 2-238 所示。

```
#vgextend vg1 /dev/sdc
```

```
[root@bogon ~]# vgextend vg1 /dev/sdc
  Volume group "vg1" successfully extended
```

图 2-238　扩展逻辑卷

步骤 3：查看卷组容量是否被扩大，如图 2-239 所示。

```
#vgdisplay vg1
```

```
[root@bogon ~]# vgdisplay vg1
  --- Volume group ---
  VG Name               vg1
  System ID
  Format                lvm2
  Metadata Areas        2
  Metadata Sequence No  3
  VG Access             read/write
  VG Status             resizable
  MAX LV                0
  Cur LV                1
  Open LV               1
  Max PV                0
  Cur PV                2
  Act PV                2
  VG Size               99.97 GB
  PE Size               16.00 MB
  Total PE              6398
  Alloc PE / Size       1920 / 30.00 GB
  Free  PE / Size       4478 / 69.97 GB
  VG UUID               kiV7pb-xTU5-BzqG-AWYs-XqAd-TbLH-D48qxr
```

图 2-239　查看卷组容量

步骤 4：查看逻辑卷 lv1 的容量为 30GB，如图 2-240 所示。

```
#lvdisplay
```

步骤 5：扩展逻辑卷 lv1 为 50GB，如图 2-241 所示。

```
#lvextend -L 50GB /dev/vg1/lv1
```

```
[root@bogon ~]# lvdisplay
  --- Logical volume ---
  LV Name                /dev/vg1/lv1
  VG Name                vg1
  LV UUID                WhgzBe-y32D-AQlq-TPoS-Sh1h-OF29-Ua89u0
  LV Write Access        read/write
  LV Status              available
  # open                 1
  LV Size                30.00 GB
  Current LE             1920
  Segments               1
  Allocation             inherit
  Read ahead sectors     auto
  - currently set to     256
  Block device           253:0
```

图 2-240　查看 lv1

```
[root@bogon ~]# lvextend -L 50GB /dev/vg1/lv1
  Extending logical volume lv1 to 50.00 GB
  Logical volume lv1 successfully resized
```

图 2-241　扩展 lv1

步骤 6： 查看扩展后逻辑卷 lv1 的容量，如图 2-242 所示。

```
#lvdisplay
```

```
[root@bogon ~]# lvdisplay
  --- Logical volume ---
  LV Name                /dev/vg1/lv1
  VG Name                vg1
  LV UUID                WhgzBe-y32D-AQlq-TPoS-Sh1h-OF29-Ua89u0
  LV Write Access        read/write
  LV Status              available
  # open                 1
  LV Size                50.00 GB
  Current LE             3200
  Segments               2
  Allocation             inherit
  Read ahead sectors     auto
  - currently set to     256
  Block device           253:0
```

图 2-242　查看 lv1 的容量

步骤 7： 使用 df 命令查看挂载文件的容量，发现 lv1 的容量仍为 30GB，如图 2-243 所示。

```
#df -h
```

```
[root@bogon ~]# df -h
Filesystem            Size  Used Avail Use% Mounted on
/dev/sda2              18G   11G  5.5G  67% /
/dev/sda1             289M   22M  253M   8% /boot
tmpfs                 506M     0  506M   0% /dev/shm
/dev/hdc              4.1G  4.1G     0 100% /media/CentOS_5.5_Final
/dev/mapper/vg1-lv1    30G  173M   28G   1% /mnt/lv1
```

图 2-243　查看挂载文件的容量

步骤 8： 为了使文件系统能识别 lv1 扩展到了 50GB，应使用 resize2fs 命令，如图 2-244 所示。

```
#resize2fs /dev/vg1/lv1
```

```
[root@bogon ~]# resize2fs /dev/vg1/lv1
resize2fs 1.39 (29-May-2006)
Filesystem at /dev/vg1/lv1 is mounted on /mnt/lv1; on-line resizing required
Performing an on-line resize of /dev/vg1/lv1 to 13107200 (4k) blocks.
The filesystem on /dev/vg1/lv1 is now 13107200 blocks long.
```

图 2-244　使用 resize2fs 命令

步骤 9： 再使用 df 命令查看挂载文件的容量，发现 lv1 的容量已变为 50GB，如图 2-245 所示。

```
#df -h
```

```
[root@bogon ~]# df -h
Filesystem            Size  Used Avail Use% Mounted on
/dev/sda2              18G   11G  5.5G  67% /
/dev/sda1             289M   22M  253M   8% /boot
tmpfs                 506M     0  506M   0% /dev/shm
/dev/hdc              4.1G  4.1G     0 100% /media/CentOS_5.5_Final
/dev/mapper/vg1-lv1    50G  180M   47G   1% /mnt/lv1
```

图 2-245　查看挂载文件的容量

4. 缩小逻辑卷

步骤 1： 卸载挂载点/mnt/lv1，如图 2-246 所示。

```
#umount /mnt/lv1
```

```
[root@bogon ~]# umount /mnt/lv1
```

图 2-246　卸载挂载点

步骤 2： 检查/dev/vg1/lv1 的分区，查看逻辑卷是否有错误，如图 2-247 所示。

```
#e2fsck -f /dev/vg1/lv1
```

```
[root@bogon ~]# e2fsck -f /dev/vg1/lv1
e2fsck 1.39 (29-May-2006)
Pass 1: Checking inodes, blocks, and sizes
Pass 2: Checking directory structure
Pass 3: Checking directory connectivity
Pass 4: Checking reference counts
Pass 5: Checking group summary information
/dev/vg1/lv1: 11/6553600 files (9.1% non-contiguous), 251733/13107200 blocks
```

图 2-247　检查分区

步骤 3： 使用 resize2fs 命令，将逻辑卷压缩至 35GB，如图 2-248 所示。

```
#resize2fs /dev/vg1/lv1 35G
```

步骤 4： 为磁盘中的数据备份后，可使用 lvreduce 命令，将逻辑卷压缩至 35GB，如图 2-249 所示。

```
#lvreduce -L 35G /dev/vg1/lv1
```

```
[root@bogon ~]# resize2fs /dev/vg1/lv1 35G
resize2fs 1.39 (29-May-2006)
Resizing the filesystem on /dev/vg1/lv1 to 9175040 (4k) blocks.
The filesystem on /dev/vg1/lv1 is now 9175040 blocks long.
```

图 2-248　使用 resize2fs 命令

```
[root@bogon ~]# lvreduce -L 35G /dev/vg1/lv1
  WARNING: Reducing active logical volume to 35.00 GB
  THIS MAY DESTROY YOUR DATA (filesystem etc.)
Do you really want to reduce lv1? [y/n]: y
  Reducing logical volume lv1 to 35.00 GB
  Logical volume lv1 successfully resized
```

图 2-249　逻辑卷压缩至 35GB

步骤 5： 重新挂载文件系统，如图 2-250 所示。

```
#mount -a
```

```
[root@bogon ~]# mount -a
```

图 2-250　重新挂载

步骤 6： 使用 df 命令查看挂载文件的容量，发现 lv1 的容量变为 35GB，如图 2-251 所示。

```
#df -h
```

```
[root@bogon ~]# df -h
Filesystem            Size  Used Avail Use% Mounted on
/dev/sda2              18G   11G  5.5G  67% /
/dev/sda1             289M   22M  253M   8% /boot
tmpfs                 506M     0  506M   0% /dev/shm
/dev/hdc              4.1G  4.1G     0 100% /media/CentOS_5.5_Final
/dev/mapper/vg1-lv1    35G  177M   33G   1% /mnt/lv1
```

图 2-251　查看挂载文件的容量

任务验收

通过本任务的实施，学会 Linux 操作系统的逻辑卷管理，包括创建并挂载逻辑卷等。

评 价 内 容	评 价 标 准
Linux 操作系统中的逻辑卷管理	在规定时间内，按照要求，在 Linux 操作系统中完成逻辑卷管理，包括创建并挂载逻辑卷、查看逻辑卷等

单元总结

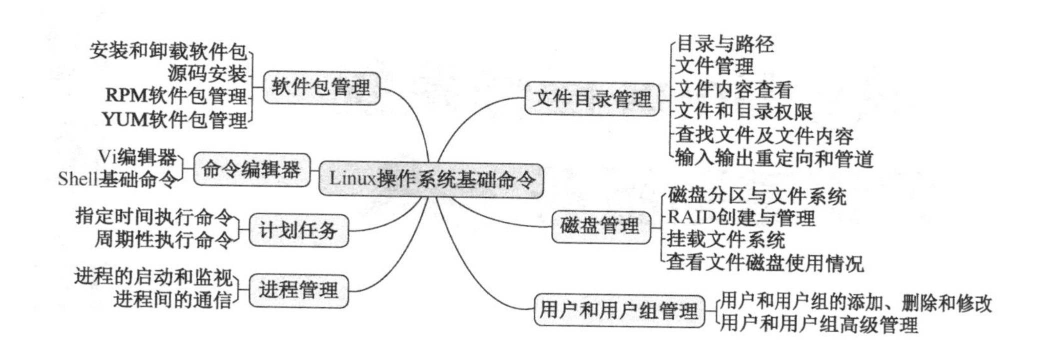

Linux操作系统基础命令
软件包管理
安装和卸载软件包
源码安装
RPM软件包管理
YUM软件包管理
命令编辑器
Vi编辑器
Shell基础命令
计划任务
指定时间执行命令
周期性执行命令
进程管理
进程的启动和监视
进程间的通信
文件目录管理
目录与路径
文件管理
文件内容查看
文件和目录权限
查找文件及文件内容
输入输出重定向和管道
磁盘管理
磁盘分区与文件系统
RAID创建与管理
挂载文件系统
查看文件磁盘使用情况
用户和用户组管理
用户和用户组的添加、删除和修改
用户和用户组高级管理

学习单元3

Linux操作系统网络基础服务

☆ 单元概要

（1）Linux是一套免费使用和自由传播的类UNIX操作系统，是一种基于POSIX和UNIX的多用户、多任务，支持多线程和多 CPU 的操作系统。它能运行主要的 UNIX 工具软件、应用程序和网络协议。它支持32位和64位硬件。Linux继承了UNIX以网络为核心的设计思想，是一种性能稳定的多用户网络操作系统。

（2）随着互联网的飞速发展，毫无疑问，互联网的安全、操作系统平台的安全也逐渐成为人们关心的问题。而许多网络服务器、工作站采用的平台为Linux/UNIX平台。Linux平台作为一个安全性、稳定性比较高的操作系统也被应用到了更多领域。随着Linux系统更多地被服务器应用，Linux网络服务的配置成为Linux操作系统作为服务器应用中的关键。

（3）目前，在全国职业院校技能大赛中职组网络搭建及应用项目中，使用的Linux操作系统是CentOS 5.5。针对这一版本，本书详细介绍了Linux操作系统网络服务的配置。

（4）通过对Linux操作系统网络服务的学习，使初学者对Linux网络服务有一定了解，通过深入的学习，逐步具备熟练调试配置的能力。

☆ 单元情境

新兴学校的信息中心新购置了若干台服务器，准备安装Linux操作系统，为学校网站和内部办公提供网络和系统支持。现需要对内、对外提供DHCP服务、DNS服务、Samba服务、Apache服务、VSFTPD服务和NFS服务等。因服务器是新部署的，未做任何配置，现需要网络管理员小赵部署服务器，实现上述学校要求的各项功能。

项目1 网络配置

新兴学校的信息中心新部署了若干台 Linux 服务器，现需要对服务器进行网络配置，需要网络管理员小赵对 Linux 服务器进行调试，以满足学校的需求。

根据项目需求，分析可知：配置 Linux 服务器网络时，主要是 IP 地址等信息的配置。Linux 网络的关键在于网络的检测和故障调试。整个项目的认知与分析流程如图 3-1 所示。

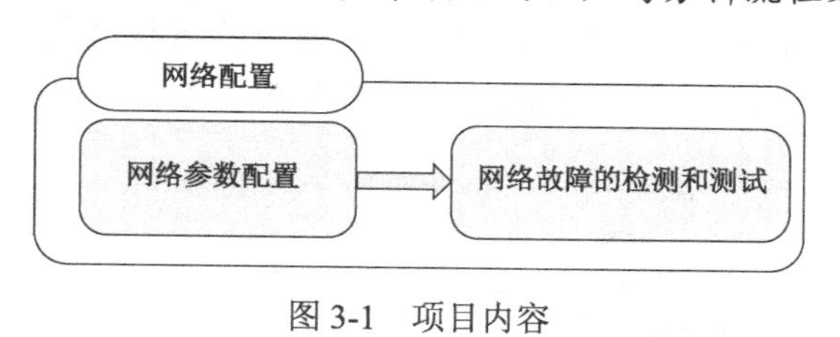

图 3-1 项目内容

任务1 网络参数配置

任务描述

新兴学校的信息中心部署了若干台 Linux 服务器，网络管理员小赵按照学校的业务要求，为学校的 Linux 服务器配置网络。

任务分析

配置 Linux 网络，使用 ifconfig 命令即可实现，如果需要使更改的 IP 地址永久生效，则需修改相应的网卡的配置信息，小赵对此不是特别熟悉，因此请来飞越公司的工程师帮忙。

网络环境如图 3-2 所示。

知识链接

ifconfig 可用于设置网络设备的状态，或显示当前的设置。

down：关闭指定的网络设备。

up：启动指定的网络设备。

-arp：打开或关闭指定接口上使用的 ARP 协议。前面加上一个负号用于关闭该选项。

-allmuti：关闭或启动指定接口的无区别模式。前面加上一个负号用于关闭该选项。

-promisc：关闭或启动指定网络设备的 promiscuous 模式。前面加上一个负号用于关闭该选项。

add<地址>：设置网络设备 IPv6 的 IP 地址。

del<地址>：删除网络设备 IPv6 的 IP 地址。

media<网络媒介类型>：设置网络设备的媒介类型。

mem_start<内存地址>：设置网络设备在内存中占用的起始地址。

metric<数目>：指定在计算数据包的转送次数时要加上的数目。

mtu<字节>：设置网络设备的 MTU。

netmask<子网掩码>：设置网络设备的子网掩码。

tunnel<地址>：建立 IPv4 与 IPv6 之间的隧道通信地址。

-broadcast<地址>：将要送往指定地址的数据包当做广播数据包来处理。

-pointopoint<地址>：与指定地址的网络设备建立直接连线，此模式具有保密功能。

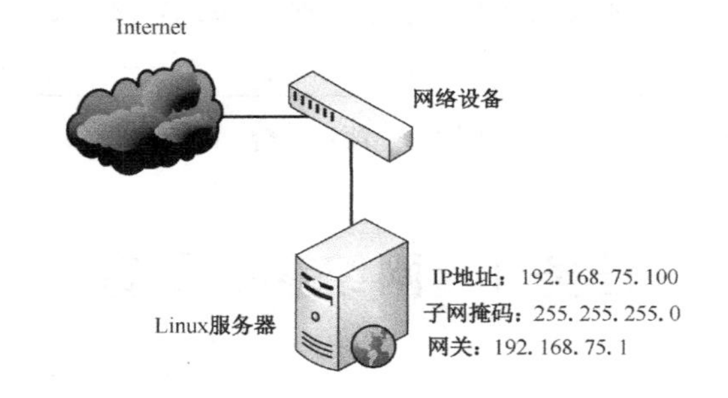

图 3-2　网络环境

任务实施

1. 查询系统网络状态

输入 ifconfig 命令，如图 3-3 所示。

```
#ifconfig
```

2. 配置 IP 地址

例如，将 eth0 的 IP 地址改为 192.168.75.100，可输入如下命令。

```
ifconfig eth0 192.168.75.100 netmask 255.255.255.0
```

```
[root@localhost ~]# ifconfig
eth0      Link encap:Ethernet  HWaddr 00:0C:29:21:82:7B
          inet addr:192.168.75.128  Bcast:192.168.75.255  Mask:255.255.255.0
          UP BROADCAST MULTICAST  MTU:1500  Metric:1
          RX packets:0 errors:0 dropped:0 overruns:0 frame:0
          TX packets:0 errors:0 dropped:0 overruns:0 carrier:0
          collisions:0 txqueuelen:1000
          RX bytes:0 (0.0 b)  TX bytes:0 (0.0 b)

lo        Link encap:Local Loopback
          inet addr:127.0.0.1  Mask:255.0.0.0
          inet6 addr: ::1/128 Scope:Host
          UP LOOPBACK RUNNING  MTU:16436  Metric:1
          RX packets:1209 errors:0 dropped:0 overruns:0 frame:0
          TX packets:1209 errors:0 dropped:0 overruns:0 carrier:0
          collisions:0 txqueuelen:0
          RX bytes:2178933 (2.0 MiB)  TX bytes:2178933 (2.0 MiB)

[root@localhost ~]#
```

图 3-3 ifconfig 网络配置

通过 ifconfig 命令修改 IP 地址，重启后失效，如果需要永久更改，则需要修改相应的配置文件。输入命令修改，保存后退出即可，如图 3-4 所示。

```
#vi /etc/sysconfig/network-scripts/ifcfg-eth0
```

```
# Intel Corporation 82545EM Gigabit Ethernet Controller (Copper)
DEVICE=eth0
BOOTPROTO=static
IPADDR=192.168.75.100
NETMASK=255.255.255.0
GATEWAY=192.168.75.1
HWADDR=00:0C:29:21:82:7B
ONBOOT=yes
```

图 3-4 修改网卡脚本文件

```
DEVICE=eth0                  //设备名称
BOOTPROTO=static             //静态
IPADDR=192.168.75.100        //IP地址
NETMASK=255.255.255.0        //子网掩码
GATEWAY=192.168.75.1         //网关
HWADDR=00:0C:29:AD:24:20     //MAC地址
```

任务验收

通过本任务的实施，学会基于 Linux 服务器的网络的配置方法。

评 价 内 容	评 价 标 准
基于 Linux 操作系统的网络参数配置	在规定时间内，正确配置 Linux 服务器网络

拓展练习

熟练配置 Linux 网络，熟悉动态和静态 IP 地址的配置方法。

任务 2　网络故障的检测和调试

任务描述

新兴学校的信息中心搭建了 Linux 服务器，在飞越公司工程师的指导下配置了网络，但网络经常出现故障，现网络管理员小赵想对其网络进行检测和调试。

任务分析

Linux 操作系统网络故障检测和 Windows 操作系统网络检测命令基本相同，主要是通过 ping、ip route、traceroute 等命令来检测网络的连通性。网络管理员小赵对此不是特别熟练，于是请来飞越公司的工程师帮忙。网络环境如图 3-5 所示。

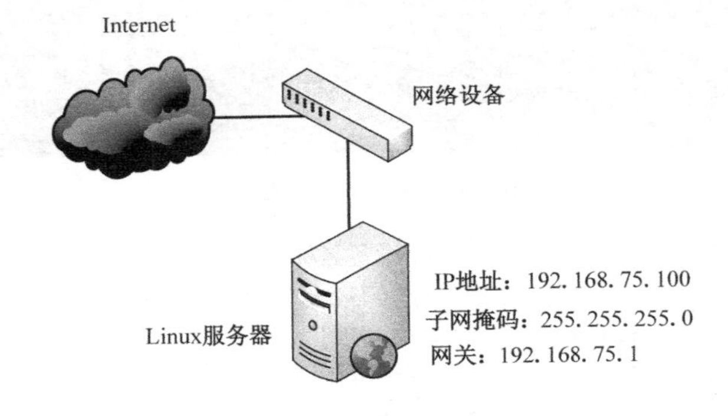

图 3-5　网络环境

任务实施

1. ping 命令

命令格式：

```
ping [参数] [主机名或IP地址]
```

命令功能：

ping 命令用于确定网络和各外部主机的状态，跟踪和隔离硬件和软件问题，测试、评估和管理网络。如果主机正在运行并连接在网上，就对回送信号进行响应。每个回送信号请求包含一个 IP 和 ICMP 头，后面紧跟一个 tim 结构，以及填写此信息包的足够的字节。缺省情况是连续发送回送信号请求直到接收到中断信号（即 Ctrl+C）。

ping 命令每秒发送一个数据报并且为每个接收到的响应打印一行输出。ping 命令计算信号往返时间和（信息）包丢失情况的统计信息，并且在完成之后显示简要总结。ping 命令在程序超时或当接收到 SIGINT 信号时结束。Host 参数或者是一个有效的主机名或者是因特网地址。

命令参数：

-d：使用 Socket 的 SO_DEBUG 功能。

-f：极限检测。大量且快速地传送网络封包给一台机器，查看其回应。

-n：只输出数值。

-q：不显示任何传送封包的信息，只显示最后的结果。

-r：忽略普通的 Routing Table，直接将数据包送到远端主机上。通常是查看本机的网络接口是否有问题。

-R：记录路由过程。

-v：详细显示指令的执行过程。

<p>-c 数目：在发送指定数目的包后停止。

-i：秒数：设定间隔几秒传送一个网络封包给一台机器，预设值是一秒传送一次。

-I：网络界面：使用指定的网络界面送出数据包。

-l：前置载入：设置在送出要求信息之前，先行发出的数据包。

-p：范本样式：设置填满数据包的范本样式。

-s：字节数：指定发送的数据字节数，预设值是 56，加上 8 字节的 ICMP 头，一共是 64 字节。

-t：存活数值：设置 TTL 的大小。

```
#ping 192.168.75.1
```

该命令的结果如图 3-6 所示。

```
[root@localhost ~]# ping 192.168.75.1
PING 192.168.75.1 (192.168.75.1) 56(84) bytes of data.
64 bytes from 192.168.75.1: icmp_seq=1 ttl=64 time=0.406 ms
64 bytes from 192.168.75.1: icmp_seq=2 ttl=64 time=0.181 ms
64 bytes from 192.168.75.1: icmp_seq=3 ttl=64 time=0.245 ms
64 bytes from 192.168.75.1: icmp_seq=4 ttl=64 time=0.194 ms
64 bytes from 192.168.75.1: icmp_seq=5 ttl=64 time=0.209 ms

--- 192.168.75.1 ping statistics ---
5 packets transmitted, 5 received, 0% packet loss, time 4001ms
rtt min/avg/max/mdev = 0.181/0.247/0.406/0.082 ms
[root@localhost ~]#
```

图 3-6 检查网络连通性

2. traceroute 命令

命令格式：

```
traceroute[参数][主机]
```

命令功能：

traceroute 指令使用户追踪网络数据包的路由途径，预设数据包大小是 40B，用户可另行设置。

参数格式：

```
traceroute [-dFlnrvx][-f<存活数值>][-g<网关>...][-i<网络界面>][-m<存活数值>][-p<通信端口>][-s<来源地址>][-t<服务类型>][-w<超时秒数>][主机名称或IP地址][数据包大小]
```

命令参数：

-d：使用 Socket 层级的排错功能。

-f：设置第一个检测数据包的 TTL 的大小。

-F：设置勿离断位。

-g：设置来源路由网关，最多可设置 8 个。

-i：使用指定的网络界面传送数据包。

-I：使用 ICMP 回应取代 UDP 资料信息。

-m：设置检测数据包的最大 TTL 的大小。

-n：直接使用 IP 地址而非主机名称。

-p：设置 UDP 协议的通信端口。

-r：忽略普通的 Routing Table，直接将数据包送到远端主机上。

-s：设置本地主机送出数据包的 IP 地址。

-t：设置检测数据包的 TOS 数值。

-v：详细显示指令的执行过程。

-w：设置等待远端主机回包的时间。

-x：开启或关闭数据包的正确性检验。

使用 traceroute 命令，追踪到达目标地址的网络路径，如图 3-7 所示。

```
#traceroute 192.168.75.1
```

```
[root@localhost ~]# traceroute 192.168.75.1
traceroute to 192.168.75.1 (192.168.75.1), 30 hops max, 40 byte packets
 1  192.168.75.1 (192.168.75.1)  0.173 ms  0.144 ms  0.119 ms
[root@localhost ~]#
```

图 3-7 traceroute 命令的使用

任务验收

通过本任务的实施，学会基于 Linux 服务器网络故障的检测和调试方法。

评 价 内 容	评 价 标 准
基于 Linux 操作系统的网络调试	在规定时间内，测试 Linux 服务器的网络

拓展练习

熟练配置 Linux 网络，熟悉网络调试命令。

项目验收

考 核 内 容	评 价 标 准
基于 Linux 操作系统的网络配置和调试	与客户确认，在规定时间内，完成网络故障的排除

项目 2　DHCP 服务

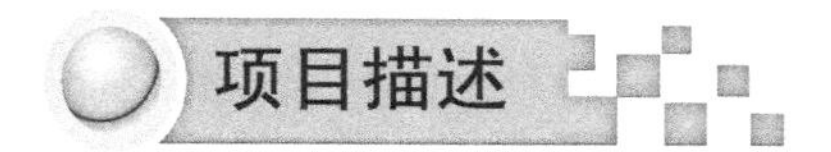

项目描述

新兴学校的信息中心新部署了若干台 Linux 服务器，现需要对其中一台服务器进行 DHCP 配置与安装，要求网络管理员小赵对 Linux 服务器下的 DHCP 服务进行调试，以满足学校的业务需求。

项目分析

根据项目需求，分析可知：配置 Linux 服务器网络，主要是 IP 地址等信息的配置。Linux 网络的关键在于网络的检测和故障调试，作为管理员的小赵并没有相关的实际配置经验，他配合飞越公司的现场工程师，在实践中学习并掌握 DHCP 的配置管理。整个项目的认知与分析流程如图 3-8 所示。

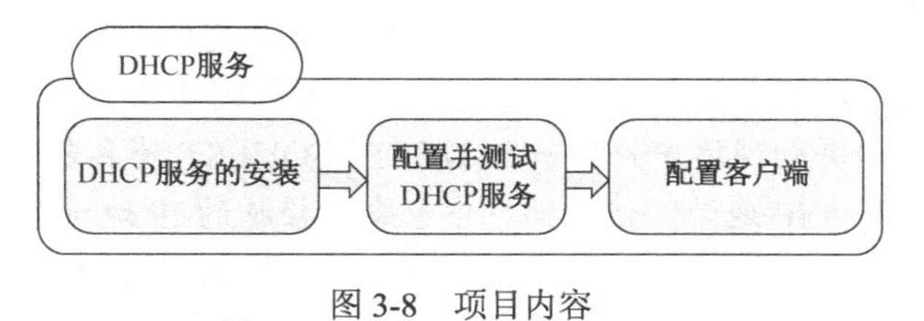

图 3-8　项目内容

任务 1　DHCP 服务的安装

任务描述

新兴学校的部分教师反映计算机总是提示 IP 地址冲突，请管理员小赵帮忙解决问题，小赵查看后发现：员工计算机的 IP 地址是静态的，有的员工无法上网时就修改 IP 地址，导致 IP 地址冲突，小赵并没有相关的经验，于是请来飞越公司的工程师帮忙。

任务分析

安装 DHCP 服务，其主要工作是检测服务器是否安装 DHCP 服务，如果没有安装，则需要从光盘引导安装 DHCP 服务包。

任务实施

步骤 1：查看是否安装了 DHCP，如图 3-9 所示。

```
#rpm -qa | grep dhcp
```

```
[root@leelee ~]# rpm -qa | grep dhcp
dhcpv6_client-0.10-8
```

图 3-9　检查 DHCP 软件包

知识链接

DHCP 的工作原理

（1）IP 租用请求。DHCP 客户机启动计算机后，通过 UDP 端口 67 广播一个 DHCPDISCOVER 信息包，向网络上的任意一台 DHCP 服务器请求提供 IP 租约。

（2）IP 租用提供。网络上所有的 DHCP 服务器都会收到此信息包，每台 DHCP 服务器通过 UDP 端口 68 给 DHCP 客户机回应一个 DHCPOFFER 广播包，提供一个 IP 地址。

（3）IP 租用选择。客户机从不只一台 DHCP 服务器收到提供的信息后，会选择第一个收到的 DHCPOFFER 包，并向网络中广播一个 DHCPREQUEST 消息包，表明自己已经接收了一个 DHCP 服务器提供的 IP 地址。该广播包中包含所接收的 IP 地址和服务器的 IP 地址。

（4）IP 租约确认。被客户机选择的 DHCP 服务器在接收到 DHCPREQUEST 广播后，会广播返回给客户机一个 DHCPACK 消息包，表明已经接收客户机的选择，并将这一 IP 地址的合法租用以及其他的配置信息都放入该广播包中发给客户机。

客户机在收到 DHCPACk 包后，会使用该广播包中的信息来配置自己的 TCP/IP，则租用过程完成，客户机即可在网络中通信了。

步骤 2： 挂载系统安装盘，如图 3-10 所示。

```
# mount /dev/cdrom /media/cdrom
```

```
[root@leelee ~]# mount /dev/cdrom /media/cdrom
mount: block device /dev/cdrom is write-protected, mounting read-only
```

图 3-10　挂载系统安装盘

步骤 3： 进入光盘的 Red Hat/RPMS 目录。

步骤 4： 查看 DHCP 安装包，如图 3-11 所示。

```
#ls | grep dhcp
```

```
[root@leelee RPMS]# ls | grep dhcp
dhcp-3.0.1-12_EL.i386.rpm
dhcp-devel-3.0.1-12_EL.i386.rpm
dhcpv6-0.10-8.i386.rpm
```

图 3-11　查看 DHCP 安装包

步骤 5： 安装所需的 RPM 软件包，如图 3-12 所示。

```
#rpm -ivh dhcp-3.0.1-12_EL.i386.rpm
```

```
[root@leelee RPMS]# rpm -ivh dhcp-3.0.1-12_EL.i386.rpm
warning: dhcp-3.0.1-12_EL.i386.rpm: V3 DSA signature: NOKEY, key ID db42a60e
Preparing...                ########################################### [100%]
   1:dhcp                   ########################################### [100%]
```

图 3-12　安装 DHCP

步骤 6： 弹出光盘，如图 3-13 所示。

```
#cd;eject
```

```
[root@leelee RPMS]# cd;eject
```

图 3-13　弹出光盘

任务验收

通过本任务的实施，学会基于 Linux 服务器的 DHCP 服务的安装配置。

评 价 内 容	评 价 标 准
基于 Linux 服务器安装 DHCP 服务	在规定时间内，为 Linux 服务器安装 DHCP 服务

拓展练习

基于图形化 Linux 操作系统安装 DHCP 服务程序。

任务 2　配置并测试 DHCP 服务

任务描述

网络管理员小赵按照学校的要求，在 Linux 服务器上安装了 DHCP 服务，现需要进行配置，并在配置后检查测试是否成功。

任务分析

配置 DHCP 服务，其主要工作是用命令修改配置文件，小赵对此并不熟悉，于是请来飞越公司的工程师协助。网络环境如图 3-14 所示。

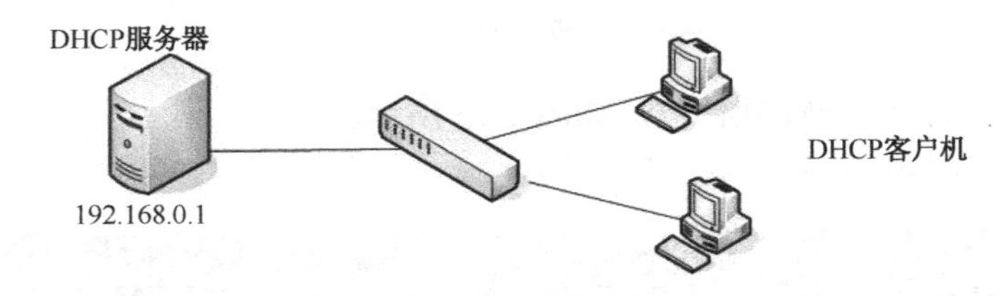

图 3-14　DHCP 网络环境

任务实施

1. 配置 DHCP 服务

步骤 1： 查看 DHCP 配置模板文件，如图 3-15 所示。

```
#cat /usr/share/doc/dhcp-3.0.1/dhcp.conf.sample
```

```
/usr/share/doc/dhcp-3.0.1/dhcpd.conf.sample
```

图 3-15　查看 DHCP 模板文件

步骤 2： 复制模板文件到/etc/dhcpd.conf 中，如图 3-16 所示。

```
#cp /usr/share/doc/dhcp-3.0.1/dhcp.conf.sample /etc/dhcpd.conf
```

```
[root@leelee ~]# cp /usr/share/doc/dhcp-3.0.1/dhcpd.conf.sample /etc/dhcpd.conf_
```

图 3-16　复制模板文件到系统指定位置

知识链接

管理员可以集中为整个互联网指定通用和特定子网的 TCP/IP 参数，并且可以定义使用保留地址的客户机的参数。

DHCP 提供了安全可信的配置。DHCP 避免了在每台计算机上手工输入数值引起的配置错误，还能防止网络上计算机配置地址的冲突。

使用 DHCP 服务器能大大减少配置花费的开销和重新配置网络上计算机的时间，服务器可以在指派地址租约时配置所有的附加配置值。

客户机不需手工配置 TCP/IP。

步骤 3： 编辑/etc/dhcpd.conf，如图 3-17 所示。

```
ddns-update-style interim;
ignore client-updates;

subnet 192.168.11.0 netmask 255.255.255.0 {

        option routers                  192.168.11.1;
        option subnet-mask              255.255.255.0;
        option domain-name              "domain.org";
        option domain-name-servers      192.168.11.1;
        option time-offset              -18000; # Eastern Standard Time
        range dynamic-bootp 192.168.11.2 192.168.11.200;
        default-lease-time 21600;
        max-lease-time 43200;
        host ns {
                hardware ethernet 00:0C:29:F6:5D:DA;
                fixed-address 192.168.11.5;
        }
}
```

图 3-17　编辑 DHCP 配置文档

步骤 4： 启动 DHCP 服务，如图 3-18 所示。

```
#/etc/init.d/dhcpd start
```

```
[root@leelee ~]# /etc/init.d/dhcpd start
Starting dhcpd:                                            [  OK  ]
```

图 3-18　启动 DHCP 服务

步骤 5： 把客户机的 TCP/IP 属性设置为自动获得，查看是否获得了 IP 地址，如图 3-19 所示。

知识链接

基本的 DHCP 服务器搭建流程如下。

（1）编辑主配置文件 dhcpd.conf，指定 IP 作用域（指定一个或多个 IP 地址范围）。

（2）建立租约数据库文件。

（3）重新加载配置文件或重新启动 DHCP 服务使配置生效。

```
#ifconfig | grep inet
```

```
[root@leelee ~]# ifconfig | grep inet
          inet addr:192.168.11.5  Bcast:192.168.11.255  Mask:255.255.255.0
```

图 3-19　检查 IP 地址是否自动获取

步骤 6：查看 DHCP 租约文件，如图 3-20 所示。

```
#cat /var/lib/dhcp/dhcpd.leases
```

```
[root@leelee ~]# cat /var/lib/dhcp/dhcpd.leases
```

图 3-20　查看 DHCP 租约文件

步骤 7：查看系统日志，如图 3-21 所示。

```
#tail /var/log/messages
```

```
[root@leelee ~]# tail /var/log/messages
```

图 3-21　查看系统日志文件

2. 检测 DHCP

启动 DHCP 后，观察端口启动的情况，如图 3-22 所示。

```
#netstat -tlunp
```

```
[root@linux102 ~]# netstat -tlunp
Active Internet connections (only servers)
Proto Recv-Q Send-Q Local Address          Foreign Address        State       PID/Pr
ogram name
tcp        0      0 0.0.0.0:642            0.0.0.0:*              LISTEN      3428/r
pc.statd
tcp        0      0 0.0.0.0:111            0.0.0.0:*              LISTEN      3396/p
ortmap
tcp        0      0 127.0.0.1:631          0.0.0.0:*              LISTEN      3033/c
upsd
tcp        0      0 127.0.0.1:25           0.0.0.0:*              LISTEN      3678/s
```

图 3-22　检查 DHCP 服务使用端口情况

DHCP 启用的是 67 号端口，这里可看到 67 号端口服务器已经开启。

通过本任务的实施，学会基于 Linux 服务器的 DHCP 服务配置。

评 价 内 容	评 价 标 准
基于 Linux 操作系统配置 DHCP 服务	在规定时间内，为 Linux 服务器配置 DHCP 服务

使用基于图形化的 Linux 操作系统配置 DHCP 服务。

任务 3　配置客户端

任务描述

新兴学校的网络管理员小赵按照学校的业务需求，已经在学校的 Linux 服务器上配置了 DHCP 服务端，以解决 IP 地址冲突的问题，现需要在部分客户端上配置，完成客户端自动获取 IP 地址的功能。

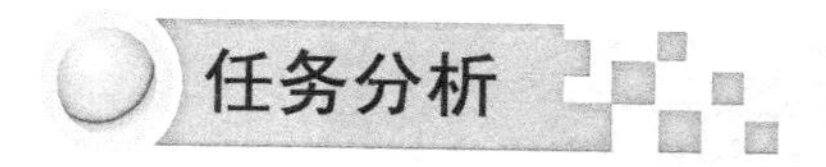

任务分析

配置客户端，其主要的作用就是让客户端的计算机来自动获取 IP 地址。小赵对此并不了解，于是请飞越公司的工程师帮忙一起完成此任务。

任务实施

客户端没有什么具体配置的，只要设置成 DHCP 方式来自动获取 IP 地址即可。设置好后，重启网络即可从刚刚配置好的 DHCP 服务器上来获取 IP 地址了。

在客户端上观察其相关参数是否符合配置。

步骤 1：客户端的 DNS 是否符合要求，如图 3-23 所示。

```
# cat /etc/resolv.conf
```

客户端的 DNS 已经是设定的 DNS 地址了。注意，这里的 search linux102 就是在服务器上设置的“option domain-name”的名称，nameserver 即为服务器上设置的地址，所以完全符合要求。

```
[root@qs ~]# cat /etc/resolv.conf
search linux102
nameserver 192.168.0.102
[root@qs ~]#
```

图 3-23　查看 resolv.conf 文件

步骤 2：IP 地址符合服务器端的配置要求，服务器上设置了客户端绑定 IP 地址为 192.168.0.101，如图 3-24 所示。

```
# ifconfig eth0
```

```
[root@qs etc]# ifconfig eth0
eth0      Link encap:Ethernet  HWaddr 08:00:27:2B:82:FD
          inet addr:192.168.0.101  Bcast:192.168.0.255  Mask:255.255.255.0
          inet6 addr: fe80::a00:27ff:fe2b:82fd/64 Scope:Link
          UP BROADCAST RUNNING MULTICAST  MTU:1500  Metric:1
          RX packets:67 errors:0 dropped:0 overruns:0 frame:0
          TX packets:50 errors:0 dropped:0 overruns:0 carrier:0
          collisions:0 txqueuelen:1000
          RX bytes:8636 (8.4 KiB)  TX bytes:8060 (7.8 KiB)
```

图 3-24　查看 eth0 的网络参数

步骤 3： 观察路由。

```
[root@linux101 ~]# route -n
Kernel IP routing table
Destination Gateway Genmask Flags Metric Ref Use Iface
192.168.0.0 0.0.0.0 255.255.255.0 U 0 0 0 eth0
169.254.0.0 0.0.0.0 255.255.0.0 U 0 0 0 eth0
0.0.0.0 192.168.0.1 0.0.0.0 UG 0 0 0 eth0
```

发现和服务器上设置的 192.168.0.1 是一致的。

步骤 4： 查看端口。DHCP 客户端所用的端口是 68，如图 3-25 所示。

```
#netstat -tlunp
```

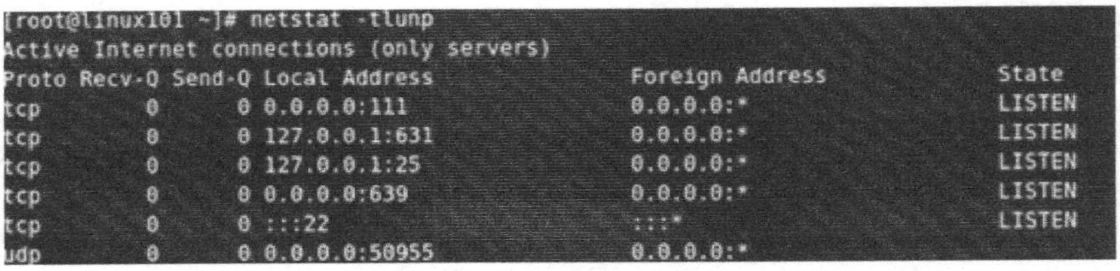

```
[root@linux101 ~]# netstat -tlunp
Active Internet connections (only servers)
Proto Recv-Q Send-Q Local Address          Foreign Address        State
tcp        0      0 0.0.0.0:111            0.0.0.0:*              LISTEN
tcp        0      0 127.0.0.1:631          0.0.0.0:*              LISTEN
tcp        0      0 127.0.0.1:25           0.0.0.0:*              LISTEN
tcp        0      0 0.0.0.0:639            0.0.0.0:*              LISTEN
tcp        0      0 :::22                  :::*                   LISTEN
udp        0      0 0.0.0.0:50955          0.0.0.0:*
```

图 3-25　显示 DHCP 端口

步骤 5： 查看客户端所记载的租约记录信息。

```
# cat /var/lib/dhclient/dhclient-eth0.leases
lease {
lease {
interface "eth0";                                //监听的端口
fixed-address 192.168.0.101;                     //IP地址
option subnet-mask 255.255.255.0;                //取得的子网掩码
option time-offset -18000;
option routers 192.168.0.1;                      //路由地址
option dhcp-lease-time 21600;                    //租约时间
option dhcp-message-type 5;
option domain-name-servers 192.168.0.102;        //DNS的IP地址
option dhcp-server-identifier 192.168.0.102;
option nis-domain "domain.org";
option domain-name "linux102";                   //DNS主机名称
renew 2 2011/8/9 11:22:19;                       //下一次预计更新（renew）时间
rebind 2 2011/8/9 13:47:58;
expire 2 2011/8/9 14:32:58;
}
```

知识链接

DHCP 工作流程如下。

（1）客户端发送广播向服务器申请 IP 地址。

（2）服务器收到请求后查看主配置文件 dhcpd.conf，先根据客户端的 MAC 地址查看是否为客户端设置了固定 IP 地址。

（3）如果为客户端设置了固定 IP 地址，则将该 IP 地址发送给客户端。如果没有设置固定 IP 地址，则将地址池中的 IP 地址发送给客户端。

（4）客户端收到服务器回应后，客户端给服务器以回应，告诉服务器已经使用了分配的 IP 地址。

（5）服务器将相关租约信息存入数据库。

任务验收

通过本任务的实施，学会基于 Linux 服务器的 DHCP 客户端的配置。

评 价 内 容	评 价 标 准
基于 Linux 操作系统的 DHCP 客户端配置	在规定时间内，为 Linux 服务器配置 DHCP 客户端

拓展练习

使用基于图形化的 Linux 操作系统安装 DHCP 客户端服务。

项目验收

考 核 内 容	评 价 标 准
基于 Linux 操作系统的 DHCP 服务安装	与客户确认，在规定时间内，完成 DHCP 服务器端和客户端配置；配置情况与客户需求一致

项目 3 DNS 服务

项目描述

新兴学校的网络管理员小赵接到信息中心主管的邮件：要求他尽快为学校搭建基于 Linux 操作系统的 DNS 服务，从而为以后的学校内部网站建设提供域名和 IP 地址之间的互相解析。学校要求在 2 台服务器上建立一个简单易记的域名区域，要求有学校的网站首页地址、FTP 服务地址和邮件服务地址，并且为首页地址和 FTP 服务地址分别建立一个别名记录。

项目分析

DNS 服务是网络基础服务之中的重要内容之一。在建立好 DHCP 服务并获取 IP 地址以后，需要对学校的内部网络进行规划和设计，并对不同的部门建立 DNS 服务，从而有效地在网络域名和 IP 地址之间建立解析功能。

根据学校的要求，经过分析得知，需要为 2 台服务器安装 DNS 服务软件包，然后在学校的 1 台服务器上建立 str.com 的 DNS 主区域，分别建立 www、ftp、mail 三个主机头；并且建立 www1 和 ftp1 两个别名记录；在第 2 台服务器上设置辅助 DNS 功能，从而完成学校的项目要求。整个项目的认知与分析流程如图 3-26 所示。

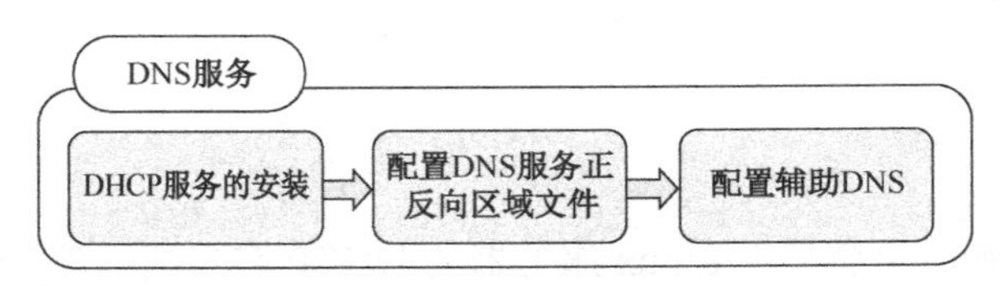

图 3-26　DNS 服务内容

任务 1　DNS 服务的安装

任务描述

新兴学校的一台 Linux 服务器中需要安装 DNS 服务，于是网络管理员小赵需要先判断是否已经安装好了该服务，如果没有，则需安装所有相关软件包，从而为后续的任务提供保障。

任务分析

小赵请来飞越公司的工程师，和工程师讨论后，他决定先检查软件包的安装情况，如果没有安装 DNS 软件包，则使用相关命令安装，并对安装情况进行检查。

任务实施

1. 检查 DNS 服务是否安装

在安装 DNS 服务前，先使用如下命令检查系统是否已经安装了 bind 软件包。如果没有安装软件包，则返回空行；如果已经安装了相关的软件包，则如图 3-27 所示。

```
#rpm -qa | grep bind
```

```
[root@str ~]# rpm -qa | grep bind
bind-chroot-9.3.6-20.P1.el5_8.6
bind-utils-9.3.6-20.P1.el5_8.6
ypbind-1.19-12.el5
bind-libs-9.3.6-20.P1.el5_8.6
bind-9.3.6-20.P1.el5_8.6
[root@str ~]#
```

图 3-27　检查 DNS 软件包安装情况

2. 安装 DNS 服务软件包

如果系统没有安装相应的 DNS 服务软件包，则需要使用如下命令至少安装 bind-chroot、caching-nameserver 和 bind 这 3 个软件。

```
#yum install bind
```

通过连接互联网或本地 YUM 库，系统查找到 4 个相关的软件包（2.1MB），网络管理员检查无误后，按“Y”键进行确认，如图 3-28 所示。确认结束后，系统开始逐一对软件包进行安装，安装结束后，会显示安装情况，如图 3-29 所示。

```
Dependencies Resolved

================================================================================
 Package        Arch      Version                        Repository
                                                                         Size
================================================================================
Updating:
 bind           x86_64    30:9.3.6-20.P1.el5_8.6         base      989 k
Updating for dependencies:
 bind-chroot    x86_64    30:9.3.6-20.P1.el5_8.6         base       47 k
 bind-libs      x86_64    30:9.3.6-20.P1.el5_8.6         base      898 k
 bind-utils     x86_64    30:9.3.6-20.P1.el5_8.6         base      180 k

Transaction Summary
================================================================================
Install       0 Package(s)
Upgrade       4 Package(s)

Total download size: 2.1 M
Is this ok [y/N]:
```

图 3-28　搜索需要安装的 DNS 软件包

```
Updated:
  bind.x86_64 30:9.3.6-20.P1.el5_8.6

Dependency Updated:
  bind-chroot.x86_64 30:9.3.6-20.P1.el5_8.6
  bind-libs.x86_64 30:9.3.6-20.P1.el5_8.6
  bind-utils.x86_64 30:9.3.6-20.P1.el5_8.6

Complete!
[root@str ~]#
```

图 3-29　DNS 服务软件包安装情况

3. 复制 DNS 服务模板文件到系统指定位置

步骤 1：复制配置主配置文件模板到系统指定位置。

复制生成 DNS 主配置文件 named.conf 到 CentOS 5.5 系统的 DNS 服务主配置文档的默认路径中，如图 3-30 所示。

```
# cd /var/named/chroot/etc
# cp named.rfc1912.zones named.conf
```

```
[root@str1 ~]# cd /var/named/chroot/etc
[root@str1 etc]# cp named.rfc1912.zones named.conf
```

图 3-30　复制 DNS 服务主配置文档模板

步骤 2： 复制生成正向配置文件（str.com）和反向配置文件（str.com.rev）。

复制生成 DNS 正向和反向配置文件到系统指定的 DNS 服务默认的路径中，如图 3-31 所示。

```
# cd /var/named/chroot/var/named
# cp localhost.zone str.com
# cp named.local str.com.rev
```

```
[root@str1 ~]# cd /var/named/chroot/var/named/
[root@str1 named]# cp localhost.zone str.com_
[root@str1 ~]# cd /var/named/chroot/var/named/
[root@str1 named]# cp named.local str.com.rev_
```

图 3-31　复制 DNS 模板文档

复制这些标准化模板到系统指定位置，目的是在后续的 DNS 服务配置过程中，能够按照企业要求对这些文档进行修改，从而提高工作效率和服务配置的成功率。

任务验收

通过本任务的实施，学会安装 DNS 服务的软件包，以及复制 DNS 服务的主配置文档和正反向配置文档的模板文件到系统指定位置。

评 价 内 容	评 价 标 准
安装 DNS 服务	在规定时间内，检查服务器是否安装了 DNS 服务，如果没有安装，则使用 rpm 命令或 yum 命令安装 DNS 服务。安装成功后，复制 DNS 服务的主配置文档和正反向配置文档的模板文件到系统指定位置。

拓展练习

为 Linux 服务器安装 DNS 服务并复制主配置文档和正反向配置文件的模板到指定位置，检查安装的结果。

任务 2　配置 DNS 服务正反向区域文件

任务描述

新兴学校的网络管理员小赵在飞越公司工程师的帮助下，为两台服务器安装 DNS 服务后，需要完成 DNS 主配置文档和正反向配置文档的配置。

任务分析

在配置 DNS 服务的过程中，最重要的环节是配置其主配置文档（named.conf）和正、反向配置文档。这些文档的配置对于 Linux 的初学者而言是比较困难的，因此小赵请来飞越公司的工程师帮忙。

任务实施

1. 修改 DNS 主配置文件

步骤 1： 使用 Vi 编辑器编辑 DNS 主配置文档。

```
# cd /var/named/chroot/etc
# vi named.conf
```

在第 10 行插入如下 3 行内容，设置正反向配置文档的位置，如图 3-32 所示。

```
options {
 directory "/var/named";
};
```

```
10 options {
11         directory "/var/named" ;
12 };
```

图 3-32　修改 DNS 主配置文档

步骤 2： 在第 55 行插入如下 10 行内容，新建正向区域和反向区域，检查无误后，保存并退出，如图 3-33 所示。

```
zone "str.com" IN {
 type master;
 file "str.com";
 allow-update { none; };
};

zone "10.168.192.in-addr.arpa" IN {
 type master;
 file "str.com.rev";
 allow-update { none; };
};
```

```
55 zone "str.com" IN {
56         type master;
57         file "str.com";
58         allow-update { none; };
59 };
60
61 zone "10.168.192.in-addr.arpa" IN {
62         type master;
63         file "str.com.rev";
64         allow-update { none; };
65 };
```

图 3-33　新建正向和反向区域

2. 配置正向区域文件和反向区域文件

步骤 1：使用 Vi 编辑器配置正向区域文件 str.com，修改第 3 行的内容。

```
# cd /var/named/chroot/var/named
# vi str.com
```

通常在此输入编辑文档当天的日期和版本，如若在 2012 年 3 月 18 日第 1 次编辑，则输入 2012031801；在第 12 行～第 14 行分别输入 www、ftp 和 mail 这 3 个主机头（A）记录；在第 15 行和第 16 行分别输入 www1 和 ftp1，作为 www 和 ftp 的别名（CNAME）记录，别名记录的域名要输入完整域名，包括最后的根（.），如图 3-34 所示。

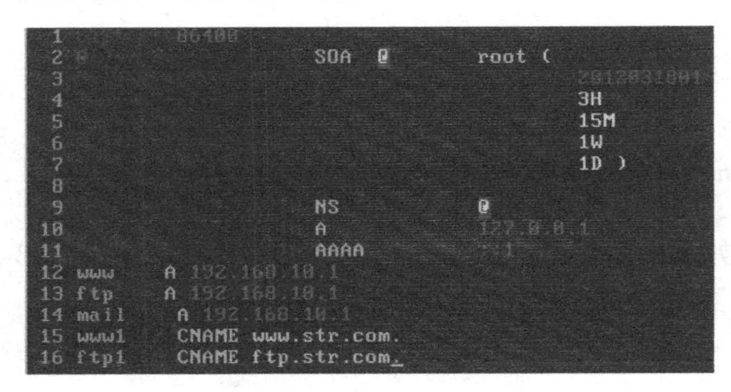

图 3-34 DNS 正向配置文档

```
www  IN  A   192.168.10.1
ftp      IN  A   192.168.10.1
mail IN  A   192.168.10.1
www1 IN  CNAME   www.str.com.
ftp1 IN  CNAME   ftp.str.com.
```

步骤 2：配置反向区域文件。

```
# cd /var/named/chroot/var/named
# vi str.com.rev
```

在第 3 行与正向记录类似，输入对应的日期和版本号，在第 9 行～第 11 行分别输入 www、ftp 和 mail 的指针（PTR）记录，在这里需要注意，域名需要输入完整域名，即最后要书写根（.）形成完整的域名，如图 3-35 所示。

```
1IN  PTR www.str.com.
1IN  PTR ftp.str.com.
1IN  PTR mail.str.com.
```

```
1  $TTL 86400
2  @        SOA     localhost. root.localhost
3                              2012031801
4                              28800
5                              14400
6                              3600000
7                              86400 )
8           NS      localhost.
9  1    PTR www.str.com.
10 1    PTR ftp.str.com.
11 1    PTR mail.str.com.
12
```

图 3-35 DNS 反向配置文档

步骤 3：更改文件使用权限。使用 chown 命令将 DNS 主配置文档 named.conf、正向配置文件 str.com 和反向配置文件 str.com.rev 的权限修改为 root.named，如图 3-36 所示。

```
#cd /var/named/chroot/etc
#chown root.named named.conf
#cd /var/named/chroot/var/named
#chown root.named str.com
#chown root.named str.com.rev
```

```
[root@str1 ~]# cd /var/named/chroot/etc
[root@str1 etc]# chown root.named named.conf
[root@str1 etc]# cd /var/named/chroot/var/named/
[root@str1 named]# chown root.named str.com
[root@str1 named]# chown root.named str.com.rev
[root@str1 named]#
```

图 3-36　修改 DNS 配置文件权限

步骤 4：启动 DNS 服务，并使用 nslookup 命令分别对正向记录、反向记录、别名记录进行测试，服务器输出正确的测试结果，证明 DNS 的基本配置成功完成，如图 3-37 所示。

```
# service named start
# nslookup
```

```
[root@str1 ~]# service named start
Starting named:                                          [  OK
[root@str1 ~]# nslookup
> www.str.com                                  正向测试
Server:         192.168.10.1
Address:        192.168.10.1#53

Name:   www.str.com
Address: 192.168.10.1
> www1.str.com                                 别名测试
Server:         192.168.10.1
Address:        192.168.10.1#53

www1.str.com    canonical name = www.str.com.
Name:   www.str.com
Address: 192.168.10.1
> 192.168.10.1                                 反向测试
Server:         192.168.10.1
Address:        192.168.10.1#53

1.10.168.192.in-addr.arpa       name = www.str.com.
1.10.168.192.in-addr.arpa       name = mail.str.com.
1.10.168.192.in-addr.arpa       name = ftp.str.com.
```

图 3-37　启动 DNS 并测试

任务验收

通过本任务的实施，学会配置 DNS 的主配置文档和正反向配置文档，并使用 nslookup 进行正反向和别名数据的测试。

评 价 内 容	评 价 标 准
配置 DNS 服务正反向区域文件	在规定时间内，正确配置 DNS 主配置文档和正反向配置文档，并使用 nslookup 命令进行验证，将配置过程和验证结果截图上传，留存备查

拓展练习

在 Linux 服务器（192.168.100.1）上配置一个 qs.com 的区域，建立对应的正向和反向记录。建立如下主机头：yyc、wangjing、tuanjiehu、jichang，分别对应到此服务器的 IP 地址上，并建立 yyc1～yyc5 作为 yyc.qs.com 的别名记录。正确配置后，启动 DNS 服务并使用 nslookup 命令验证正向、反向和别名记录，上传主配置文档、正反向配置文档和验证过程截图到教师机上。

任务 3　配置辅助 DNS

任务描述

新兴学校的网络管理员小赵，在完成了对第一台服务器的 DNS 主配置文档、正反向配置文档的配置并使用 nslookup 测试成功后，小赵发现 DNS 服务器负载过重，于是请来飞越公司的工程师来给出建议并帮忙解决。

任务分析

飞越工程师看完现场后，决定在第二台服务器上配置辅 DNS 服务，从而分担第一台 DNS 服务器的负载。辅 DNS 服务器保存的是某个区域的辅助版本——只读版本，它只能提供查询服务而不能在该服务器上修改该区域的内容。辅 DNS 服务器的主要用途是作为 DNS 服务器的备份，分担主 DNS 服务器的负载。

任务实施

1. 在辅 DNS 服务器（192.168.10.2）上配置 DNS 主配置文档

步骤 1：在第 10 行插入如下 3 行内容，设置正反向配置文档的位置，如图 3-38 所示。

```
options {
 directory "/var/named";
};
```

```
10 options {
11         directory "/var/named" ;
12 };
```

图 3-38　修改 DNS 主配置文档

步骤 2：在第 55 行插入如下 10 行内容，新建正向区域和反向区域，定义主 DNS 地址是第一台DNS服务器的IP地址（192.168.10.1），确认书写无误后，保存并退出，如图3-39所示。

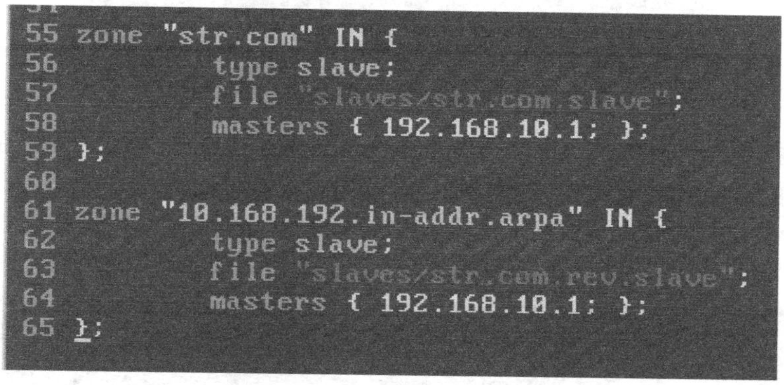

```
55 zone "str.com" IN {
56         type slave;
57         file "slaves/str.com.slave";
58         masters { 192.168.10.1; };
59 };
60
61 zone "10.168.192.in-addr.arpa" IN {
62         type slave;
63         file "slaves/str.com.rev.slave";
64         masters { 192.168.10.1; };
65 };
```

图3-39 新建辅DNS的正向和反向区域

```
zone "str.com" IN {
 type master;
 file "slaves/str.com.slave";
 masters {192.168.10.1;};
};
zone "10.168.192.in-addr.arpa" IN {
 type slave;
 file "slaves/str.com.rev.slave";
 masters {192.168.10.1;};
};
```

2. 修改辅DNS配置文件的使用权限

由于是辅DNS服务器，正向和反向文件由主DNS服务器复制传输，所以在这里不需要对这两个文件进行权限操作，如图3-40所示。

```
#cd /var/named/chroot/etc
#chwon root.named named.conf
```

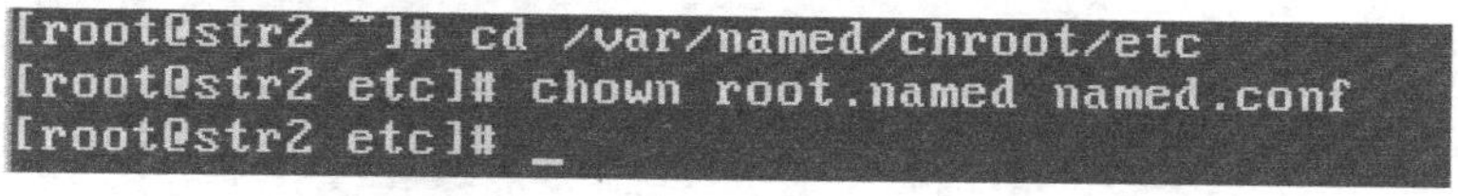

```
[root@str2 ~]# cd /var/named/chroot/etc
[root@str2 etc]# chown root.named named.conf
[root@str2 etc]# _
```

图3-40 辅DNS的文件权限设置

3. 测试辅DNS服务器

直接启动DNS服务，服务器会自动从主DNS服务器上将正向和反向配置文档复制过来，所以网络管理员不用在虚拟机B上配置正反向配置文档了。

步骤1：在测试之前，请注意使用Vi编辑器将虚拟机B上的/etc/resolv.conf文件设置为首选DNS指向自己的IP地址，如图3-41所示。

```
#cat /etc/resolv.conf
```

```
search qs.com
nameserver 192.168.10.2
nameserver 192.168.10.1
```

图 3-41　配置辅 DNS 的 resolv.conf 文件

步骤 2：通过在虚拟机 B 上查看/var/named/chroot/var/named/slave 目录下的文件，发现主 DNS 服务器上的区域数据库文件成功复制了，如图 3-42 所示。

```
#cd /var/named/chroot/var/named/slaves/
#ls
```

```
[root@str2 ~]# cd /var/named/chroot/var/named/slaves/
[root@str2 slaves]# ls
str.com.rev.slave  str.com.slave
[root@str2 slaves]# _
```

图 3-42　查看文件

步骤 3：通过测试可以看出，在虚拟机 B 上进行的测试，首先会通过辅 DNS 服务器进行查询，然后跳转到主 DNS 服务器（192.168.10.1）上。通过查询正向记录、别名记录、反向记录均成功，如图 3-43 所示。

```
#service named restart
#nslookup
>ftp.str.com
>ftp1.str.com
>192.168.10.1
```

```
[root@str2 ~]# service named start
Starting named:                                      [  OK  ]
[root@str2 ~]# nslookup
> ftp.str.com
Server:         192.168.10.2 —— 辅DNS服务器
Address:        192.168.10.2#53

Name:   ftp.str.com
Address: 192.168.10.1
> ftp1.str.com
Server:         192.168.10.2 —— 辅DNS服务器
Address:        192.168.10.2#53

ftp1.str.com    canonical name = ftp.str.com.
Name:   ftp.str.com
Address: 192.168.10.1
> 192.168.10.1
Server:         192.168.10.2 —— 辅DNS服务器
Address:        192.168.10.2#53

1.10.168.192.in-addr.arpa       name = www.str.com.
1.10.168.192.in-addr.arpa       name = mail.str.com.
1.10.168.192.in-addr.arpa       name = ftp.str.com.
> _
```

图 3-43　测试辅 DNS 服务

任务验收

通过本任务的实施，学会配置辅助DNS服务的方法，对辅NDS服务的文件进行权限设置，并使用nslookup命令验证辅DNS服务的正确性。

评价内容	评价标准
配置辅DNS服务	在规定时间内，正确配置辅DNS主配置文档；启动DNS服务并检查主DNS服务器上正反向文件是否正确传输到辅DNS服务器上；使用nslookup命令验证辅DNS服务器的正确性，将配置过程和验证结果截图上传，留存备查

拓展练习

在Linux服务器（192.168.100.2）上配置辅DNS服务，要求定义qs.com区域，设置主DNS的服务器IP地址为192.168.100.1；设置辅DNS服务主配置文档的权限；使用nslookup命令测试辅DNS服务，将主配置文档和测试结果通过截图上传到教师机上。

项目验收

考核内容	评价标准
DNS服务	与客户确认，在规定时间内，完成两台Linux操作系统中DNS服务的软件包安装；在第一台DNS服务器上正确配置主配置文档和正反向配置文档；正确启动DNS服务并使用nslookup进行正向、反向、别名记录的验证；在第二台DNS服务器上正确配置主配置文档，使其扮演辅DNS服务器的角色；重新启动DNS服务，使用nslookup命令验证辅DNS服务的正确性

项目4 Samba服务

项目描述

新兴学校的教师经常反映资料丢失，教师的文件主要依靠外部存储复制，安全性很低，信息中心有闲置的Linux服务器，可以利用现有Linux服务器，搭建文件共享服务器并将Linux服务器作为打印服务器。

项目分析

根据项目需求，分析可知：该学校主要想实现文件和打印机共享功能，Linux 服务器通过安装 Samba 服务可实现此功能。整个项目的认知与分析流程如图 3-44 所示。

知识链接

Samba 是一个能让 Linux 系统应用 Microsoft 网络通信协议的软件，而 SMB（Server Message Block，服务器消息块）主要是作为 Microsoft 的网络通信协议，后来 Samba 将 SMB 通信协议应用到了 Linux 系统上，就形成了现在的 Samba 软件。后来微软公司又把 SMB 改名为 CIFS（Common Internet File System，公共 Internet 文件系统），并且加入了许多新的功能，这样使得 Samba 具有了更强大的功能。

Samba 的最大功能就是可以使 Linux 与 Windows 系统直接进行文件共享和打印共享，Samba 既可以用于 windows 与 Linux 之间的文件共享，又可以用于 Linux 与 Linux 之间的资源共享，由于 NFS 可以很好地完成 Linux 与 Linux 之间的数据共享，因而 Samba 较多地用在了 Linux 与 Windows 之间的数据共享上。

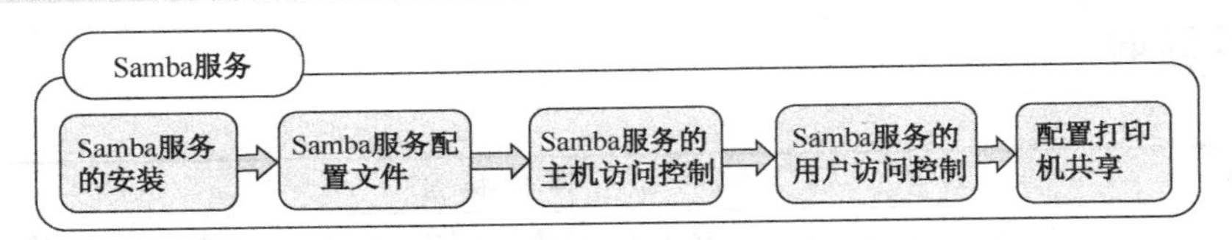

图 3-44　Samba 服务流程

任务 1　Samba 服务的安装

任务描述

新兴学校的网络管理员小赵，需要按照学校的业务需求，为学校的 Linux 服务器安装 Samba 组件。

任务分析

为 Linux 服务器安装 Samba，在连接互联网的主机上可以使用 YUM 工具安装，如果未联网，则需要下载 Samba 源码包，可以在 Samba 的官方网站 http://www.samba.org/samba/上下载，然后手动安装，小赵请来飞越公司的工程师帮忙。

网络环境如图 3-45 所示。

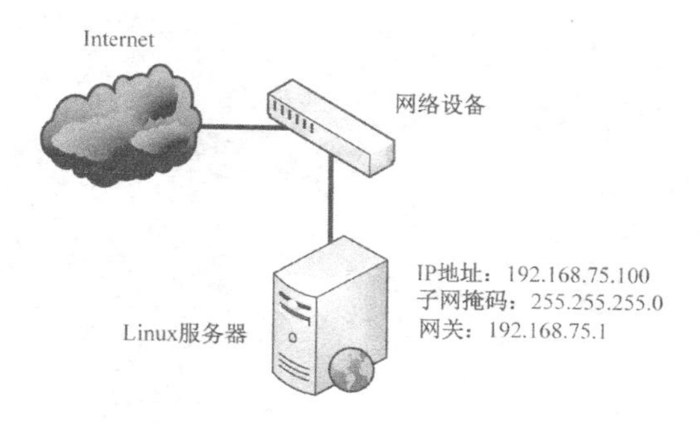

图 3-45　网络环境

任务实施

安装 Samba 组件的步骤如下。

步骤 1： 使用 YUM 工具安装，如图 3-46 所示。

```
#yum install samba samba-client samba-swat
```

```
[root@localhost ~]# yum install samba samba-client samba-swat
Loaded plugins: fastestmirror
Loading mirror speeds from cached hostfile
 * addons: mirrors.btte.net
 * base: mirrors.btte.net
 * extras: mirrors.neusoft.edu.cn
 * updates: mirrors.neusoft.edu.cn
Setting up Install Process
Resolving Dependencies
--> Running transaction check
```

图 3-46　使用 yum 命令安装 Samba 软件包

步骤 2： 系统会提示软件安装信息，确认下载并安装，如图 3-47 所示。

```
Transaction Summary
================================================================
Install        4 Package(s)
Upgrade        3 Package(s)

Total download size: 38 M
Is this ok [y/N]:
```

图 3-47　软件安装信息

步骤 3： 安装完成如图 3-48 所示。

步骤 4： 查看安装情况，如图 3-49 所示。

```
# rpm -qa | grep samba
```

```
Installed:
  samba.x86_64 0:3.0.33-3.40.el5_10    samba-swat.x86_64 0:3.0.33-3.40.el5_10

Dependency Installed:
  perl-Convert-ASN1.noarch 0:0.20-1.1      xinetd.x86_64 2:2.3.14-20.el5_10

Updated:
  samba-client.x86_64 0:3.0.33-3.40.el5_10

Dependency Updated:
  libsmbclient.x86_64 0:3.0.33-3.40.el5_10
  samba-common.x86_64 0:3.0.33-3.40.el5_10

Complete!
[root@localhost ~]#
```

图 3-48 安装 Samba 软件包成功

```
[root@localhost ~]# rpm -qa |grep samba
samba-client-3.0.33-3.40.el5_10
samba-3.0.33-3.40.el5_10
samba-common-3.0.33-3.40.el5_10
samba-swat-3.0.33-3.40.el5_10
[root@localhost ~]#
```

图 3-49 检查 Samba 软件包安装情况

```
samba-client-3.0.33-3.40.el5_10
//客户端软件，主要提供Linux主机作为客户端时，所需要的工具指令集
samba-3.0.33-3.40.el5_10
//服务器端软件，主要提供Samba服务器的守护程序、共享文档、日志的轮替、开机默认选项
samba-common-3.0.33-3.40.el5_10
//主要提供Samba服务器的设置文件与设置文件语法检验程序testparm
samba-swat-3.0.33-3.40.el5_10
//基于HTTPs协议的Samba服务器Web配置界面
```

Samba 服务器安装完毕，会生成配置文件目录/etc/samba 和其他 Samba 可执行命令工具，/etc/samba/smb.conf 是 Samba 的核心配置文件，/etc/init.d/smb 是 Samba 的启动/关闭文件。

步骤 5：启动 Samba 服务器。可以通过/etc/init.d/smb start/stop/restart 来启动、关闭、重启 Samba 服务，启动 SMB 服务，如图 3-50 所示。

```
[root@localhost ~]# /etc/init.d/smb start
启动 SMB 服务:                                   [确定]
启动 NMB 服务:                                   [确定]
[root@localhost ~]# /etc/init.d/smb restart
关闭 SMB 服务:                                   [确定]
关闭 NMB 服务:                                   [确定]
启动 SMB 服务:                                   [确定]
启动 NMB 服务:                                   [确定]
[root@localhost ~]# /etc/init.d/smb stop
关闭 SMB 服务:                                   [确定]
关闭 NMB 服务:                                   [确定]
[root@localhost ~]#
```

图 3-50 启动 Samba 服务

步骤 6：查看 Samba 服务的启动情况，如图 3-51 所示。

```
#service smb status
```

```
[root@localhost ~]# service smb status
smbd (pid  5907) 正在运行...
nmbd (pid  5910) 正在运行...
[root@localhost ~]#
```

图 3-51　检查 Samba 服务运行状态

步骤 7：设置开机自启动 Samba 服务。

```
#chkconfig --level 35 smb on
```

任务验收

通过本任务的实施，学会基于 Linux 服务器的 Samba 服务的安装配置。

评 价 内 容	评 价 标 准
基于 Linux 操作系统安装 Samba 服务	在规定时间内，为 Linux 服务器安装 Samba 服务

拓展练习

通过 Samba 官方网站下载 Samba 源代码包并手动安装 Samba 服务。

任务 2　Samba 服务配置文件

任务描述

新兴学校的网络管理员小赵，按照学校的业务需求，已经为信息中心的 Linux 服务器安装了 Samba 组件，现需要对 Samba 服务器进行配置。

任务分析

Samba 服务的配置主要通过修改 Samba 配置文件来实现，小赵对此服务并不熟悉，于是找来飞越公司的工程师帮忙。

任务实施

1. Samba 服务配置文件位置

Samba 的主配置文件为/etc/samba/smb.conf。

主配置文件由以下两部分构成。

（1）Global Settings（55-245 行）：该设置都是与 Samba 服务整体运行环境有关的选项，它的设置项目是针对所有共享资源的。

（2）Share Definitions（246-尾行）：该设置针对的是共享目录的个别设置，只对当前的共享资源起作用。

2. Samba 配置文件介绍

```
//进入配置文件
#vi /etc/samba/smb.conf//找到[global]这一行进行配置
[global]
workgroup = WORKGROUP           #工作组（可自行设置）
service string = Samba Server  #设置Samba服务器名称（可自行更改）
netbios name = SambaServer     #设置服务器访问别名（可自行更改）
security = user                #设置Samba服务器安全级别为user，即以账号和口令访问
[rise]                         #在Windows网上邻居中看到的共享目录的名称
path = /home/rise              #共享文件地址
public = no                    #不公开目录
writeable = yes                #共享目录可以读写
valid user = rise              #只允许rise用户访问
browseable = yes               #
```

通过本任务的实施，熟悉 Samba 服务的配置文件。

评 价 内 容	评 价 标 准
Samba 服务配置文件	熟悉 Samba 服务配置文件的位置

找到 Samba 配置文件并手动修改主要参数。

任务 3　Samba 服务的主机访问控制

任务描述

新兴学校的网络管理员小赵，按照学校的业务需求，已经为学校信息中心的 Linux 服务器安装好了 Samba 组件，现信息中心要求限制内部部分计算机对 Samba 服务器的访问权限。

任务分析

限制对 Samba 服务器的访问时，可以限制对应的主机 IP 地址对服务器的访问来实现，由于小赵对此并不熟悉，于是请来飞越公司的工程师帮忙。

任务实施

修改 Samba 服务配置文件，如图 3-52 所示。

```
    hosts allow = 127. 192.168.12.2/24 192.168.13.2/24
```

```
#
        workgroup = MYGROUP
        server string = Samba Server Version %v

;       netbios name = MYSERVER

;       interfaces = lo eth0 192.168.12.2/24 192.168.13.2/24
;       hosts allow = 127. 192.168.12. 192.168.13.
```

图 3-52　修改 Samba 配置文件

任务验收

通过本任务的实施，禁止网络内某台计算机访问 Samba 服务器。

评 价 内 容	评 价 标 准
限制访问 Samba 服务器	成功禁止网络内某台计算机访问 Samba 服务器

拓展练习

通过主机名禁止网络内某台计算机访问 Samba 服务器。

任务 4　Samba 服务的用户访问控制

任务描述

新兴学校的网络管理员小赵，按照学校的业务需求，已经为学校信息中心的 Linux 服务器安装了 Samba 组件，现信息中心要求其限制内部部分用户对 Samba 服务器的访问权限。

任务分析

限制对 Samba 服务器的访问，可通过设置用户访问 Samba Server 的验证方式来实现，由于小赵对此并不熟悉，于是请来飞越公司的工程师帮忙。

任务实施

1. 修改 Samba 服务配置文件

修改 Samba 服务配置文件，如图 3-53 所示。

```
security = user
```

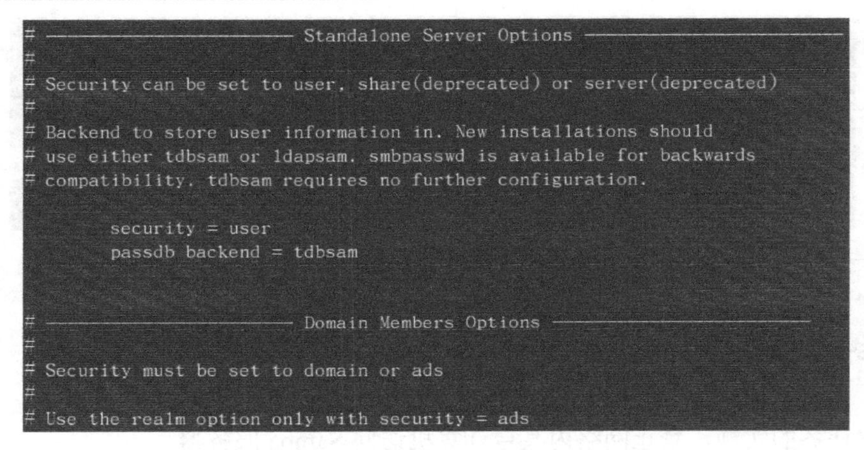

图 3-53　修改 Samba 服务的配置文件

2. 设置用户访问 Samba Server 的验证方式

设置用户访问 Samba Server 的验证方式，一共有 4 种验证方式。

（1）share：用户访问 Samba Server 不需要提供用户名和口令，安全性能较低。

（2）user：Samba Server 共享目录只能被授权的用户访问，由 Samba Server 负责检查账号和密码的正确性。账号和密码要在本 Samba Server 中建立。

（3）server：依靠其他 Windows NT/2000 或 Samba Server 来验证用户的账号和密码，是一种代理验证。此种安全模式下，系统管理员可以把所有的 Windows 用户和口令集中到一个 NT 系统上，使用 Windows NT 进行 Samba 认证，远程服务器可以自动认证全部用户和口令，如果认证失败，Samba 将使用用户级安全模式作为替代的方式。

（4）domain：域安全级别，使用主域控制器来完成认证。

```
passdb backend = tdbsam
```

说明

passdb backend 就是用户后台的意思。

3. Samba的后台运行方式

（1）smbpasswd：该方式是使用SMB自己的工具smbpasswd来给系统用户（真实用户或者虚拟用户）设置一个Samba密码，客户端会用这个密码来访问Samba的资源。smbpasswd文件默认在/etc/samba目录下，但有时候要手工建立该文件。

（2）tdbsam：该方式是使用一个数据库文件来建立用户数据库。数据库文件名为passdb.tdb，默认在/etc/samba目录下。passdb.tdb用户数据库可以使用smbpasswd－a来建立Samba用户，但要建立的Samba用户必须先是系统用户。也可以使用pdbedit命令来建立Samba账户。

pdbedit命令的参数很多，这里列出几个主要的参数。

pdbedit－a username：新建Samba账户。

pdbedit－x username：删除Samba账户。

pdbedit－L：列出Samba用户列表，读取passdb.tdb数据库文件。

pdbedit－Lv：列出Samba用户列表的详细信息。

pdbedit－c"[D]"－u username：暂停该Samba用户的账号。

pdbedit－c"[]"－u username：恢复该Samba用户的账号。

（3）ldapsam：该方式是基于LDAP的账户管理方式来验证用户。首先要建立LDAP服务，然后设置"passdb backend = ldapsam:ldap://LDAP Server"。

任务验收

通过本任务的实施，限制用户访问Samba服务器。

评价内容	评价标准
限制访问Samba服务器	成功限制指定用户对Samba服务器的访问

拓展练习

配置Samba文件来限制用户对Samba服务器的访问。

任务5　配置打印机共享

任务描述

新兴学校的网络管理员小赵，按照学校的业务需求，将已连接到Linux服务器的打印机共享，使局域网内部用户能够共享该打印机。

任务分析

配置 Linux 网络共享打印机通过 Samba 服务即可实现，前提是服务器已经正确安装打印机，并已经开启 Samba 服务，由于小赵对此并不熟悉，于是请来飞越公司的工程师帮忙。

网络环境如图 3-54 所示。

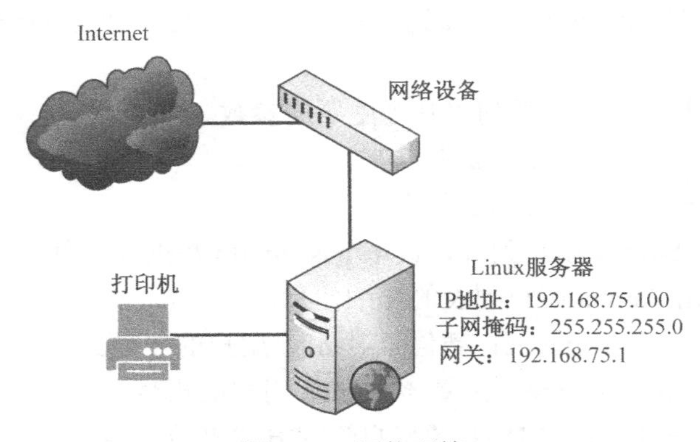

图 3-54　网络环境

任务实施

步骤 1：修改 Samba 服务配置文件，如图 3-55 所示。

```
#vi /etc/samba/smb.conf
```

```
[global]
        printcap name = /etc/printcap
        load printers = yes
        cups options = raw
[printers]
        comment = All Printers
        path = /var/spool/samba
        browseable = no
        public = yes
        printable = yes
```

图 3-55　修改 Samba 配置文件

步骤 2：保存配置并退出。用#service smb restart 重新启动 Samba 服务。

步骤 3：在其他计算机上添加网络共享打印机即可。

任务验收

通过本任务的实施，学会基于 Linux 服务器共享网络打印机的方法。

评 价 内 容	评 价 标 准
基于 Linux 系统设置网络打印机共享	在规定时间内，正确配置 Linux 共享打印机

拓展练习

熟练安装 Linux 打印机，并配置 Linux 共享打印机。

项目验收

考 核 内 容	评 价 标 准
Linux 的 Samba 服务	与客户确认，在规定时间内，按照用户要求完成 Samba 服务的安装、配置、访问控制和 Linux 服务器上打印机的共享

项目5 Apache服务

项目描述

新兴学校由于业务的需求，现需要信息中心搭建 Linux Web 服务器，Web 网站为静态页面，并且使用免费组件，现企业 Linux 为 CentOS 5.5 版本，需要网络管理人员对 Linux 服务器进行配置，以满足学校的需求。

项目分析

根据项目需求，分析可知：配置 Linux Web 服务器时，可通过安装 Apache 服务来实现。它可以运行在几乎所有广泛使用的计算机平台上。Apache 源于 NCSAhttpd 服务器，经过多次修改，成为世界上最流行的 Web 服务器软件之一。整个项目的认知与分析流程如图 3-56 所示。

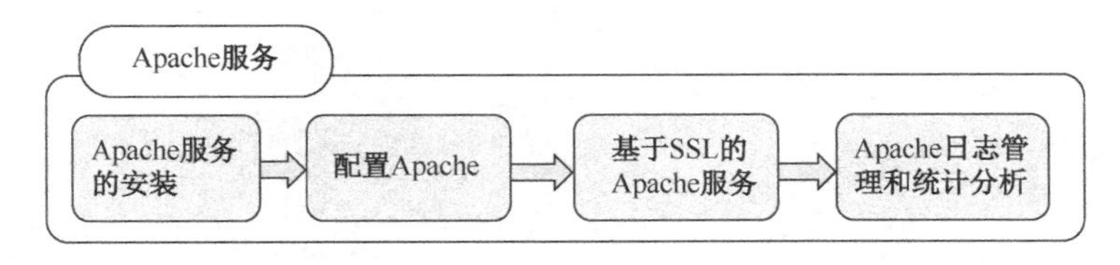

图 3-56 Apache 服务流程

任务 1　Apache 服务的安装

任务描述

新兴学校的网络管理员小赵按照学校的业务需求，要为学校的 Linux 服务器配置安装 Apache 服务。

任务分析

安装 Apache 服务，可以通过两种方式来完成：一种是直接通过 YUM 工具安装，另一种是下载 Apache 安装包手动安装，下载地址为 http://httpd.apache.org/。由于小赵对此并不熟悉，于是请来飞越公司的工程师帮忙。

任务实施

步骤 1：使用 YUM 工具安装 Apache，输入 yum install httpd 命令，如图 3-57 所示。

```
#yum install httpd
```

```
[root@localhost ~]# yum install httpd
Loaded plugins: fastestmirror
Loading mirror speeds from cached hostfile
 * addons: mirrors.yun-idc.com
 * base: mirrors.yun-idc.com
 * extras: mirrors.yun-idc.com
 * updates: mirrors.yun-idc.com
Setting up Install Process
Resolving Dependencies
--> Running transaction check
---> Package httpd.x86_64 0:2.2.3-87.el5.centos set to be updated
--> Finished Dependency Resolution
```

图 3-57　安装 httpd 服务

步骤 2：安装完成，如图 3-58 所示。

```
Running Transaction
  Installing      : httpd

Installed:
  httpd.x86_64 0:2.2.3-87.el5.centos

Complete!
[root@localhost ~]#
```

图 3-58　成功安装 httpd 软件包

知识链接

Apache 的特点是简单、速度快、性能稳定，并可作为代理服务器来使用。本来它只用于小型 Internet 网络，后来逐步扩充到各种 UNIX 系统中，尤其对 Linux 的支持相当完美。Apache 有多种产品，可以支持 SSL 技术，支持多个虚拟主机。到目前为止，Apache 仍然是世界上使用最多的 Web 服务器，市场占有率达 60%左右。世界上很多著名的网站，如 Amazon.com、Yahoo!、W3 Consortium，都使用了 Apache。

任务验收

通过本任务的实施，学会基于 Linux 服务器的 Apache 服务的安装方法。

评 价 内 容	评 价 标 准
基于 Linux 系统的 Apache 安装	在规定时间内，完成 Linux 服务器 Apache 服务的安装

拓展练习

通过 Apache 官方网站下载最新版的 Apache 源代码包，并安装到 Linux 服务器上。

任务 2　配置 Apache

任务描述

新兴学校的网络管理员小赵按照学校的业务需求，已为学校的 Linux 服务器安装了 Apache 服务，现需要对 Apache 服务进行配置。

任务分析

Apache 的默认文档根目录是 CentOS 上的/var/www/html，配置文档是/etc/httpd/conf/httpd.conf。配置文档存储在的/etc/httpd/conf.d/目录，由于小赵对此并不熟悉，于是请来飞越公司的工程师帮忙。

任务实施

步骤 1： 配置系统在引导时启动 Apache，输入 chkconfig --levels 235 httpd on 命令，如图 3-59 所示。

```
#chkconfig --list httpd
```

```
[root@localhost ~]# chkconfig --list httpd
httpd           0:关闭  1:关闭  2:关闭  3:关闭  4:关闭  5:关闭  6:关闭
[root@localhost ~]# chkconfig --levels 235 httpd on
[root@localhost ~]#
```

图 3-59　设置自动运行 httpd 服务

步骤 2：启动 Apache，输入 service httpd start 命令，如图 3-60 所示。

```
#service httpd start
```

```
[root@localhost ~]# service httpd start
启动 httpd:                                                [确定]
[root@localhost ~]#
```

图 3-60　运行 httpd 服务

步骤 3：启动浏览器，在地址栏中输入“http://127.0.0.1”，显示“Apache 2 Test Page”即表示安装开启成功，如图 3-61 所示。

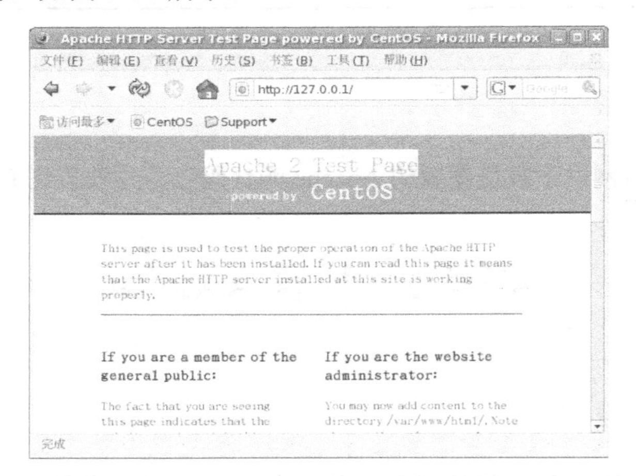

图 3-61　使用浏览器查看 Apache 服务测试页

任务验收

通过本任务的实施，学会基于 Linux 服务器的 Apache 服务的配置方法。

评 价 内 容	评 价 标 准
基于 Linux 系统的 Apache 启动	在规定时间内，完成 Linux 服务器 Apache 服务的启动，并添加开机自动启动

拓展练习

通过 Apache 配置文件，熟悉 Apache 的配置信息。

任务 3　基于 SSL 的 Apache 服务

任务描述

新兴学校的网络管理员小赵按照学校的业务要求，已为企业 Linux 服务器安装了 Apache 服务。由于 Apache 默认没有加密措施，现学校要加强 Web 的安全级别，需要小赵提供 Apache 的加密来提升数据安全。

任务分析

Apache 的 SSL 加密连接可以帮助浏览者更加安全可靠地传输数据。一般情况下，普通的 HTTP 协议的 URL 以 http://开头，而 SSL 加密协议以 https://开头。由于小赵对此并不熟悉，于是请来飞越公司的工程师帮忙，通过 SSL 来提升 Web 服务的安全性。

任务实施

步骤 1：安装 SSL 模块，输入 yum install mod_ssl，如图 3-62 所示。

```
# yum install mod_ssl
```

```
[root@localhost ~]# yum install mod_ssl
Loaded plugins: fastestmirror
Loading mirror speeds from cached hostfile
 * addons: mirrors.yun-idc.com
 * base: mirrors.yun-idc.com
 * extras: mirrors.yun-idc.com
 * updates: mirrors.yun-idc.com
Setting up Install Process
Resolving Dependencies
--> Running transaction check
---> Package mod_ssl.x86_64 1:2.2.3-87.el5.centos set to be updated
--> Processing Dependency: libdistcache.so.1()(64bit) for package: mod_ssl
--> Processing Dependency: libnal.so.1()(64bit) for package: mod_ssl
--> Running transaction check
---> Package distcache.x86_64 0:1.4.5-14.1 set to be updated
--> Finished Dependency Resolution

Dependencies Resolved
```

图 3-62　安装 mod_ssl 软件包

步骤 2：安装完成，如图 3-63 所示。

```
Installed:
  mod_ssl.x86_64 1:2.2.3-87.el5.centos

Dependency Installed:
  distcache.x86_64 0:1.4.5-14.1

Complete!
[root@localhost ~]#
```

图 3-63　mod_ssl 软件包安装成功

步骤 3：重启 httpd 服务，如图 3-64 所示。

```
#service httpd restart
```

```
[root@localhost ~]# service httpd restart
停止 httpd:                                      [确定]
启动 httpd:                                      [确定]
[root@localhost ~]#
```

图 3-64　重新启动 httpd 服务

步骤 4：启动浏览器，在地址栏中输入“https://127.0.0.1”，显示“Apache 2 Test Page”即表示安装并开启成功，图示参考本项目任务 2 的步骤 3。

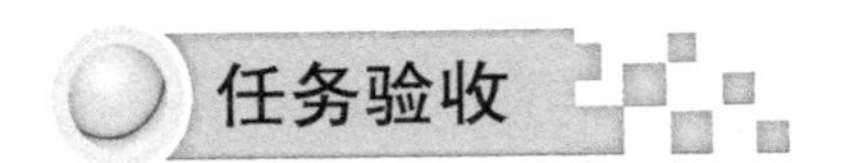

任务验收

通过本任务的实施，学会基于 Linux 服务器的 Apache 服务的安装方法。

评 价 内 容	评 价 标 准
基于 SSL 的 Apache 服务成功开启	在规定时间内，完成 Apache 服务的 SSL 配置

拓展练习

手动配置 SSL 认证内容。

任务 4　Apache 日志管理和统计分析

任务描述

新兴学校的信息中心架构好了 Web 服务器，但网络管理员还不知道如何查看网站访问量和监控网站的运行状态。管理员小赵明白：在保证网站稳定正常运行外，还需要了解网站访问量和分析报表，这对于了解和监控网站的运行状态、提高网站的服务能力和服务水平似乎是必不可少的。

任务分析

通过对 Web 服务器的日志文件进行分析和统计，能够有效地掌握系统运行的情况及站点内容的被访问情况，加强对整个站点及其内容的维护与管理。由于小赵对此并不熟悉，于是请来飞越公司的工程师帮忙，工程师建议使用 Webalizer 来进行日志管理和统计分析。

Webalizer 是一个高效的、免费的 Web 服务器日志分析程序。其分析结果以 HTML 文件格式保存，从而可以很方便地通过 Web 服务器进行浏览。Internet 上的很多站点都使用 Webalizer 进行 Web 服务器日志分析。

任务实施

步骤 1：使用 YUM 工具安装 Webalizer，输入 yum install webalizer，如图 3-65 所示。

```
#yum install webalizer
```

```
[root@localhost ~]# yum install webalizer
Loaded plugins: fastestmirror
Loading mirror speeds from cached hostfile
 * addons: mirrors.yun-idc.com
 * base: mirrors.yun-idc.com
 * extras: mirrors.yun-idc.com
 * updates: mirrors.yun-idc.com
Setting up Install Process
Resolving Dependencies
--> Running transaction check
---> Package webalizer.x86_64 0:2.01_10-30.1 set to be updated
--> Finished Dependency Resolution

Dependencies Resolved
```

图 3-65 安装 Webalizer 软件包

步骤 2：安装完成，如图 3-66 所示。

```
Downloading Packages:
webalizer-2.01_10-30.1.x86_64.rpm                    | 112 kB     00:00
Running rpm_check_debug
Running Transaction Test
Finished Transaction Test
Transaction Test Succeeded
Running Transaction
  Installing     : webalizer

Installed:
  webalizer.x86_64 0:2.01_10-30.1

Complete!
[root@localhost ~]#
```

图 3-66 成功安装 Webalizer 软件包

步骤 3：查看安装信息，输入 rpm -ql webalizer，如图 3-67 所示。

```
#rpm -ql webalizer
```

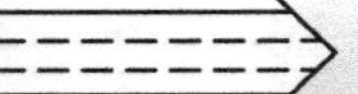


```
[root@localhost ~]#  rpm -ql webalizer
/etc/cron.daily/00webalizer
/etc/httpd/conf.d/webalizer.conf
/etc/webalizer.conf
/usr/bin/webalizer
/usr/bin/webazolver
/usr/share/doc/webalizer-2.01_10
/usr/share/doc/webalizer-2.01_10/README
/usr/share/man/man1/webalizer.1.gz
/var/lib/webalizer
/var/www/usage
/var/www/usage/msfree.png
/var/www/usage/webalizer.png
```

图 3-67　检查 Webalizer 软件包的安装情况

步骤 4： 配置 Webalizer。Webalizer 的配置文件是/etc/webalizer.conf，编辑 httpd.conf 文件，配置虚拟目录，命令如下。

```
Alias /webalizer/ "/var/www/usage/"
<Directory "/var/www/usage">
Options Indexes MultiViews
AllowOverride AuthConfig      //启用用户身份认证
Order allow,deny
Allow from all                //运行所有用户访问
</Directory>
```

创建.htaccess 文件。在/var/www/usage 目录下创建.htaccess 文件，内容如下。

```
AuthType Basic
AuthName "Test Zone"
AuthUserFile /var/www/passwd/.htpasswd
require user test
```

在虚拟终端输入下面命令，使 Webalizer 创建统计信息。

```
#webalizer
```

重启 Apache 服务器后，在客户端浏览器中输入 http://192.168.91.128/webalizer/，输入授权账号和密码即可。

步骤 5： 日志文件的压缩备份。

打开/etc/logrotate.d/httpd 中 Apache 日志备份配置文件，在最后的“}”前加入 compress，命令如下。

```
/var/log/httpd/*log
missingok
notifempty
sharedscripts
postrotate
/sbin/service httpd reload > /dev/null 2>/dev/null || true
endscript
compress //加入压缩选项，使备份的日志压缩保存
}
```

这样可大大缓解磁盘空间占用问题。

步骤 6： 配置错误日志。

Apache 的错误日志和访问日志均保存在/var/log/httpd/目录下，在文件中可以查看各种错误提示。

任务验收

通过本任务的实施，学会基于 Linux 服务器的 Apache 服务的安装方法。

评 价 内 容	评 价 标 准
Apache Web 服务器日志的管理和统计	在规定时间内，通过 Webalizer 对 Apache Web 服务进行日志管理统计和分析

拓展练习

通过 Webalizer 的日志文件，查看 Web 服务的信息。

项目验收

考 核 内 容	评 价 标 准
Apache Web 服务	与客户确认，在规定时间内，按照用户要求安装 Apache 服务、配置 Apache 服务、实现基于 SSL 的 Web 服务和日志管理

项目 6　VSFTPD 服务

项目描述

由于学校招生规模的壮大，新兴学校的信息中心需要搭建 FTP 服务器，现有一台 CentOS 5.5 的 Linux 服务器，需要保证服务器的高性能、高安全和高稳定性，请飞越公司给出配置建议和实施方案。

项目分析

根据项目需求，分析可知：搭建 Linux FTP 服务器时，可以通过 VSFTPD 服务实现。VSFTPD 的安全是其开发者 Chris Evans 考虑的首要问题之一。在这个 FTP 服务器设计开发开始的时候，高安全性就是一个目标，网络管理员小赵和飞越公司的工程师商量后，认为搭建FTP 服务器可行。整个项目的认知与分析流程如图 3-68 所示。

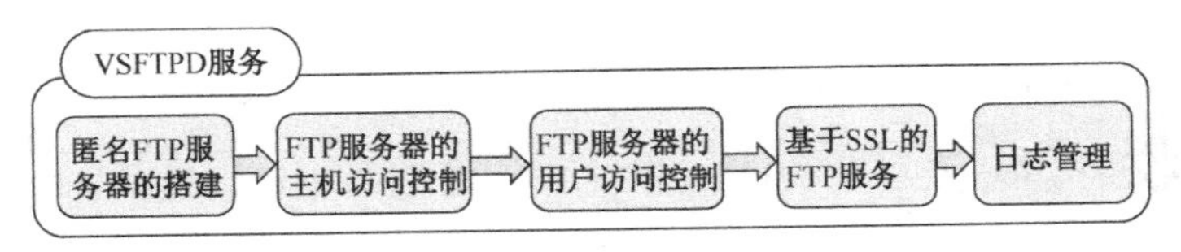

图 3-68　VSFTPD 服务流程图

任务 1　匿名 FTP 服务器的搭建

任务描述

新兴学校的网络管理员小赵按照学校的业务要求，为学校搭建基于 Linux 的 FTP 服务器。

任务分析

在最新的各大发行版本的安装盘中都有 VSFTPD 的软件包，用相应发行版提供的软件包管理工具即可安装；也可以在各大发行版的 FTP 镜像中找到 VSFTPD 的软件包；还能用软件包的管理工具在线安装。这里介绍通过 YUM 工具在线安装的方式。由于小赵对此并不熟悉，于是请来飞越公司的工程师帮忙。

网络环境如图 3-69 所示。

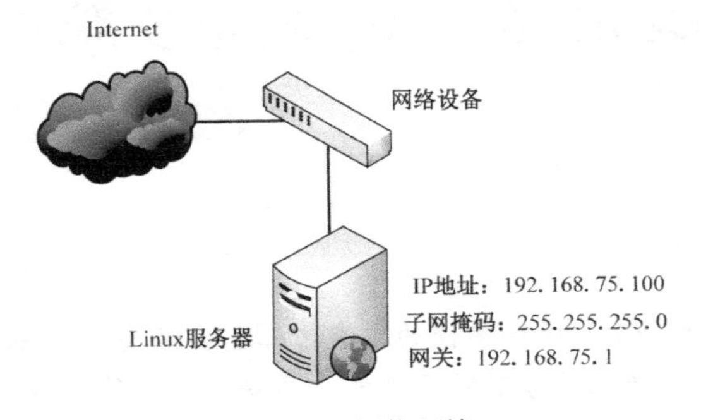

图 3-69　网络环境

任务实施

步骤 1：查询是否已安装 VSFTPD。输入 rpm –qa | grep vsftp，查询结果是没有安装，如图 3-70 所示。

#rpm -qa |grep vsftp

```
[root@localhost ~]# rpm -qa | grep vsftp
[root@localhost ~]#
```

图 3-70 检查 VSFTPD 软件包的安装情况

知识链接

文件传输协议使得主机间可以共享文件。FTP 使用 TCP 先生成一个虚拟连接，用于控制信息；再生成一个单独的 TCP 连接，用于数据传输。控制连接使用类似 Telnet 的协议在主机间交换命令和消息。文件传输协议是 TCP/IP 网络上两台计算机传送文件的协议，FTP 是在 TCP/IP 网络和 Internet 上最早使用的协议之一，它属于网络协议组的应用层。FTP 客户机可以给服务器发出命令来下载文件、上传文件、创建或改变服务器上的目录。

FTP 是应用层的协议，它基于传输层，为用户服务，它们负责进行文件的传输。FTP 是一个 8 位的客户端-服务器协议，能操作任何类型的文件而不需要进一步处理，就像 MIME 或 Unicode 一样。

FTP 服务一般运行在 20 和 21 两个端口。端口 20 用于在客户端和服务器之间传输数据流，而端口 21 用于传输控制流，并且是命令通向 FTP 服务器的进口。

步骤 2：安装 VSFTPD 服务，如图 3-71 所示。

#yum install vsftpd

```
[root@localhost ~]# yum install vsftpd
Loaded plugins: fastestmirror
Loading mirror speeds from cached hostfile
 * addons: mirrors.yun-idc.com
 * base: mirrors.yun-idc.com
 * extras: mirrors.btte.net
 * updates: mirrors.btte.net
Setting up Install Process
Resolving Dependencies
--> Running transaction check
---> Package vsftpd.x86_64 0:2.0.5-28.el5 set to be updated
updates/filelists_db                                     | 2.9 MB     00:02
--> Finished Dependency Resolution

Dependencies Resolved
```

图 3-71 使用 yum 命令安装 VSFTPD 软件包

步骤 3：安装完成并查询，如图 3-72 所示。

```
Installed:
  vsftpd.x86_64 0:2.0.5-28.el5

Complete!
[root@localhost ~]# rpm -qa | grep vsftp
vsftpd-2.0.5-28.el5
[root@localhost ~]#
```

图 3-72 VSFTPD 软件包安装成功

任务验收

通过本任务的实施，学会基于 Linux 服务器的 VSFTPD 的安装。

评 价 内 容	评 价 标 准
Linux VSFTPD 服务的安装	在规定时间内，正确安装 Linux VSFTPD 服务

拓展练习

通过安装光盘或网络下载 VSFTPD 安装包，并手动安装。

任务 2　FTP 服务器的主机访问控制

任务描述

新兴学校的网络管理员小赵按照学校的业务要求，已经为学校的 Linux 服务器安装了 VSFTP 组件。现信息中心要求：限制基于主机的对 VSFTPD 服务器的访问权限。

任务分析

基于主机的对 VSFTPD 服务器的访问限制，可以通过限制 IP 地址来实现。VSFTPD 在版本 1.1.3 以后内置了对 TCP_wrppers 的支持，为独立的 VSFTPD 提供了基于主机的访问控制配置。TCP_wrappers 使用/etc/hosts.allow 和/etc/hosts.deny 配置文件实现访问控制。由于小赵对此并不熟悉，于是请来飞越公司的工程师帮忙。

任务实施

修改 VSFTPD 服务的配置文件，如图 3-73 所示。

```
pam_service_name=vsftpd
userlist_enable=YES
tcp_wrappers=YES
```

图 3-73　修改 VSFTPD 的配置文档

```
# vi /etc/vsftpd/vsftpd.conf
tcp_wrappers=YES/NO (YES)
```

以设置 VSFTPD 是否与 TCP wrapper 结合来进行主机的访问控制。默认值为 YES。如果启用，则 VSFTPD 服务器会检查/etc/hosts.allow 和/etc/hosts.deny 中的设置，来决定请求连接的主机是否被允许访问该 FTP 服务器。这两个文件可以起到简易防火墙的功能。

例如，若要仅允许 192.168.0.1～192.168.0.254 的用户可以连接 FTP 服务器，则应在/etc/hosts.allow 文件中添加以下内容。

```
vsftpd:192.168.0. :allow
all:all:deny
```

任务验收

通过本任务的实施，禁止网络内某台计算机访问 VSFTPD 服务器。

评 价 内 容	评 价 标 准
限制访问 VSFTPD 服务器	成功禁止网络内某台计算机访问 VSFTPD 服务器

拓展练习

通过 IP 地址禁止网络内某台计算机访问 VSFTPD 服务器。

任务 3　FTP 服务器的用户访问控制

任务描述

新兴学校的网络管理员小赵按照学校的业务要求，已经为学校的 Linux 服务器安装了 VSFTP 组件，并成功限制了基于主机的访问。现信息中心还要求：限制基于用户对 VSFTPD 服务器的访问权限。

任务分析

根据任务需求分析可知，本任务是限制用户的访问控制。对用户的访问控制可以通过修改/etc/vsftpd/下的 user_list 和 ftpusers 文件来实现。由于小赵对此并不熟悉，于是请来飞越公司的工程师帮忙。

任务实施

步骤 1：修改 VSFTPD 服务配置文件，如图 3-74 所示。

```
#vi /etc/vsftpd/vsftpd.conf
```

```
pam_service_name=vsftpd
userlist_enable=YES
tcp_wrappers=YES
```

图 3-74　修改 VSFTPD 服务配置文档

设定是否启用 vsftpd.user_list 文件。

```
userlist_enable=YES/NO (NO)
```

设定 vsftpd.user_list 文件中的用户是否能够访问 FTP 服务器。若设置为 YES，则 vsftpd.user_list 文件中的用户不允许访问 FTP；若设置为 NO，则只有 vsftpd.user_list 文件中的用户才能访问 FTP。

```
userlist_deny=YES/NO (YES)
```

步骤 2：修改 user_list 配置文件，如图 3-75 所示。

```
#vi /etc/vsftpd/user_list
```

```
[root@localhost ~]# vi /etc/vsftpd/user_list
```

图 3-75　修改 user_list 配置文件

/etc/vsftpd/ftpusers 文件专门用于定义不允许访问 FTP 服务器的用户列表。

注意：如果 userlist_enable=YES,userlist_deny=NO，则当在 vsftpd.user_list 和 ftpusers 中都有某个用户时，这个用户是不能够访问 FTP 的，即 ftpusers 的优先级要高。

默认情况下，vsftpd.user_list 和 ftpusers 两个文件已经预设置了一些不允许访问 FTP 服务器的系统内部账户。如果系统没有这两个文件，那么新建这两个文件，将用户添加进去即可。

任务验收

通过本任务的实施，限制用户访问 VSFTPD 服务器。

评 价 内 容	评 价 标 准
限制用户访问 VSFTPD 服务器	成功限制指定用户对 VSFTPD 服务器的访问

拓展练习

通过限制用户来实现对 VSFTPD 服务器的访问。

任务4 基于SSL的FTP服务

任务描述

最近，新兴学校信息中心的主管发现FTP服务器不是很安全，在使用明文传输时，明文传输的数据有可能被窃取，因此要加强Web的安全级别，需要网络管理员提供VSFTPD的加密功能。

任务分析

隐式SSL与显式SSL：VSFTP默认启动时使用的是显式SSL，也可以配置启用隐式SSL，对应端口21（可修改成990）。由于小赵对此并不熟悉，于是请来飞越公司的工程师帮忙。

任务实施

FTP默认的传输数据是明文，为了搭建一个安全性比较高的FTP，可以结合SSL来解决问题。

检查VSFTP是否支持SSL：从2.0.0版本开始，VSFTPD支持命令连接和数据连接的加密传输。

使用openssl生成VSFTPD的证书，命令如下。

```
    openssl req -x509 -nodes -days 365 -newkey rsa:2048 -keyout
/etc/vsftpd/vsftpd.pem -out /etc/vsftpd/vsftpd.pem
    //修改vsftpd.conf，设置强制启用SSL
    ssl_enable=YES
    allow_anon_ssl=NO
    force_local_data_ssl=YES
    force_local_logins_ssl=YES
    ssl_tlsv1=YES
    ssl_sslv2=NO
    ssl_sslv3=NO
    rsa_cert_file=/etc/vsftpd/vsftpd.pem
    ssl_ciphers=HIGH
```

默认不启用隐式SSL功能，相应的服务器端隐式SSL默认端口是21（很多客户端隐式SSL连接时，设置的默认端口为990，因此当服务器的端口不自定义为和客户端一致时，会导致连接失败）。

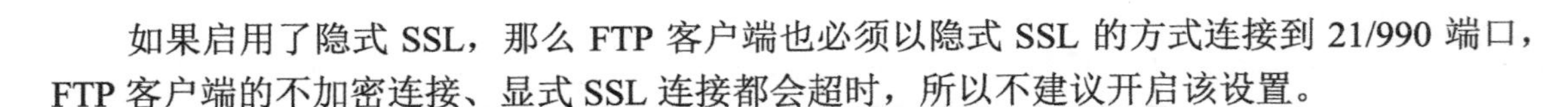

如果启用了隐式 SSL，那么 FTP 客户端也必须以隐式 SSL 的方式连接到 21/990 端口，FTP 客户端的不加密连接、显式 SSL 连接都会超时，所以不建议开启该设置。

任务验收

通过本任务的实施，学会基于 Linux 服务器的 Apache 服务的安装方法。

评 价 内 容	评 价 标 准
基于 SSL 的 VSFTPD 服务成功开启	在规定时间内，完成 VSFTPD 服务的 SSL 配置

拓展练习

手动配置 SSL 认证内容。

任务 5　日志管理

任务描述

新兴学校的信息中心配置完成了基于 VSFTPD 的 Linux 服务器，但管理员还不知道如何查看 FTP 服务的日志和运行状态。管理员小赵明白日志文件对各种服务和应用的重要性，因此网络管理员小赵需要对日志进行分析和解读。

任务分析

Linux 服务器拥有强大的日志记录功能，系统中记录着各种服务的开启、关闭、运行、错误等日志。VSFTPD 日志记录在/var/log/xferlog 中。VSFTPD 日志的格式复杂，需要认真分析。由于小赵对此并不熟悉，于是请来飞越公司的工程师帮忙。

任务实施

VSFTPD 日志记录在/var/log/xferlog 中。

VSFTPD 下日志文件的分析：记录内容举例。

```
    Thu Sep 6 09:07:48 2007 7 192.168.57.1 4323279 /home/student/phpMyadmin
-2.11.0 -all-languages. tar.gz b -i r student ftp 0 * c /var/log/vsftpd.log
```

VSFTPD 下日志文件的分析：日志文件中的数据分析和参数说明如表 3-1 所示。

表 3-1 日志文件中的数据分析和参数说明

记录数据	参数名称	参数说明
Thu Sep 6 09:07:48 2007	当前时间	当前服务器本地时间，格式如下： DDD MMM dd hh:mm:ss YYY
7	传输时间	传送文件所用时间，单位为 s
192.168.57.1	远程主机名称/IP	远程主机名称/IP
4323279	文件大小	传送文件的大小，单位为 B
/home/student/phpMyadmin -2.11.0-all-languages.tar.gz	文件名	传输文件名，包括路径
b	传输类型	传输方式的类型，包括以下两种： 以 ASCII 码传输或以二进制文件传输
_	特殊处理标志	特殊处理的标志位，可能的值包括以下几种： （1）_：不做任何特殊处理 （2）C：文件是压缩格式 （3）U：文件是非压缩格式 （4）T：文件是 tar 格式
i	传输方向	文件传输方向，包括以下两种。 （1）o：从 FTP 服务器向客户端传输 （2）i：从客户端向 FTP 服务器传输
r	访问模式	用户访问模式，包括以下几种。 （1）a：匿名用户 （2）g：来宾用户 （3）r：真实用户，即系统中的用户
student	用户名	用户名称
ftp	服务名	所使用的服务名称，一般为 FTP
0	认证方式	认证方式，包括以下两种。 （1）0：无 （2）1：RFC931 认证
*	认证用户 ID	认证用户的 ID，如果使用*，则表示无法获得该 ID
c	完成状态	传输的状态有以下两种。 （1）c：表示传输已完成 （1）i：表示传输未完成

任务验收

通过本任务的实施，学会基于 Linux 服务器的 VSFTPD 服务日志的查询方法。

评价内容	评价标准
VSFTPD 服务器日志的管理	在规定时间内，通过 VSFTPD 服务日志来查看 VSFTPD 的连接情况

通过 VSFTPD 的日志文件，查询指定时间内 Linux VSFTPD 文件的传输情况。

考核内容	评价标准
VSFTPD 服务	与客户确认，在规定时间内，按照用户要求完成匿名 FTP 服务器的搭建、FTP 服务器的主机与用户访问控制、SSL 的 FTP 服务、日志管理等操作

项目 7　NFS 服务

项目描述

新兴学校的教师需要的存储空间较大，本地存储空间不足，而且部分资料需要共享，信息中心要求搭建一台存储共享服务器，现企业有 CentOS 5.5 的 Linux 服务器，需要网络管理员小赵利用现有设备满足教师的需求。

项目分析

根据项目需求，分析可知：企业要实现存储共享功能，可通过 NFS（Network File System，网络文件系统）服务来实现，由于小赵对此并不熟悉，于是请来飞越公司的工程师帮忙。整个项目的认知与分析流程如图 3-76 所示。

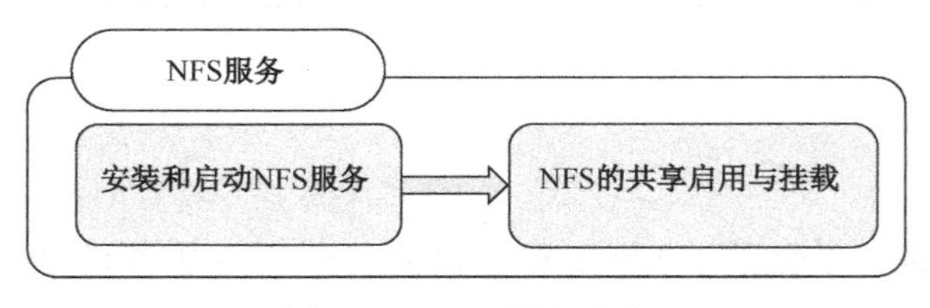

图 3-76　NFS 服务内容

任务 1　安装和启动 NFS 服务

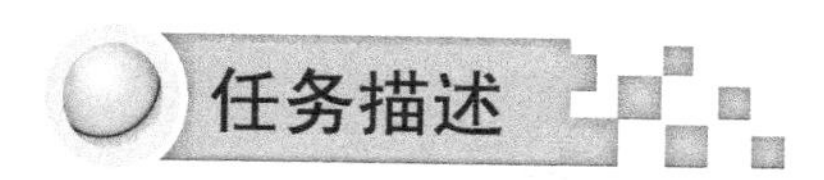

任务描述

新兴学校的网络管理员小赵按照学校的业务要求，要为学校搭建的 Linux 服务器安装 NFS 组件。

任务分析

为 Linux 服务器安装 NFS，在连接互联网的主机上可以使用 YUM 工具来安装。由于小赵对此并不熟悉，于是请来飞越公司的工程师帮忙。网络环境如图 3-77 所示。

知识链接

NFS 是 FreeBSD 支持的文件系统中的一种，它允许一个系统在网络上与他人共享目录和文件。通过使用 NFS，用户和程序可以像访问本地文件一样访问远端系统上的文件。

NFS 最显而易见的好处如下。

（1）本地工作站使用更少的磁盘空间，因为通常的数据可以存放在一台机器上并通过网络访问到。

（2）用户不必在每个网络的机器中都有一个 home 目录。home 目录可以被放在 NFS 服务器上并在网络上处处可用。

（3）诸如软驱、CD-ROM 和 ZIP（指一种高存储密度的磁盘驱动器与磁盘）之类的存储设备可以在网络中被其他机器使用。这可以减少整个网络上的可移动介质设备的数量。

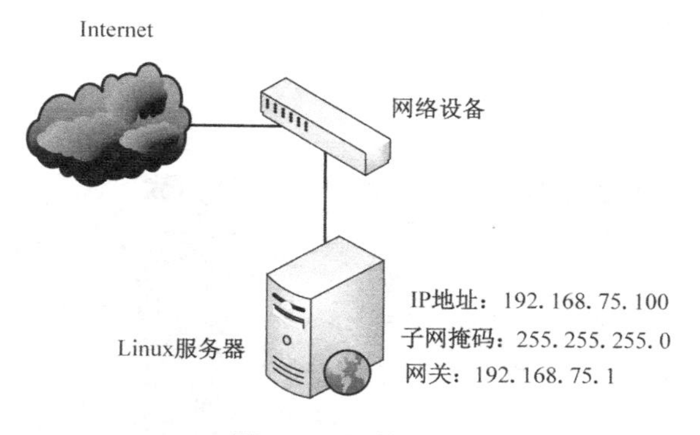

图 3-77　网络环境

任务实施

步骤 1：使用 YUM 工具安装 NFS 组件，如图 3-78 所示。

```
#yum install nfs-utils nfs4-acl-tools portmap
```

```
[root@localhost ~]# yum install nfs-utils nfs4-acl-tools portmap
Loaded plugins: fastestmirror
Loading mirror speeds from cached hostfile
 * addons: mirrors.yun-idc.com
 * base: mirrors.yun-idc.com
 * extras: mirrors.btte.net
 * updates: mirrors.btte.net
Setting up Install Process
Package portmap-4.0-65.2.2.1.x86_64 already installed and latest version
Resolving Dependencies
```

图 3-78　安装 NFS 软件包

安装完成后如图 3-79 所示。

```
Installed:
  nfs4-acl-tools.x86_64 0:0.3.3-3.el5

Updated:
  nfs-utils.x86_64 1:1.0.9-70.el5

Dependency Updated:
  initscripts.x86_64 0:8.45.44-3.el5.centos

Complete!
[root@localhost ~]#
```

图 3-79　NFS 软件包安装成功

步骤 2：启动并检查服务，如图 3-80 所示。

```
#/etc/init.d/portmap start
#/etc/init.d/nfs start
#service nfs status
```

```
[root@localhost ~]# /etc/init.d/portmap start
启动 portmap:                                              [确定]
[root@localhost ~]# /etc/init.d/nfs start
启动 NFS 服务:                                             [确定]
关掉 NFS 配额:                                             [确定]
启动 NFS 守护进程:                                         [确定]
启动 NFS mountd:                                           [确定]
[root@localhost ~]# service nfs status
rpc.mountd (pid 8944) 正在运行...
nfsd (pid 8941 8940 8939 8938 8937 8936 8935 8934) 正在运行...
rpc.rquotad (pid 8915) 正在运行...
[root@localhost ~]#
```

图 3-80　启动 NFS 服务并检查运行状态

步骤 3：确认 NFS 服务器成功运行，如图 3-81 所示。

```
#rpcinfo -p
```

```
[root@localhost ~]# rpcinfo -p
   程序 版本 协议   端口
    100000    2   tcp    111  portmapper
    100000    2   udp    111  portmapper
    100024    1   udp    678  status
    100024    1   tcp    681  status
    100011    1   udp    612  rquotad
    100011    2   udp    612  rquotad
    100011    1   tcp    615  rquotad
    100011    2   tcp    615  rquotad
    100003    2   udp   2049  nfs
    100003    3   udp   2049  nfs
    100003    4   udp   2049  nfs
    100021    1   udp  52414  nlockmgr
    100021    3   udp  52414  nlockmgr
    100021    4   udp  52414  nlockmgr
```

图 3-81　检查 NFS 服务的端口情况

任务验收

通过本任务的实施，学会基于 Linux 服务器的 NFS 服务的安装配置。

评 价 内 容	评 价 标 准
基于 Linux 系统安装 NFS 服务	在规定时间内，为 Linux 服务器安装 NFS 服务并成功开启

拓展练习

通过官方网站下载 NFS 源代码包，并手动安装 NFS 服务。

任务 2　NFS 的共享启用与挂载

任务描述

新兴学校的网络管理员小赵按照学校的业务要求，为学校搭建的 Linux 服务器安装了 NFS 组件，现需要对 NFS 服务进行配置。

任务分析

Linux 服务器已安装了 NFS，下一步的主要工作是对 NFS 进行配置，而配置的关键在于

NFS 的共享启用与挂载。由于小赵对此并不熟悉，于是请来飞越公司的工程师帮忙。

网络环境如图 3-82 所示。

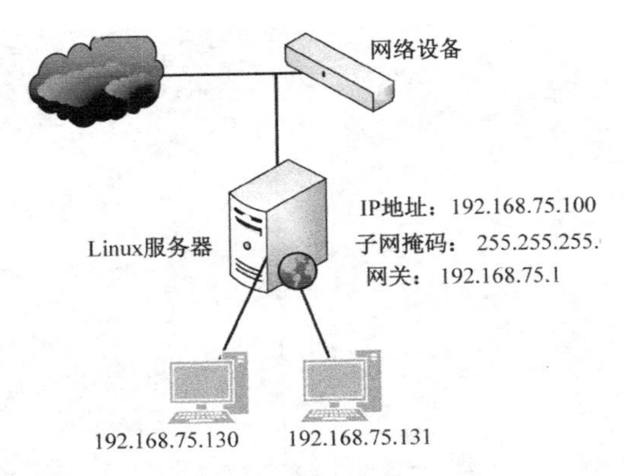

图 3-82　网络环境

任务实施

步骤 1：配置 CentOS NFS 共享输出服务器端的某个目录，以便 NFS 客户端能挂载和访问此目录。

```
#vi /etc/exports
/home
192.168.75.130(rw,sync,fsid=0) 192.168.75.131(rw,sync,fsid=0)
```

192.168.75.130 和 192.168.75.131 的用户可以挂载 NFS 服务器（192.168.75.128）上的/home 目录到自己文件系统中；rw 在这里表示可读可写。

步骤 2：检查 CentOS NFS 服务器是否输出要共享的目录/home。

```
#exportfs
/home          192.168.75.130
/home          192.168.75.131
```

注意，NFS 使用 portmap，且新版本的 portmap 使用 hosts.deny 和 hosts.allow 文件来控制访问源，修改这两个配置文件，以便 NFS 客户端能正常连接到服务器，命令如下。

```
#vi /etc/hosts.deny
portmap:ALL
#vi /etc/hosts.allow
portmap:192.168.75.*
```

步骤 3：检查 NFS 服务器端是否有目录共享。

```
#showmount -e 192.168.75.128
Export list for 192.168.75.128
/home 192.168.75.130,192.168.75.131
```

步骤 4：使用 mount 挂载服务器端的目录/home 到客户端某个目录下。

```
#mount -t nfs 192.168.75.128:/home /home
#df -H
```

```
Filesystem            Size   Used  Avail Use% Mounted on
192.168.75.128:/home        232G   23G   198G  11% /home
```

步骤 5：在/etc/fstab 中挂载 NFS。

```
# vi /etc/fstab
192.168.75.128:/home    /home  nfs   defaults 0 0
#chkconfig netfs on
```

任务验收

通过本任务的实施，学会基于 Linux 服务器的 NFS 服务的安装配置。

评 价 内 容	评 价 标 准
基于 Linux 系统安装 NFS 服务	在规定时间内，开启 Linux 服务器的 NFS 服务共享，并成功挂载

拓展练习

建立新的共享目录，并成功共享。

项目验收

考 核 内 容	评 价 标 准
基于 Linux 系统的 NFS 服务安装	在规定时间内，完成 NFS 服务的安装和启动、共享启用和挂载

知识拓展　基于 3 种不同情况的 Apache 虚拟主机

任务描述

新兴学校的网络管理员小赵按照学校的业务需求，为学校的 Linux 服务器配置内部的 Apache 服务器，以方便教师和学生的使用。

任务分析

安装 Apache 服务可以有两种方式：一种是直接通过 YUM 工具安装，另一种是下载 Apache 安装包并手动安装，下载地址为 http://httpd.apache.org/。由于小赵对此并不熟悉，于是请来飞越公司的工程师帮忙，由于教学中需要多种 Web 服务器，于是工程师建议使用 3 种不同情况的 Apache 服务器。

任务实施

1. 基于不同 IP 地址的虚拟主机

步骤 1： 先为服务器的第一块网卡（eth0）分配一个子接口 eth0:1，如图 3-83 所示。

```
#ifconfig eth0:1 58.116.88.27 netmask 255.255.255.0 up
```

```
[root@lihaigang ~]# ifconfig eth0:1 58.116.88.27 netmask 255.255.255.0 up
```

图 3-83　配置网卡的子接口

步骤 2： 编辑主配置文档 httpd.conf。

```
# vim /etc/httpd/conf/httpd.conf
```

由于要用两个站点来测试，所以要创建虚拟主机，虚拟主机的作用就是在一台 Apache 服务器上同时运行多个站点。

同样是在 httpd.conf 中进行修改，添加不同 IP 地址的虚拟主机，如图 3-84 所示。

```
NameVirtualHost *:80
<VirtualHost 58.116.88.26:80>
    DocumentRoot /www/web/26
</VirtualHost>_

<VirtualHost 58.116.88.27:80>
    DocumentRoot /www/web/27
</VirtualHost>
```

虚拟主机全部使用80端口

定义一个虚拟主机 IP地址 还有这个站点的根目录

图 3-84　编辑 Apache 主配置文档

步骤 3： 分别创建两个站点的根目录和首页文件，如图 3-85 所示。

```
#mkdir -p /www/web/26
#mkdir -p /www/web/27
#echo this is ip 58.116.88.26 page > /www/web/26/index.html
#echo this is ip 58.116.88.27 page > /www/web/27/index.html
```

```
[root@lihaigang ~]# mkdir -p /www/web/26
[root@lihaigang ~]# mkdir -p /www/web/27
[root@lihaigang ~]# echo this is ip 58.116.88.26 page > /www/web/26/index.html
[root@lihaigang ~]# echo this is ip 58.116.88.27 page > /www/web/27/index.html
```

图 3-85　建立两个站点的根目录和首页文件 index.html

步骤 4： 重新启动 httpd 服务，如图 3-86 所示。

```
# service httpd restart
```

```
[root@lihaigang ~]# service httpd restart
```

图 3-86　重新启动 httpd 服务

步骤 5： 使用 Windows 操作系统的 IE 浏览器进行测试，可以看出，基于不同 IP 地址的虚拟主机已经建立完成，如图 3-87 所示。

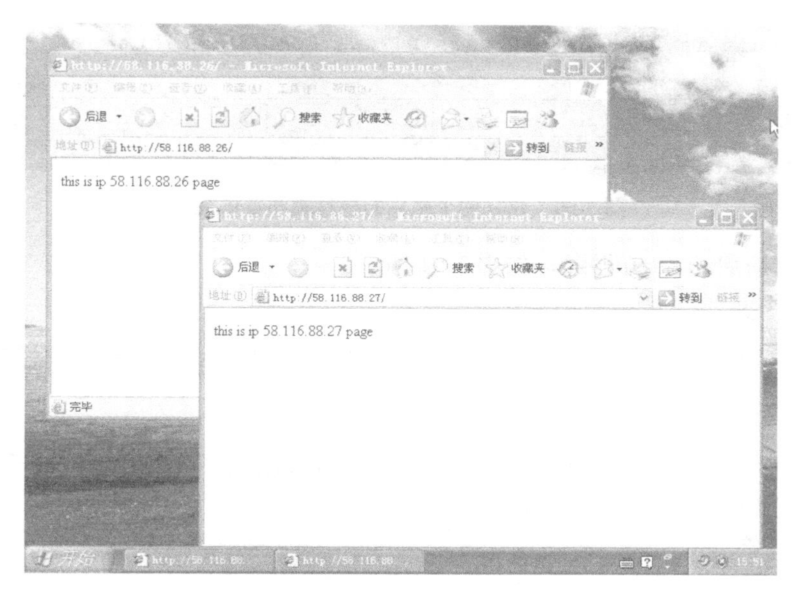

图 3-87　验证基于不同 IP 地址的虚拟主机

2. 基于不同端口的虚拟主机

步骤 1： 编辑 httpd 的主配置文档 vim /etc/httpd/conf/httpd.conf，在第 134 行前后找到语句 Listen 80，在其下面添加一行，使它同时监听第二个端口 8080，如图 3-88 所示。

```
Listen 8080
```

```
# Change this to Listen on specific IP addresses as shown below to
# prevent Apache from glomming onto all bound IP addresses (0.0.0.0)
#
#Listen 12.34.56.78:80
Listen 80
Listen 8080
#
# Dynamic Shared Object (DSO) Support
```

图 3-88　修改 Apache 配置文件的端口监听部分

步骤 2： 同样是在 httpd.conf 中进行修改，添加两个虚拟主机，如图 3-89 所示。

```
<VirtualHost 58.116.88.26:80>
    DocumentRoot /www/80
</VirtualHost>            ←—— 两个站点的IP相同，只有端口和根目录不同

<VirtualHost 58.116.88.26:8080>
    DocumentRoot /www/8080_
</VirtualHost>
```

图 3-89　添加基于不同端口的虚拟主机

步骤 3： 分别为两个站点创建根目录和首页，如图 3-90 所示。

```
#mkdir -p /www/80
#mkdir -p /www/8080
# echo this is Listen 80 page > /www/80/index.html
```

```
#echo this is Listen 8080 page > /www/8080/index.html
```

```
[root@lihaigang ~]# mkdir -p /www/80
[root@lihaigang ~]# mkdir -p /www/8080
[root@lihaigang ~]# echo this is Listen 80 page > /www/80/index.html
[root@lihaigang ~]# echo this is Listen 8080 page > /www/8080/index.html
```

图 3-90　建立两个站点的根目录和首页文件

步骤 4：重新启动 httpd 服务，如图 3-91 所示。

```
# service httpd restart
```

```
[root@lihaigang ~]# service httpd restart
```

图 3-91　重新启动 httpd 服务

步骤 5：使用 Windows 操作系统的 IE 浏览器进行测试，可以看出，基于不同端口的虚拟主机已经建立完成，如图 3-92 所示。

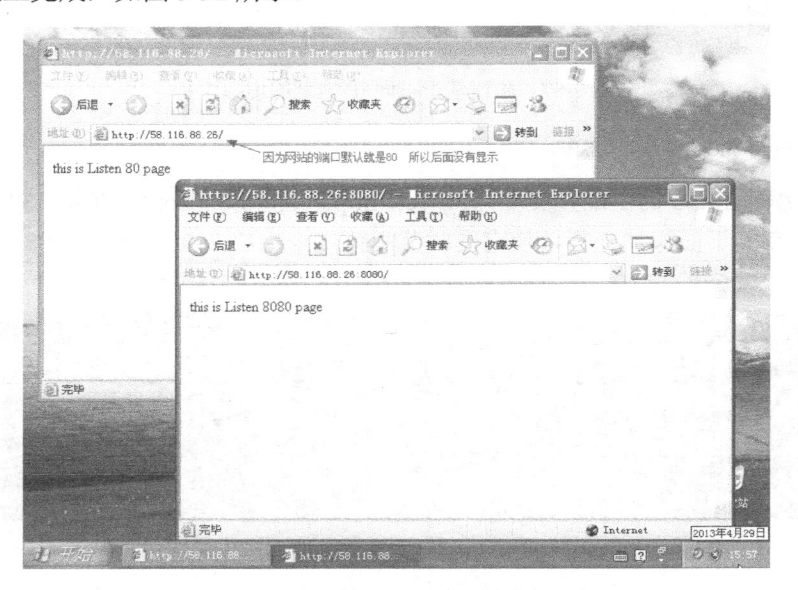

图 3-92　验证基于不同端口的虚拟主机

3. 基于不同域名的虚拟主机

步骤 1：　搭建 DNS 服务器在其中添加两条 A 记录，如图 3-93 所示。

```
www   IN A 58.116.88.26
www1  IN A 58.116.88.26
```

```
www        A        58.116.88.26
www1       A        58.116.88.26
```

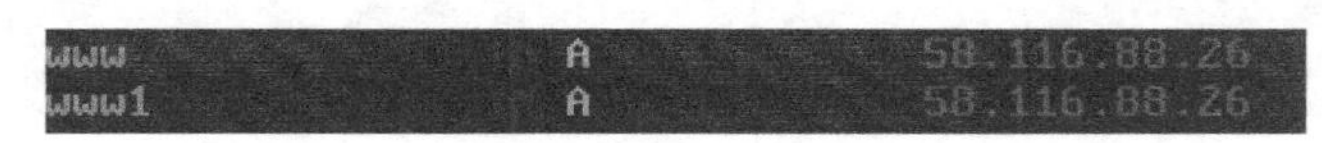

图 3-93　添加两个 DNS 服务的 A 记录

步骤 2：编辑 httpd 的主配置文档 vim /etc/httpd/conf/httpd.conf，添加两个基于不同域名的虚拟主机，如图 3-94 所示。

```
NameVirtualHost *:80
<virtualhost *:80>
        documentroot      /www/web/www
        _servername       www.qs.com      ←—— 添加servername 为这个站点绑定一个域名
</virtualhost>

<virtualhost *:80>
        documentroot      /www/web/www1
        servername        www1.qs.com
</virtualhost>
```

图 3-94 修改 httpd 主配置文件

步骤 3：分别为两个站点创建根目录和首页，如图 3-95 所示。

```
#mkdir -p /www/web/www
#mkdir -p /www/web/www1
#echo this is www.qs.com page > /www/web/www/index.html
#echo this is www1.qs.com page > /www/web/www1/index.html
```

```
[root@lihaigang ~]# mkdir -p /www/web/www
[root@lihaigang ~]# mkdir -p /www/web/www1
[root@lihaigang ~]# echo this is www.qs.com page > /www/web/www/index.html
[root@lihaigang ~]# echo this is www1.qs.com page > /www/web/www1/index.html
```

图 3-95 建立根目录和首页

步骤 4：重新启动 httpd 服务，如图 3-96 所示。

```
# service httpd restart
```

```
[root@lihaigang ~]# service httpd restart
```

图 3-96 重新启动 httpd 服务

步骤 5：使用 Windows 操作系统的 IE 浏览器进行测试，可以看出，基于不同域名的虚拟主机已经建立完成，如图 3-97 所示。

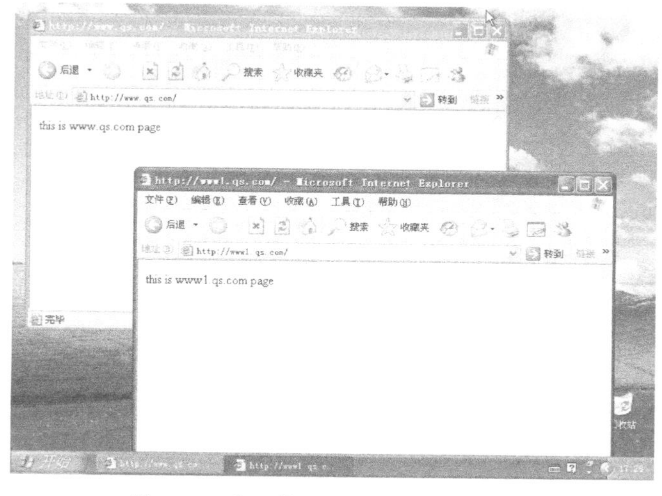

图 3-97 验证基于不同域名的虚拟主机

通过本任务的实施，学会基于 Linux 服务器的 Apache 服务的 3 种不同情况的服务器搭建方法。

评 价 内 容	评 价 标 准
Apache 中 3 种不同情况的服务器搭建方法	在规定时间内，完成基于 Linux 服务器的 Apache 的 3 种不同情况的服务器搭建

单 元 总 结

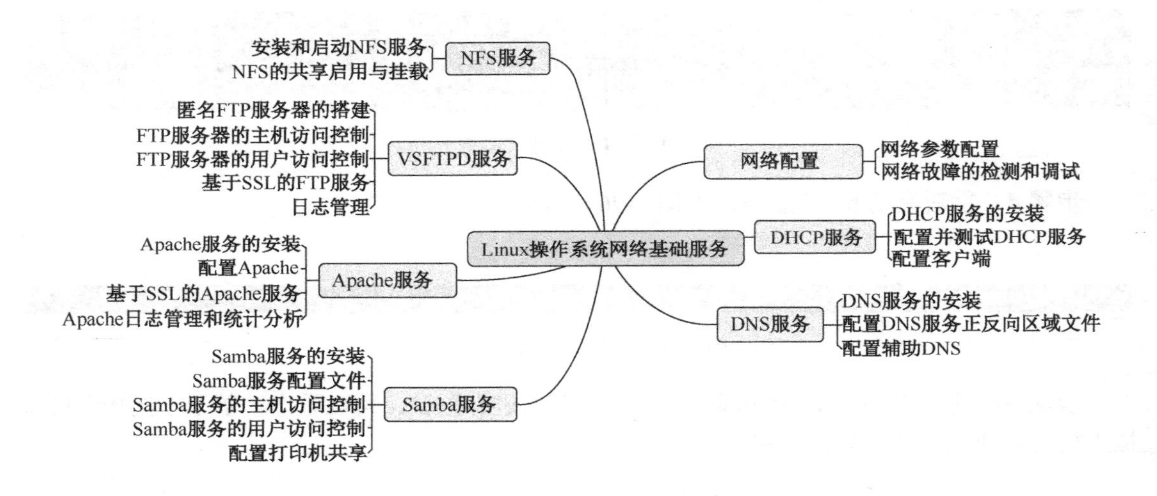

学习单元4

Linux操作系统网络高级服务

☆ 单元概要

（1）本学习单元主要介绍 Linux 操作系统中的数据库和邮件服务。随着大数据时代的来临，各种信息化手段日新月异，易于管理且运行稳定的数据库能够为各类信息化平台提供良好的后台支持，MySQL 是其中的典型代表。同样作为应用层服务，邮件服务在企业运行和管理中起到了决定性的作用。

（2）目前，在全国职业院校技能大赛中职组网络搭建及应用项目中，使用 CentOS 5.5 的 Linux 操作系统。该系统可以进行数据库服务、邮件服务的安装与配置。

（3）在 MySQL 与 Sendmail 服务安装结束后，需要对两种服务进行配置，通过这些配置，服务才能够正常运行。另外，MySQL 服务提供了两种模式可供用户配置和使用，Sendmail 服务提供了 SMTP 认证的邮件服务。

☆ 单元情境

新兴学校的服务器群已经架设完毕，由于学校招生规模的扩大，学校决定使用 OA 的方式对学生的学籍进行管理，同时给学校的每位教师设置邮箱，这样可以极大地方便管理和提高工作的效率。管理员小赵把学校的需求反馈给了飞越公司，飞越公司的工程师决定在服务器上架设数据库和邮件服务。在数据库方面，选择了市面上比较常用且稳定的 MySQL，邮件服务选择了 Sendmail。作为网络管理员的小赵，要协助飞越公司，在规定的时间内，快速地完成两个服务的架设和调试工作。

项目 1　数据库服务

项目描述

新兴学校为了实现自动化的学籍管理系统，需要飞越公司的工程师通过在服务器系统上安装 MySQL 服务来实现，安装完成后需要对服务环境进行配置并对数据库进行调试，希望网络管理员小赵配合飞越公司的工程师抓紧时间，尽快完成项目，使服务器尽快投入使用。

项目分析

飞越公司的工程师和管理员小赵经过认真分析，认为需要先确认这台 Linux 服务器是否安装了全部的 MySQL 软件包，如果没有安装成功，则需要使用相关命令安装 MySQL 软件包。安装成功之后，使用命令模式和图形模式配置该服务，并通过创建、删除、查看数据库等操作调试数据库服务。整个项目的认知与分析流程如图 4-1 所示。

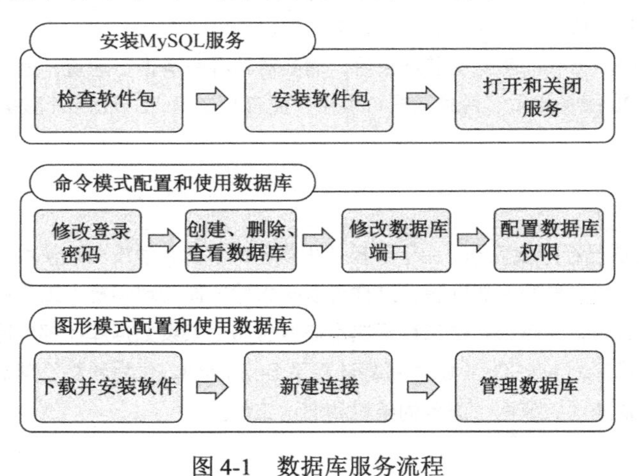

图 4-1　数据库服务流程

任务 1　安装 MySQL 服务

任务描述

飞越公司的工程师要为新兴学校完成数据库服务器的配置，需要先安装 MySQL 服务，网络管理员小赵在工程师的指导下，先判断是否已经安装好了该服务，如果没有，则安装所有相关软件包，从而为后续的任务提供保障。

任务分析

飞越公司工程师和小赵进行沟通后，发现服务器在安装操作系统的过程中使用的是文本化界面，软件包安装情况未知，小赵决定先检查软件包的安装情况，如果没有安装 MySQL 软件包，则使用相关命令安装，并对安装情况进行检查。

任务实施

步骤 1： 检查 MySQL 数据库是否安装。在安装 MySQL 数据库服务前，先使用如下命令检查系统是否已经安装了 MySQL 软件包。如果没有安装软件包，则返回空行；如果已经安装了相关的软件包，则如图 4-2 所示。

```
[root@localhost ~]# rpm -qa | grep mysql
mysql-connector-odbc-3.51.26r1127-1.el5
mysql-5.0.95-5.el5_9
mod_auth_mysql-3.0.0-3.2.el5_3
php-mysql-5.1.6-27.el5
libdbi-dbd-mysql-0.8.1a-1.2.2
mysql-server-5.0.95-5.el5_9
mysql-bench-5.0.95-5.el5_9
mysql-devel-5.0.95-5.el5_9
[root@localhost ~]# _
```

图 4-2　检查 MySQL 软件包安装情况

```
#rpm -qa | grep mysql
```

步骤 2： 安装 MySQL 数据库软件包。如果系统没有安装相应的 MySQL 数据库软件包，则需要使用如下命令安装 MySQL 和 MySQL-Server 两个软件。

```
#yum install mysql mysql-server
```

步骤 3： 通过连接互联网或本地 YUM 库，系统查找到 4 个相关的软件包（15MB），网络管理员检查无误后，按“Y”键进行确认，如图 4-3 所示。确认结束后，系统开始逐一对软件包进行安装，安装结束后，会显示安装情况，如图 4-4 所示。

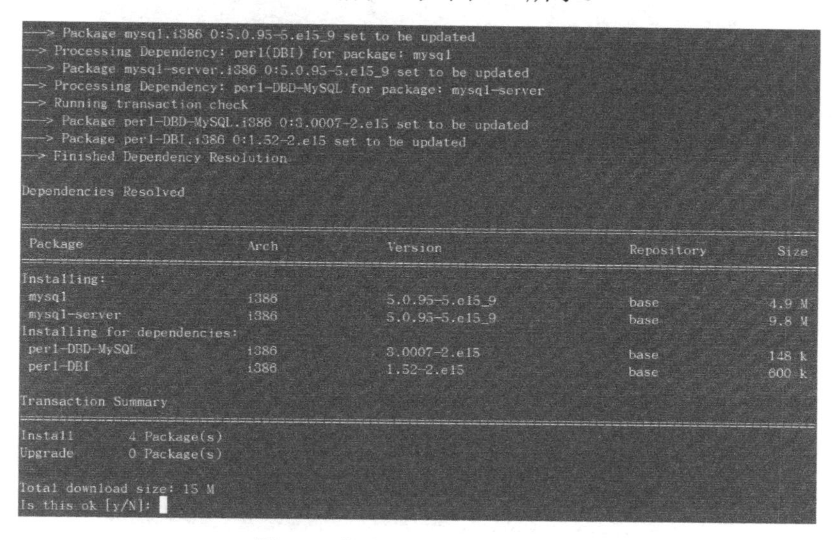

```
---> Package mysql.i386 0:5.0.95-5.el5_9 set to be updated
--> Processing Dependency: perl(DBI) for package: mysql
---> Package mysql-server.i386 0:5.0.95-5.el5_9 set to be updated
--> Processing Dependency: perl-DBD-MySQL for package: mysql-server
--> Running transaction check
---> Package perl-DBD-MySQL.i386 0:3.0007-2.el5 set to be updated
---> Package perl-DBI.i386 0:1.52-2.el5 set to be updated
--> Finished Dependency Resolution

Dependencies Resolved

 Package              Arch       Version              Repository     Size
Installing:
 mysql                i386       5.0.95-5.el5_9       base          4.9 M
 mysql-server         i386       5.0.95-5.el5_9       base          9.8 M
Installing for dependencies:
 perl-DBD-MySQL       i386       3.0007-2.el5         base          148 k
 perl-DBI             i386       1.52-2.el5           base          600 k

Transaction Summary

Install       4 Package(s)
Upgrade       0 Package(s)

Total download size: 15 M
Is this ok [y/N]:
```

图 4-3　搜索需要安装的软件包

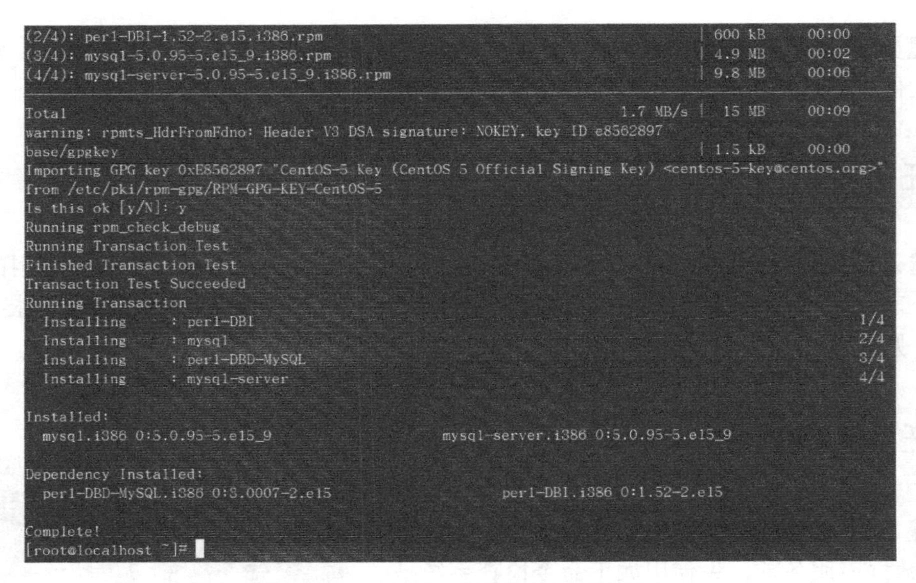

图 4-4　MySQL 数据库软件包安装成功

步骤 4：MySQL 数据库的启动和关闭。安装 MySQL 数据库软件包完毕后，使用如下命令第一次启动 MySQL 数据库服务时，系统会安装 MySQL 系统数据表和帮助数据表，如图 4-5 所示。

```
#service mysqld start
```

步骤 5：由于 MySQL 数据库默认密码为空，系统在此会提示如何设置 MySQL 数据库密码，从而提高数据库的安全性，如图 4-6 所示。

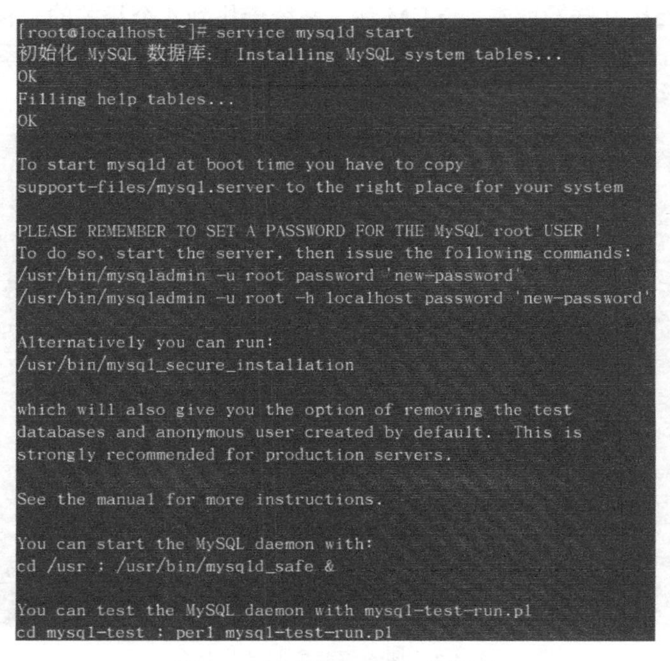

图 4-5　初始化 MySQL 数据库

```
Please report any problems with the /usr/bin/mysqlbug script!

The latest information about MySQL is available on the web at
http://www.mysql.com
Support MySQL by buying support/licenses at http://shop.mysql.com
                                                          [确定]
启动 mysqld:                                               [确定]
```

图 4-6　MySQL 数据库服务启动成功

步骤 6： 关闭 MySQL 数据库服务。在命令行中输入以下命令可以关闭 MySQL 数据库服务，如图 4-7 所示。

```
#service mysqld stop
```

```
[root@localhost ~]# service mysqld stop
停止 mysqld:                                          [确定]
```

图 4-7　关闭 MySQL 数据库服务

任务验收

通过本任务的实施，学会安装 MySQL 数据库软件包。

评 价 内 容	评 价 标 准
安装 MySQL 服务	在规定时间内，检查服务器是否安装了 MySQL 服务，如果没有安装，则使用命令安装 MySQL 服务

拓展练习

为 Linux 服务器安装 MySQL 服务，检查安装的结果。

任务 2　使用命令模式配置和使用 MySQL 数据库

任务描述

新兴学校的管理员小赵在飞越公司工程师的辅助下，对 MySQL 服务进行了安装，现需要对 MySQL 服务进行配置。在配置过程中，可以使用命令和图形两种模式。网络管理员小赵首先尝试使用命令模式进行配置。

任务分析

管理员小赵和飞越公司的工程师对本任务进行分析后，决定使用命令模式进行数据库密码的修改；创建、删除、查看数据库；修改 MySQL 数据库端口以免冲突；管理用户在本地和远程登录 MySQL 数据库的权限。

1. MySQL 数据库的登录、退出和密码修改

步骤 1：无密码登录。MySQL 数据库在安装后，默认没有密码，所以可以通过以下命令登录数据库，并通过输入 quit 或 exit 命令退出数据库，如图 4-8 所示。

```
#mysql -u root
```

```
[root@localhost ~]# mysql -u root
Welcome to the MySQL monitor.  Commands end with ; or \g.
Your MySQL connection id is 2
Server version: 5.0.95 Source distribution

Copyright (c) 2000, 2011, Oracle and/or its affiliates. All rights reserved.

Oracle is a registered trademark of Oracle Corporation and/or its
affiliates. Other names may be trademarks of their respective
owners.

Type 'help;' or '\h' for help. Type '\c' to clear the current input statement.

mysql> exit
Bye
```

图 4-8　无密码登录 MySQL 数据库

步骤 2：有密码登录。使用如下命令，为 root 用户设置登录 MySQL 数据库时的密码为 Aa123456，如图 4-9 所示。

```
#mysqladmin -u root password Aa123456
```

```
[root@localhost ~]# mysqladmin -u root password Aa123456
```

图 4-9　设置 root 账户登录 MySQL 数据库时的密码

步骤 3：通过在命令行中输入相关命令，加入参数 p，从而使用 root 密码登录 MySQL 数据库，如图 4-10 所示。

```
#mysql -u root -p
```

```
[root@localhost ~]# mysql -u root -p
Enter password:
Welcome to the MySQL monitor.  Commands end with ; or \g.
Your MySQL connection id is 10
Server version: 5.0.95 Source distribution

Copyright (c) 2000, 2011, Oracle and/or its affiliates. All rights reserved.

Oracle is a registered trademark of Oracle Corporation and/or its
affiliates. Other names may be trademarks of their respective
owners.

Type 'help;' or '\h' for help. Type '\c' to clear the current input statement.

mysql> quit
Bye
```

图 4-10　有密码登录 MySQL 数据库

步骤 4：修改数据库密码。MySQL 数据库配置好密码后，也有可能需要修改密码，修改密码的方法是使用如下命令，通过输入旧密码，可以将其修改为新的密码，如图 4-11 所示。

```
#mysqladmin -u root -p password Aa123456
```

```
[root@localhost ~]# mysqladmin -u root -p password Aa123456
Enter password:
```

图 4-11 修改 MySQL 数据库登录密码

2. 创建、删除、查看数据库

网络管理员常用的 MySQL 数据库操作是查看、创建、删除数据库，网络管理员登录 MySQL 数据库，通过一系列的操作，管理 MySQL 数据库。

步骤 1：创建并查看数据库。创建 db1 数据库，并查看服务器中所有的数据库，检查创建是否成功。通过输入如下命令创建并查看数据库，如图 4-12 所示。

```
>create database db1;          //创建db1数据库
>show databases;               //查看所有MySQL数据库
```

```
[root@localhost ~]# mysql -u root -p
Enter password:
Welcome to the MySQL monitor.  Commands end with ; or \g.
Your MySQL connection id is 6
Server version: 5.0.95 Source distribution

Copyright (c) 2000, 2011, Oracle and/or its affiliates. All rights reserved.

Oracle is a registered trademark of Oracle Corporation and/or its
affiliates. Other names may be trademarks of their respective
owners.

Type 'help;' or '\h' for help. Type '\c' to clear the current input statement.

mysql> create database db1;
Query OK, 1 row affected (0.00 sec)

mysql> show databases;
+--------------------+
| Database           |
+--------------------+
| information_schema |
| db1                |
| mysql              |
| test               |
+--------------------+
4 rows in set (0.01 sec)
```

图 4-12 创建 db1 数据库并显示所有数据库

步骤 2：删除数据库。使用如下命令删除数据库，如图 4-13 所示。

```
>drop database db1;             //删除db1数据库
```

```
mysql> drop database db1;
Query OK, 0 rows affected (0.00 sec)

mysql> show databases;
+--------------------+
| Database           |
+--------------------+
| information_schema |
| mysql              |
| test               |
+--------------------+
3 rows in set (0.00 sec)
```

图 4-13　删除数据库 db1

3. 修改 MySQL 数据库端口

每个服务的运行都会用到端口，如 Microsoft SQL Server 端口为 1433，MySQL 数据库服务的默认端口为 3306。通常，只有端口出现冲突时，才需要修改。修改 MySQL 数据库端口时，必须在/etc/my.cnf 文档中的 mysqld 段落加上端口设置的语句，如图 4-14 所示。

```
port=3300                                 //设置端口为3300端口
```

```
[mysqld]
datadir=/var/lib/mysql
socket=/var/lib/mysql/mysql.sock
user=mysql
old_passwords=1
port=3300

[mysqld_safe]
log-error=/var/log/mysqld.log
pid-file=/var/run/mysqld/mysqld.pid
```

图 4-14　修改 my.cnf 文件

修改结束后，使用如下命令重新启动 MySQL 服务，然后检查服务的端口，如图 4-15 所示。

```
#service mysqld restart
#netstat -tunlp | grep mysqld
```

```
[root@localhost ~]# service mysqld restart
停止 mysqld:                                               [确定]
启动 mysqld:                                               [确定]
[root@localhost ~]# netstat -tunlp | grep mysqld
tcp        0      0 0.0.0.0:3300                0.0.0.0:*                   LISTEN      15726/mysqld
```

图 4-15　重启服务并检查端口

4. 配置 MySQL 数据库权限

1）MySQL 数据库服务的用户权限

MySQL 数据库服务的用户权限分为本机登录权限和远程登录权限两种。如果配置为本机（localhost），则该账号只能在 MySQL 数据库本机使用；如果开放远程主机连接 MySQL 数据库，则必须将账号配置给远程主机使用。

步骤 1： 配置本地用户 MySQL 数据库权限。

如果要授权用户 jack 有本机管理的权限，则需要在 MySQL 数据库中使用 grant 命令对用户（jack@localhost）进行授权，如图 4-16 所示。

```
>grant all privileges on *.* to jack@localhost identified by 'Aa123456';
//授予本地账户jack对所有数据库拥有所有管理权限，认证密码为Aa123456
```

```
[root@localhost ~]# mysql -u root -p
Enter password:
Welcome to the MySQL monitor.  Commands end with ; or \g.
Your MySQL connection id is 3
Server version: 5.0.95 Source distribution

Copyright (c) 2000, 2011, Oracle and/or its affiliates. All rights reserved.

Oracle is a registered trademark of Oracle Corporation and/or its
affiliates. Other names may be trademarks of their respective
owners.

Type 'help;' or '\h' for help. Type '\c' to clear the current input statement.

mysql> grant all privileges on *.* to jack@localhost identified by 'Aa123456';
Query OK, 0 rows affected (0.00 sec)

mysql>
```

图 4-16 对本地账户进行授权

步骤 2： 授权结束后，使用如下命令查看账户 jack 的本地权限，如图 4-17 所示。

```
>show grants for jack@localhost;
```

```
mysql> show grants for jack@localhost;
+----------------------------------------------------------------------------------------------+
| Grants for jack@localhost                                                                    |
+----------------------------------------------------------------------------------------------+
| GRANT ALL PRIVILEGES ON *.* TO 'jack'@'localhost' IDENTIFIED BY PASSWORD '22a86f6978e693a6' |
+----------------------------------------------------------------------------------------------+
1 row in set (0.00 sec)

mysql>
```

图 4-17 查看 jack 账户本地权限

步骤 3： 配置用户远程登录 MySQL 数据库的权限。

下面需要对用户 jack 在其他计算机远程登录 MySQL 数据库进行权限设置。配置允许该用户远程登录的 IP 地址为 192.168.1.102，则使用其他 IP 地址不能实现远程登录。配置方法是将本地用户语句中的 localhost 替换成 IP 地址，如图 4-18 所示。在后续任务中，小赵将使用 192.168.1.102 终端对远程登录进行测试。

```
>grant all privileges on *.* to jack@192.168.1.102 identified by 'Bb123456';
```

```
>show grants for jack@192.168.1.102;
```

```
mysql> grant all privileges on *.* to jack@192.168.1.102 identified by 'Bb123456';
Query OK, 0 rows affected (0.00 sec)

mysql> show grants for jack@192.168.1.102;
+--------------------------------------------------------------------------------------------+
| Grants for jack@192.168.1.102                                                              |
+--------------------------------------------------------------------------------------------+
| GRANT ALL PRIVILEGES ON *.* TO 'jack'@'192.168.1.102' IDENTIFIED BY PASSWORD '5dfd65bb4f0c52b3' |
+--------------------------------------------------------------------------------------------+
1 row in set (0.00 sec)

mysql>
```

图 4-18 配置远程登录 MySQL 数据库权限

2）删除用户及用户所有权限

当用户（tom）因离职或其他原因不再拥有登录数据库的权限时，网络管理人员必须第一时间将该账号删除，以免增加 MySQL 数据库的安全风险。

步骤 1：使用 root 账户登录 MySQL 数据库。使用如下命令查看 MySQL 数据库中 user 字段值等于 tom 的 host 和 user 记录，如图 4-19 所示。

```
>use mysql;
>select host,user from mysql.user where user='tom';
```

```
mysql> use mysql;
Database changed
mysql> select host,user from mysql.user where user='tom';
+---------------+------+
| host          | user |
+---------------+------+
| 192.168.1.102 | tom  |
| localhost     | tom  |
+---------------+------+
2 rows in set (0.00 sec)

mysql>
```

图 4-19 查看 tom 用户的所有 host 字段记录

步骤 2：使用 revoke 命令将所有属于 tom 用户的权限删除，如图 4-20 所示。

```
>revoke all privileges on *.* from tom@localhost;
>revoke all privileges on *.* from tom@192.168.1.102;
```

```
mysql> revoke all privileges on *.* from tom@localhost;
Query OK, 0 rows affected (0.00 sec)

mysql> revoke all privileges on *.* from tom@192.168.1.102;
Query OK, 0 rows affected (0.00 sec)

mysql>
```

图 4-20 删除所有 tom 用户的本地和远程登录权限

步骤 3：使用如下命令删除 MySQL 数据库中的所有 user 值为 tom 的记录，从而完成本次任务，如图 4-21 所示。

```
> use mysql;
```

```
>delete from user where user='tom';
```

```
mysql> use mysql;
Reading table information for completion of table and column names
You can turn off this feature to get a quicker startup with -A

Database changed
mysql> delete from user where user='tom';
Query OK, 2 rows affected (0.00 sec)
```

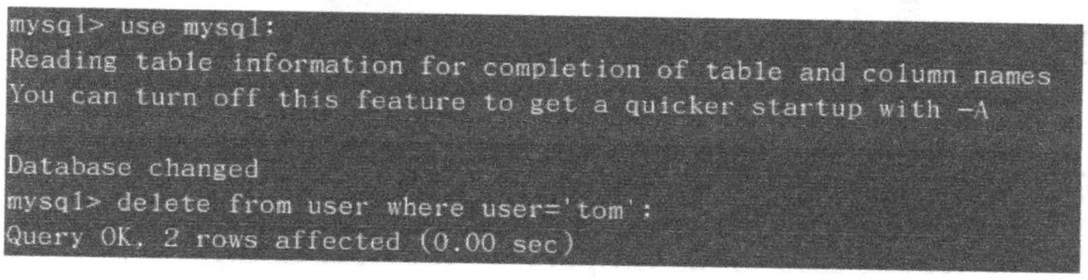

图 4-21　删除 MySQL 数据库中的 tom 用户记录

任务验收

通过本任务的实施，学会使用命令模式配置和使用 MySQL 数据库。

评 价 内 容	评 价 标 准
使用命令模式配置和使用 MySQL 数据库	在规定时间内，使用 root 账户登录 MySQL 数据库服务，使用命令模式对数据库进行添加、删除和查看操作；对数据库的默认端口进行修改；对数据库本地用户的登录权限进行设置

拓展练习

使用命令模式，在 CentOS 5.5 Linux 操作系统中完成如下操作。

（1）使用 root 用户登录 MySQL 数据库，并配置数据库密码。

（2）修改 MySQL 数据库的端口号为 3355。

（3）授予本地用户 lisa 对所有数据库进行管理的权限。

（4）删除本地用户 sara 在 192.168.100.1 上对数据库进行远程登录的权限。

任务 3　使用图形模式配置和使用 MySQL 数据库

任务描述

新兴学校的管理员小赵在飞越公司工程师的辅助下，对 MySQL 服务进行了安装，现需要对 MySQL 服务进行配置。小赵想通过使用操作简单、界面友好的软件完成任务，小赵尝试使用图形模式进行配置。

任务分析

通过对本任务进行分析，网络管理员小赵认为使用目前比较流行的图形管理工具 Navicat for MySQL 完成本任务最为恰当。该软件类似于 Microsoft SQL Server 的操作，比较容易上手。

1. 下载并安装 Navicat for MySQL

网络管理员从 Navicat 的官方网站（http://www.navicat.com.cn）下载 Navicat for MySQL 的免费版本后，将其安装到 Windows 7 操作系统中，如图 4-22 所示。

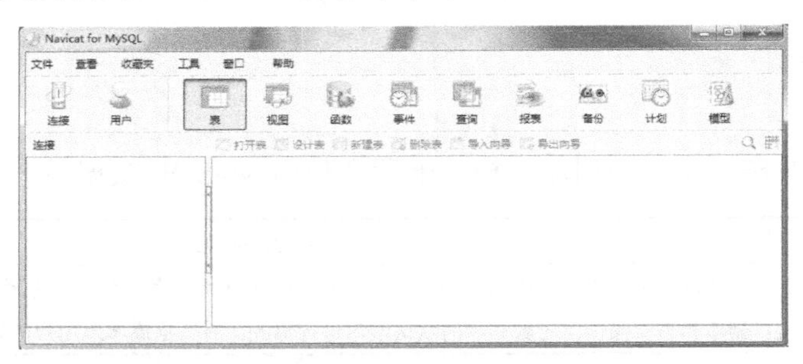

图 4-22　安装 Navicat for MySQL 免费版

2. 新建 Navicat for MySQL 的连接

在本项目的任务 2 中，曾经为 Linux 本地账户 jack 授予了在 192.168.1.102 上进行远程登录的权限，并授权其对所有数据库进行操作。在本任务中，网络管理员小赵将建立以 jack 为用户名登录的 MySQL 数据库连接。

步骤 1：新建连接。选择“文件”→“新建连接”选项，如图 4-23 所示。

步骤 2：新建连接的常规设置。在“常规”选项卡中，根据 MySQL 数据库所在服务器的情况设置连接名、主机或 IP 地址、端口号、用户名和密码。设置结束后，可以使用对话框左下角的“连接测试”按钮进行测试，测试成功后会弹出提示对话框，如图 4-24 所示。

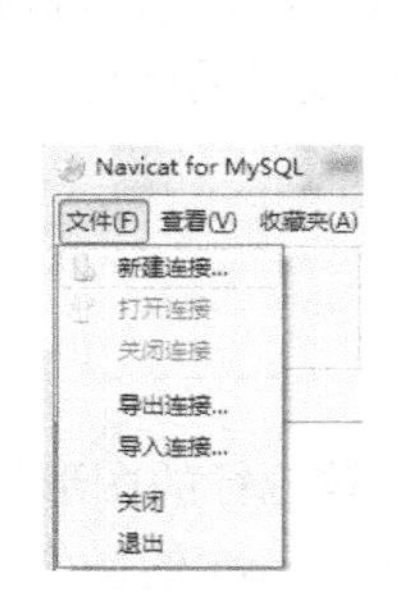

图 4-23　新建连接

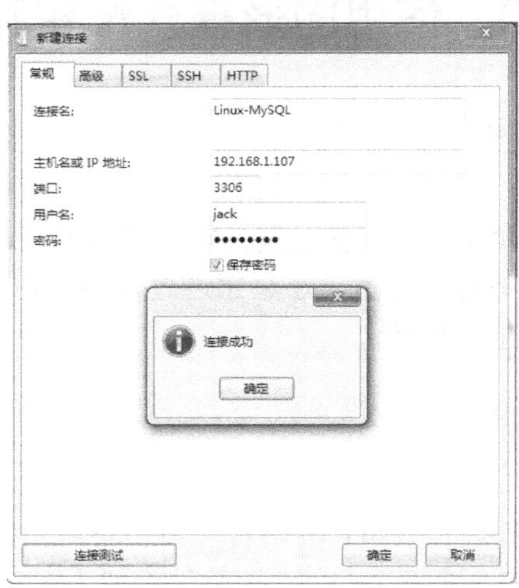

图 4-24　新建连接的常规设置

3. 管理数据库

在正常连接后，用户可以看到 MySQL 数据库内的所有数据库，用户通过获得授权，可以对数据库进行新建、删除、修改、查询等操作。

步骤 1： 新建数据库。

右击连接项目，在弹出的快捷菜单中选择“新建数据库”选项，可以新建数据库。在对数据库名和字符集等参数进行设置后，单击“确定”按钮，新建数据库，如图 4-25 所示。

步骤 2： 新建数据表。

在新建数据库后，数据库中并不存在任何数据表。用户需要单击数据库，然后单击屏幕右侧的“新建表”按钮，从而打开新建表窗口，在窗口中对字段名、类型、长度、小数位、是否允许空值进行设置后，单击“保存”按钮，将名为 students 的数据表保存到 school 数据库中，如图 4-26 所示。

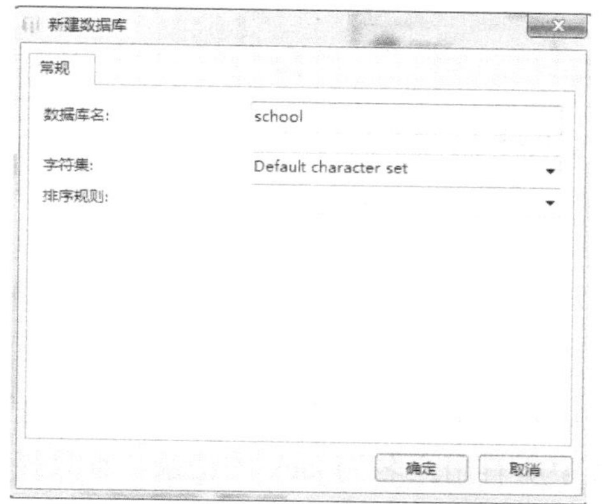

图 4-25　新建数据库

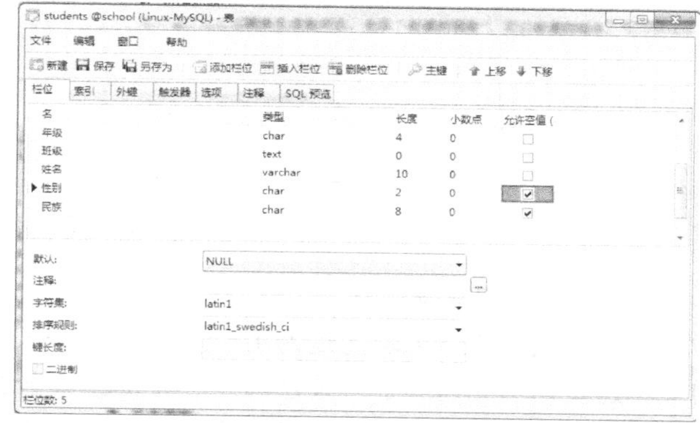

图 4-26　新建数据表

步骤 3： 修改数据表。

通过修改功能，可以对已经完成的数据表进行结构修改或记录修改。网络管理员小赵将 MySQL 数据库中的 user 数据表打开，对其中的倒数第 2 条记录中的 Host 字段进行修改，将原来的 IP 地址改为 localhost。操作方法如下：在数据表中选定该记录，直接指定字段进行修改，然后保存退出，如图 4-27 所示。

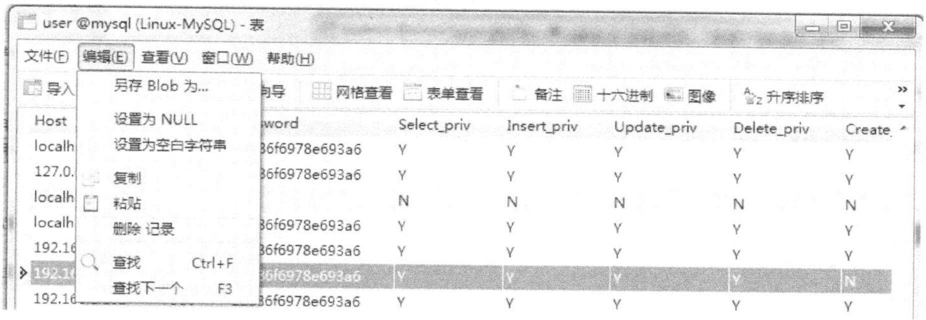

图 4-27　修改数据表记录

步骤 4： 删除数据库。

如果需要删除数据库，则应先将该数据库已经打开的所有数据表关闭，然后右击该数据库，在弹出的快捷菜单中选择“删除数据库”选项，在“确认删除”警告框中单击“删除”按钮，从而完成删除数据库的操作，如图 4-28 所示。

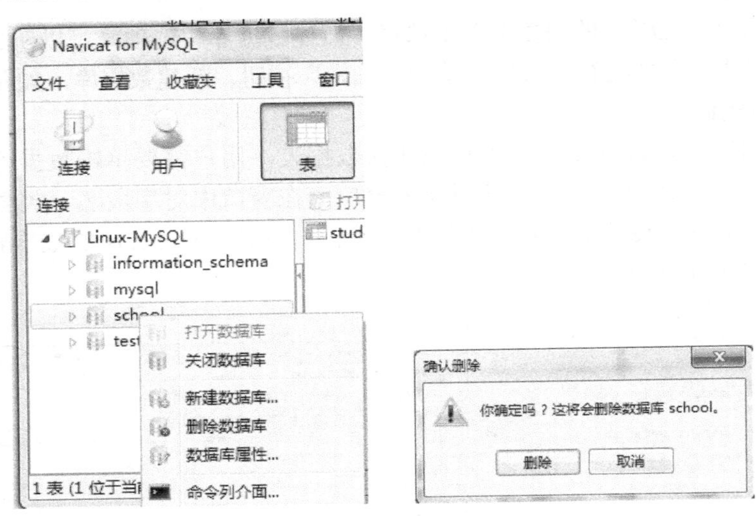

图 4-28　删除数据库

步骤 5： 查询数据。

数据库软件的一大功能是为用户提供强大的查询功能。网络管理员在 MySQL 数据库中通过新建查询功能建立了一条查询，查询 user 数据表中所有用户名为 jack 的记录，且只显示 host 和 user 两个字段的内容，通过查询，系统查找到 2 条记录，并在窗口的下半部分显示，如图 4-29 所示。

通过单击工具栏中的“保存”按钮，将这个查询保存起来，如果后续需对数据表进行修改，只要再次执行此查询语句，则所有符合条件的记录都会呈现在用户面前。

```
select host,user from mysql.user where use='jack';
```

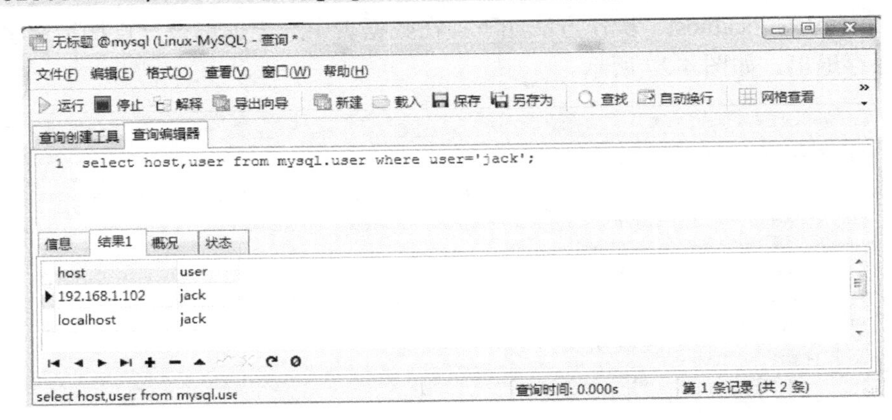

图 4-29　查询数据

任务验收

通过本任务的实施，学会使用 Navicat for MySQL 管理数据库。

评价内容	评价标准
使用图形模式配置和使用 MySQL 数据库	在规定时间内，为 Windows 操作系统下的计算机终端安装 Navicat for MySQL 软件，并与 Linux 操作系统下的 MySQL 服务进行连接，然后完成新建数据库、新建数据表、修改数据表结构、修改数据表内容、删除数据库（表）、查询数据等操作

拓展练习

使用图形模式，在 Linux 操作系统下的计算机终端安装 Navicat for MySQL 软件，并完成如下操作。

（1）使用 root 用户连接 Linux 操作系统下的 MySQL 数据库。

（2）新建名为 class 的数据库。

（3）在 class 数据库下新建名为 new 的数据表，并设置表格为本班的基本信息。

（4）在 new 数据表中输入 10 条记录并保存。

（5）使用查询功能对数据表进行查询。

项目验收

考核内容	评价标准
数据库服务	与客户确认，在规定时间内，完成对 MySQL 服务的安装与配置，使用命令模式和图形模式分别对数据库进行连接；使用 root 账户和普通账户连接 MySQL 服务，并对登录密码进行设置；对数据表进行添加、删除、修改、查询操作；对数据库用户进行本地登录和远程登录授权

项目 2　邮件服务

项目描述

新兴学校的服务器群已经架设完毕，由于学校招生规模的扩大，学校决定给学校的每位教师设置邮箱，这样可以极大地方便管理和提高工作的效率，要求网路管理员小赵在最短时间内安装邮件服务器并对邮件服务进行配置，从而使该服务器尽快投入使用。

项目分析

飞越公司的工程师配合网络管理员小赵对网络进行分析后，决定使用功能强大的邮件服务 Sendmail 来完成本项目。首先需要确认这台 Linux 服务器是否安装了全部的 Sendmail 软件包。安装软件包任务结束后，对 DNS 服务和 Sendmail 服务进行配置，再建立基于 POP3 的邮件服务和基于 SASL 认证的邮件账号认证系统，从而完成邮件服务的搭建。整个项目的认知与分析流程如图 4-30 所示。

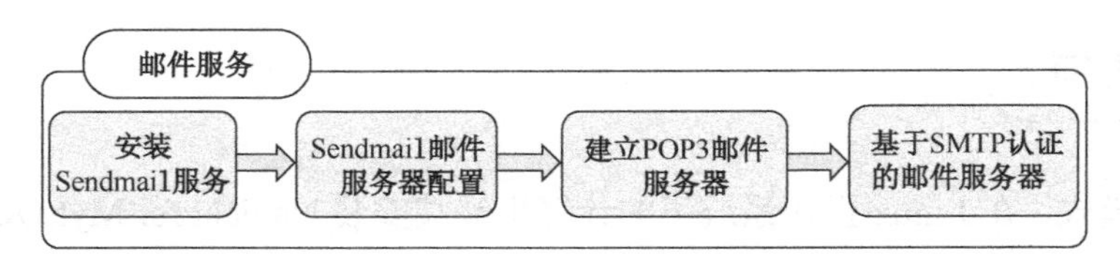

图 4-30 项目流程

任务 1 安装 Sendmail 服务

任务描述

若要为新兴学校配置邮件服务器，先需要安装 Sendmail 服务。网络管理员小赵在工程师的指导下，先判断是否已经安装好了该服务，如果没有，则应安装所有相关软件包，从而为后续的任务提供保障。

任务分析

飞越公司工程师和小赵进行沟通后，得知服务器在安装操作系统的过程中使用了文本化界面，软件包安装情况未知，小赵决定先检查软件包的安装情况，如果没有安装 Sendmail 软件包，则使用相关命令安装，并对安装情况进行检查。

任务实施

1. 检查 Sendmail 服务软件包

使用如下命令检查 Linux 服务器是否安装了 Sendmail 软件，如果没有任何显示信息，则表示没有安装 Sendmail 服务，需要自行安装；如果已经安装好了软件包，则显示该软件包的名称和版本号，如图 4-31 所示。

```
# rpm -qa | grep sendmail
```

```
[root@qs ~]# rpm -qa | grep sendmail
sendmail-8.13.8-8.el5
```

图4-31 检查Sendmail软件包的安装情况

2. 安装Sendmail服务

安装Sendmail服务的方法有多种，这里建议使用YUM在线安装的方法，该方法除了安装方便外，还可以使相关的应用软件全部自动安装。使用Sendmail服务需要安装两个基本软件，分别是Sendmail和Sendmail-cf。

执行如下命令，进行在线安装或调用本地YUM库进行安装。系统查找到两个软件包并执行升级和安装后，提示安装完成，如图4-32所示。

```
# yum install -y sendmailsendmail-cf
```

```
Transaction Summary
================================================================================
Install       1 Package(s)
Upgrade       1 Package(s)

Total download size: 929 k
Downloading Packages:
(1/2): sendmail-cf-8.13.8-8.1.el5_7.i386.rpm                | 306 kB     00:00
(2/2): sendmail-8.13.8-8.1.el5_7.i386.rpm                   | 624 kB     00:01
--------------------------------------------------------------------------------
Total                                           150 kB/s | 929 kB     00:06
Running rpm_check_debug
Running Transaction Test
Finished Transaction Test
Transaction Test Succeeded
Running Transaction
  Updating       : sendmail                                                 1/3
  Installing     : sendmail-cf                                              2/3
  Cleanup        : sendmail                                                 3/3

Installed:
  sendmail-cf.i386 0:8.13.8-8.1.el5_7

Updated:
  sendmail.i386 0:8.13.8-8.1.el5_7

Complete!
```

图4-32 安装Sendmail服务

3. 启动Sendmail服务

步骤1：邮件服务安装结束后，即可启动该服务了。为了避免每次开机后启动Sendmail服务，建议使用如下命令将该服务设置为开机默认启动，如图4-33所示。另外，在使用Sendmail服务的过程中，应当将系统其他的邮件服务（如postfix）关闭，以免造成服务之间的冲突。

```
# service sendmail start          //配置Sendmail服务默认启动
# chkconfig sendmail on           //启动Sendmail服务
```

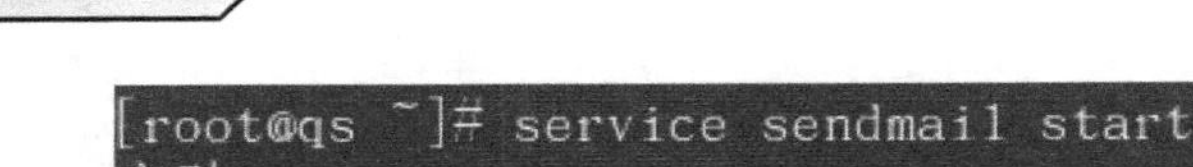

图 4-33　启动 Sendmail 服务

步骤 2：在 Sendmail 服务启动后，可以使用如下命令检查 Sendmail 服务是否正常运行，如图 4-34 所示。

```
# netstat -tunlp | grep sendmail
```

```
[root@qs ~]# netstat -tunlp | grep sendmail
tcp        0      0 0.0.0.0:25                  0.0.0.0:*                   LISTEN      9715/sendmail:
acce
```

图 4-34　检查 Sendmail 服务的情况

通过本任务的实施，学习为 Linux 服务器安装 Sendmail 服务的软件包，安装结束后启动并检查服务的情况。

评 价 内 容	评 价 标 准
安装 Sendmail 服务	在规定时间内，检查服务器是否安装了 Sendmail 服务，如果没有安装，则使用命令安装该服务；安装结束后，使用命令启动该服务并设置该服务开机自动启动；使用命令查看该服务的运行状态

为 Linux 服务器安装 Sendmail 服务，检查安装的结果。

任务 2　Sendmail 服务器配置

新兴学校信息中心的邮件服务器已经安装完毕，现管理员小赵要对邮件服务进行配置，使邮件服务可以对外连接并对外发送邮件。

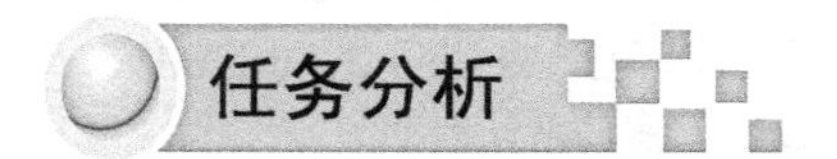

网络管理员小赵和飞越公司的工程师经过认真分析后，认为首先需要检查 Sendmail 的对外连通情况，然后配置其主配置文档，使其可以对外发送邮件，管理员小赵在工程师的协助

下准备完成该任务。

任务实施

1. 检查Sendmail的对外连通情况

步骤1：使用Vi编辑器打开Sendmail的主配置文件（/etc/mail/sendmail.cf），显示其内容共1827行。使用:set nu显示行号，定位到第265行，查看其内容，默认的Addr=127.0.0.1。在Windows客户端使用Telnet在命令编辑器中进行验证，邮件服务无法对外进行连接，如图4-35所示。

```
0 DaemonPortOptions=Port=smtp,Addr=127.0.0.1,Name=MTA
telnet 192.168.1.107 25
```

```
265 O DaemonPortOptions=Port=smtp,Addr=127.0.0.1, Name=MTA
266
267 # SMTP client options
268 #O ClientPortOptions=Family=inet, Address=0.0.0.0
```

```
C:\WINDOWS\system32\cmd.exe

C:\Documents and Settings\S.T.R>telnet 192.168.1.107 25
正在连接到192.168.1.107...不能打开到主机的连接， 在端口 25: 连接失败
```

图4-35 Sendmail默认关闭对外连接

步骤2：使用Vi编辑器将第265行代码中的Addr改为0.0.0.0，然后保存并退出，如图4-36所示。

```
0 DaemonPortOptions=Port=smtp,Addr=0.0.0.0,Name=MTA
```

```
265 O DaemonPortOptions=Port=smtp,Addr=0.0.0.0, Name=MTA
266
267 # SMTP client options
268 #O ClientPortOptions=Family=inet, Address=0.0.0.0
```

图4-36 修改Sendmail主配置文档中的第265行代码

步骤3：使用如下命令重新启动Sendmail服务，确认服务启动成功，如图4-37所示。

```
#service sendmail restart
```

```
[root@qs ~]# service sendmail restart
关闭 sm-client:                                [确定]
关闭 sendmail:                                 [确定]
启动 sendmail:                                 [确定]
启动 sm-client:                                [确定]
```

图4-37 重新启动Sendmail服务

步骤 4：在同网络中的另一台终端中使用 telnet 命令，可以显示邮件服务器的 IP 地址信息，表示邮件服务的外部连通已经开放，如图 4-38 所示。

```
telnet 192.168.1.107
```

```
Telnet 192.168.1.107
220 qs.com ESMTP Sendmail 8.13.8/8.13.8; Thu, 4 Sep 2014 10:31:15 +0800
```

图 4-38　Sendmail 服务对外连通测试

2. 配置 DNS 邮件记录

为了保证 Sendmail 服务能够正常使用，必须在 DNS 服务的正向记录中添加邮件记录。如果企业有多个服务器承担着 DNS 服务的角色，则需要在这些服务器上都添加邮件记录，并设置不同的优先级，从而实现负载的相对均衡。

步骤 1：在 DNS 服务器的正向记录中，添加 pop 和 smtp 两个主机头记录，并添加对应的邮件（MX）记录，指向邮件服务地址是 pop.qs.com.和 smtp.qs.com.，其优先级为 10，如图 4-39 所示。

```
IN MX 10 pop.qs.com.
IN MX 10 smtp.qs.com.
pop IN A 192.168.1.107
smtp IN A 192.168.1.107
```

```
                IN A            127.0.0.1
                IN AAAA         ::1
                IN MX 10 pop.qs.com.
                IN MX 10 smtp.qs.com.
www     IN      A        192.168.1.107
pop     IN      A        192.168.1.107
smtp    IN      A        192.168.1.107
```

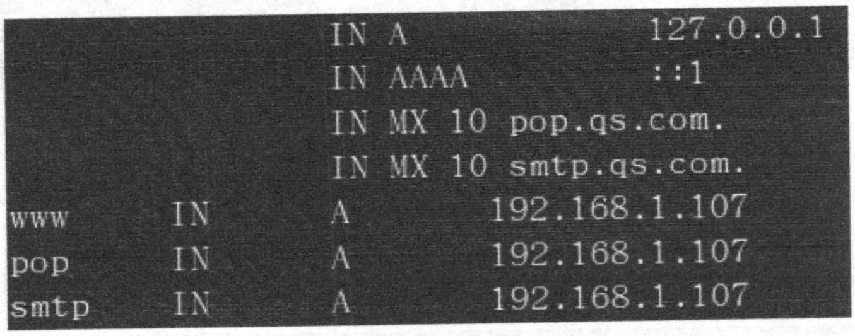

图 4-39　DNS 服务正向文件添加 MX 记录

步骤 2：在 DNS 服务器的反向记录中，添加与 pop 和 smtp 主机头对应的反向记录，由 IP 地址指向域名，如图 4-40 所示。

```
107   IN   PTR www.qs.com.
107   IN   PTR pop.qs.com.
107   IN   PTR smtp.qs.com.
```

```
                IN NS           @
                IN A            127.0.0.1
                IN AAAA         ::1
107     IN      PTR      www.qs.com.
107     IN      PTR      pop.qs.com.
107     IN      PTR      smtp.qs.com.
```

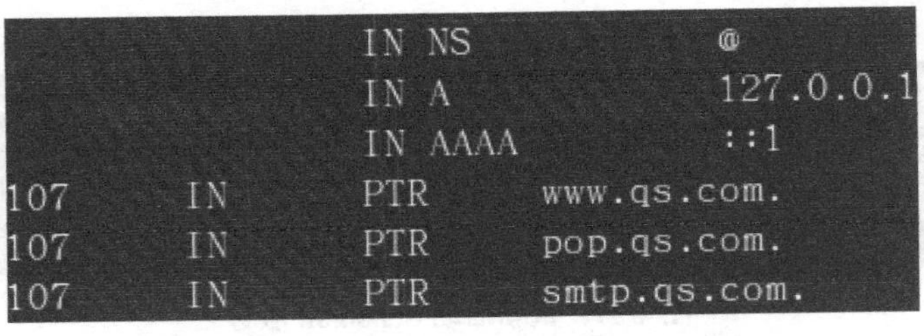

图 4-40　DNS 服务反向文件添加对应记录

步骤 3： 使用如下命令重新启动 DNS 服务，确保服务正常运行，如图 4-41 所示。

```
#service named restart
```

```
[root@qs named]# service named restart
停止 named:                                                    [确定]
启动 named:                                                    [确定]
```

图 4-41　重新启动 DNS 服务

3. 配置邮件服务器对外发信

登录邮件服务器，配置邮件服务器的权限，从而测试该邮件服务器是否能正确地对外发信，否则会发生错误。

步骤 1： 配置邮件服务器文件（/etc/mail/access）。

使用 Vi 编辑器打开配置文件，在第 10 行添加如下两条语句，从而实现对邮件服务域名和 IP 地址网段的相应许可，如图 4-42 所示。

```
Connect:qs.com                    RELAY
Connect:192.168.1.*               RELAY
```

```
 6 # by default we allow relaying from localhost...
 7 Connect:localhost.localdomain              RELAY
 8 Connect:localhost                          RELAY
 9 Connect:127.0.0.1                          RELAY
10 Connect:qs.com                             RELAY
11 Connect:192.168.1.*                        RELAY
```

图 4-42　配置邮件服务器对外发信

步骤 2： 使用如下命令，生成新的 access.db 数据库，如图 4-43 所示。

```
# makemap hash access.db<access
```

```
[root@qs mail]# makemap hash access.db<access
```

图 4-43　生成新的数据库文件

步骤 3： 配置 dovecot 服务，开启 POP3 服务。在 CentOS 操作系统中默认由 dovecot 软件提供 IMAP 和 POP 服务。使用 Vi 编辑器打开该服务的配置文件（/etc/dovecot.conf），确保第 20 行中的语句前的注释标记（#）去除了，从而开启 IMAP 和 POP 等服务支持，如图 4-44 所示。

```
18 # Protocols we want to be serving: imap imaps pop3 pop3s
19 # If you only want to use dovecot-auth, you can set this to "none".
20 protocols = imap imaps pop3 pop3s
```

图 4-44　修改 dovecot 配置文件

步骤 4： 使用如下语句启动 dovecot 服务，如图 4-45 所示。

```
# service dovecot restart
```

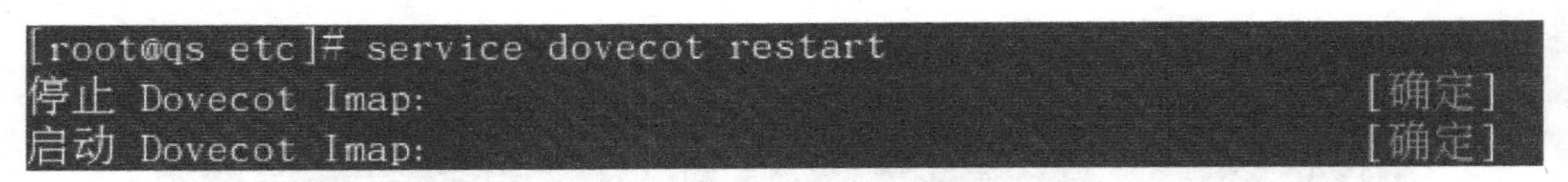

图 4-45　启动 dovecot 服务

4. 测试邮件服务器对外发信功能

步骤 1：新建邮件服务用户。在配置邮件服务器结束后，需要对该服务进行测试。首先使用 useradd 命令建立两个测试用户，即 user1 和 user2，并使用 passwd 命令为这两个用户设置密码，具体方法请参考之前的学习单元的内容。

步骤 2：分别在两台 Windows 操作系统上打开 Outlook Express 软件，设置两个邮件用户，下面仅以 user1 为例说明。

（1）打开 Outlook Express 软件，设置邮箱使用者为“user1”，单击“下一步”按钮，如图 4-46 所示。

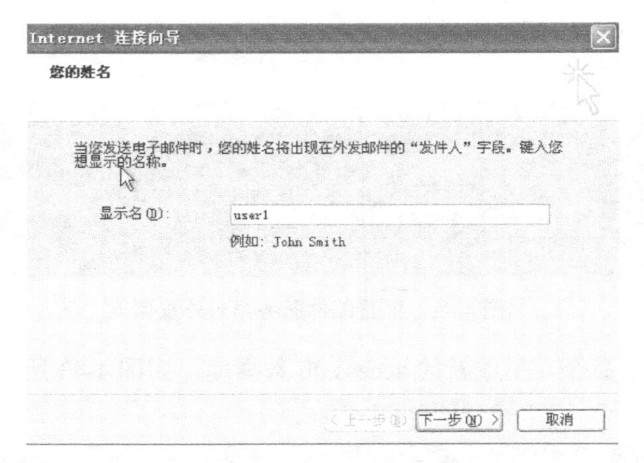

图 4-46　显示名设置

（2）设置电子邮件地址是“user1@qs.com”，单击“下一步”按钮，如图 4-47 所示。

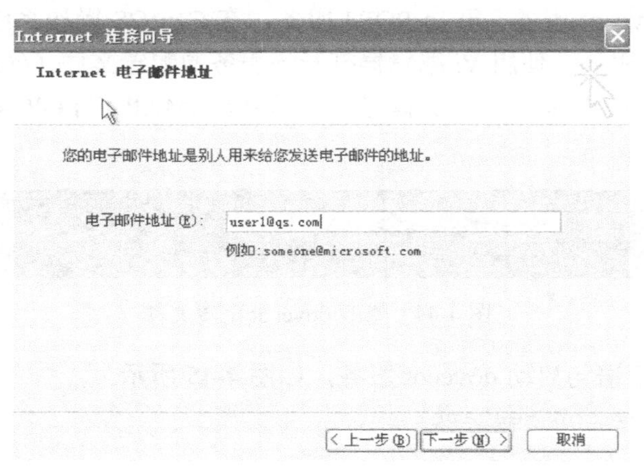

图 4-47　电子邮箱地址设置

（3）设置邮箱服务器为 POP3，设置接收邮件服务器为“pop.qs.com”；将发送邮件服务器设置为“smtp.qs.com”，单击“下一步”按钮，如图 4-48 所示。

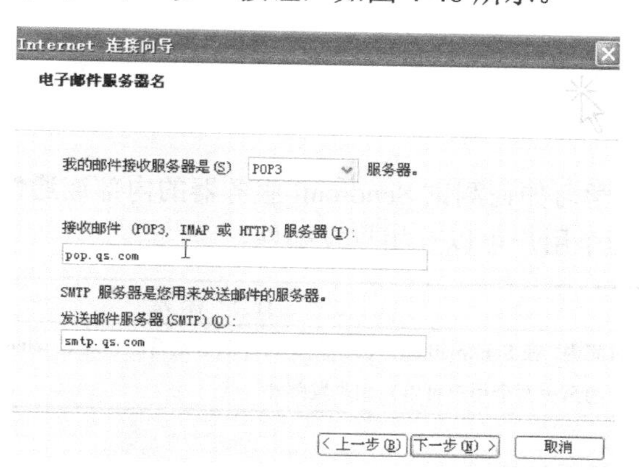

图 4-48　电子邮件服务器名设置

（4）设置登录该邮件服务器的用户名和密码，单击“下一步”按钮，完成设置，如图 4-49 所示。

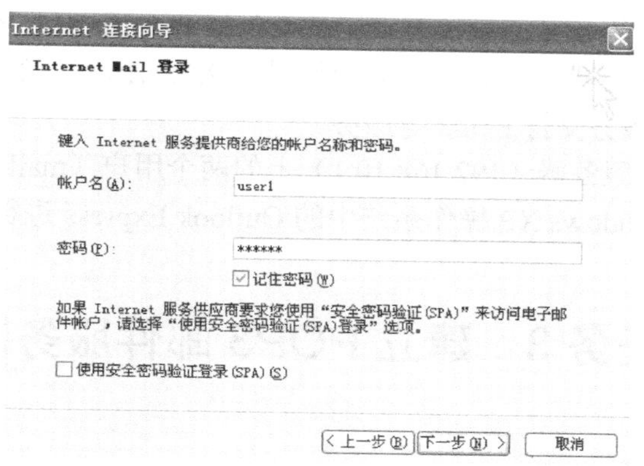

图 4-49　邮箱登录用户名和密码设置

步骤 3：使用 user1 用户给本地服务器的 user2 用户发信。使用 Outlook Express 软件编辑邮件，并发送给 user2 用户，user2 用户在计算机上接收此邮件。通过测试，可看到 user1 发送了一封主题为“this is user1”，内容为“user1”的邮件给 user2 用户，如图 4-50 所示。

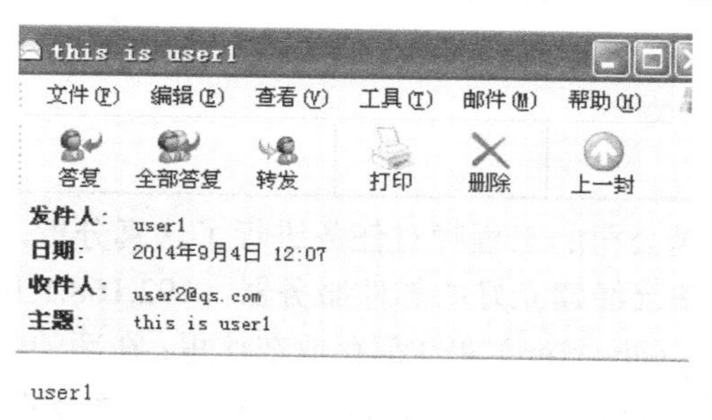

图 4-50　服务器内用户邮件收发成功

通过测试，可以看到：在 Sendmail 服务器内部建立了两个邮件用户，它们可以自由地收发邮件，Sendmail 服务器配置成功。

通过本任务的实施，学习如何测试 Sendmail 服务器的内部连通性，如何配置邮件服务器，以使服务器内部的至少两个用户可以互相收发邮件。

评 价 内 容	评 价 标 准
Sendmail 服务器配置	在规定时间内，在 Sendmail 服务器上测试邮件服务是否能够通过 telnet 命令连通，并根据企业要求配置服务器上的至少两个用户可以互相收发邮件

使用命令界面，在 VirtualBox 4.3.6 虚拟机软件上配置 Sendmail 服务器。具体要求如下。

（1）配置 DNS 服务的 MX 记录，要求记录中包括 POP 和 SMTP 记录。

（2）配置允许 DNS 主域 abc.com 和 IP 地址段 192.168.10.*访问邮件服务。

（3）配置 Dovecot 服务支持 POP3 等服务。

（4）配置 Sendmail 服务器（192.168.10.1）上的两个用户（mailuser1 和 mailuser2）可以互相收发邮件。使用 Windows XP 操作系统中的 Outlook Express 进行测试。

任务 3　建立 POP3 邮件服务器

任务描述

由于市政府对教育基地的部署，要求新兴学校的两个校区合并，这就形成了学校间邮件服务器的不同，要使两台邮件服务器在不同的邮件服务地址互相收发邮件，网络管理员小赵请来飞越公司的工程帮忙完成此项任务。

任务分析

网络管理员小赵和飞越公司的工程师对任务进行了认真分析，决定在之前任务的基础上再配置一台邮件服务器，使已经建立好的邮件服务器（192.168.1.107）继续扮演 DNS 服务的角色，将新邮件服务的区域（abc.com）文件都存放在这里；在新的邮件服务器（192.168.1.108）上配置邮件服务、建立新的账号，并使用 Windows XP 操作系统的 Outlook Express 软件测试

user1@qs.com 与 user3@abc.com 之间的邮件收发情况。

任务实施

1. 在已经建立好邮件服务的 Linux 服务器上完成配置

在本项目任务 2 中已经建立好的邮件服务器（192.168.1.107）上，需要对 DNS 服务、邮件数据库文件进行配置。

步骤 1： 配置 DNS 区域文件。由于两台服务器的 DNS 服务都在本服务器上，因此需要将新的邮件服务器中的区域文件、正向配置文件保存到该服务器上。首先，在 DNS 主配置文件中新建 abc.com 区域，如图 4-51 所示。

```
zone "abc.com" IN {
 type master;
 file "abc.com";
 allow-update {none;};
};
```

```
16 zone "abc.com" IN {
17         type master;
18         file "abc.com";
19         allow-update {none;};
20 };
```

图 4-51　添加新邮件服务器的区域

步骤 2： 在 DNS 正向配置文件默认保存的文件夹内新建 abc.com 文件，编写正向区域文件，如图 4-52 所示。

```
     IN  MX  10  pop.abc.com.
     IN  MX  10  smtp.sbc.com.
pop  IN  A   192.168.1.108
smtp IN  A   192.168.1.108
```

```
9                   IN NS          @
10                  IN A           127.0.0.1
11                  IN AAAA        ::1
12                  IN MX 10 pop.abc.com.
13                  IN MX 10 smtp.abc.com.
14 pop       IN     A         192.168.1.108
15 smtp      IN     A         192.168.1.108
```

图 4-52　新邮件服务器的正向配置文件

步骤 3： 修改 DNS 域名服务器地址文件（/etc/resolv.conf），如图 4-53 所示。重新启动 DNS 服务，完成 DNS 服务在该服务器上的配置，如图 4-54 所示。

```
search qs.com
nameserver 192.168.1.107
```

```
1 ; generated by /sbin/dhclient-script
2 search qs.com
3 nameserver 192.168.1.107
```

图 4-53　修改 resolv.conf 文件

```
#service named restart
```

```
[root@qs ~]# service named restart
停止 named:                                                    [确定]
启动 named:                                                    [确定]
```

图 4-54　重新启动 DNS 服务

步骤 4：配置邮件服务文件（/etc/mail/sendmail.mc），在第 116 行中的语句前添加注释标记“dnl”，修改后的配置文件如图 4-55 所示。这里，之前任务中对此语句进行过设置，使其能够在环回测试地址上收发邮件，即只能在本服务器内部的本地账户之间收发邮件，如果需要与其他邮件服务器互发邮件，则需要将此语句再次设置为注释语句，使其失效。

```
dnl # DAEMON_OPTIONS('Port=smtp,Addr=0.0.0.0,Name=MTA')dnl
```

```
112 dnl # The following causes sendmail to only listen on the IPv4 loopback address
113 dnl # 127.0.0.1 and not on any other network devices. Remove the loopback
114 dnl # address restriction to accept email from the internet or intranet.
115 dnl #
116 dnl # DAEMON_OPTIONS(`Port=smtp,Addr=0.0.0.0, Name=MTA')dnl
```

图 4-55　修改邮件配置文件 sendmail.mc

步骤 5：使用如下命令生成新的邮件服务配置文件 sendmail.cf，如图 4-56 所示。

```
# m4 sendmail.mc >sendmail.cf
```

```
[root@qs mail]# m4 sendmail.mc > sendmail.cf
```

图 4-56　生成新的 sendmail.cf 文件

步骤 6：编辑 local-host-names 数据库文件。在原有邮件服务器中，使用 Vi 编辑器打开该数据库文件（/etc/mail/local-host-names），将本服务器的邮件服务域名填写到该配置文档中，如图 4-57 所示。

```
pop.qs.com
smtp.qs.com
qs.com
```

```
1 # local-host-names - include all aliases for your machine here.
2 pop.qs.com
3 smtp.qs.com
4 qs.com
```

图 4-57　配置原有邮件服务器的 local-host-names 数据库文件

步骤 7：编辑 Access 数据库文件。在原有服务器中，使用 Vi 编辑器打开 Access 数据库文件，将新邮件服务器的域名设置好，使用 makemap 命令生成新的 access.db 数据库文件，如

图 4-58 所示。

```
Connect:qs.com                  RELAY
Connect:192.168.1.*             RELAY
Connect:abc.com             RELAY
#makemap hash access.db < access
```

```
6  # by default we allow relaying from localhost...
7  Connect:localhost.localdomain          RELAY
8  Connect:localhost                      RELAY
9  Connect:127.0.0.1                      RELAY
10 Connect:qs.com                         RELAY
11 Connect:192.168.1.*                    RELAY
12 Connect:abc.com                        RELAY
```

```
[root@qs mail]# makemap hash access.db < access
```

图 4-58　配置原有邮件服务器的 Access 文件

步骤 8：编辑/etc/hosts 文件，在第 5 行中增加如下记录，使网络可以获取此地址的邮件服务，如图 4-59 所示。

```
192.168.1.107    MAIL-1
```

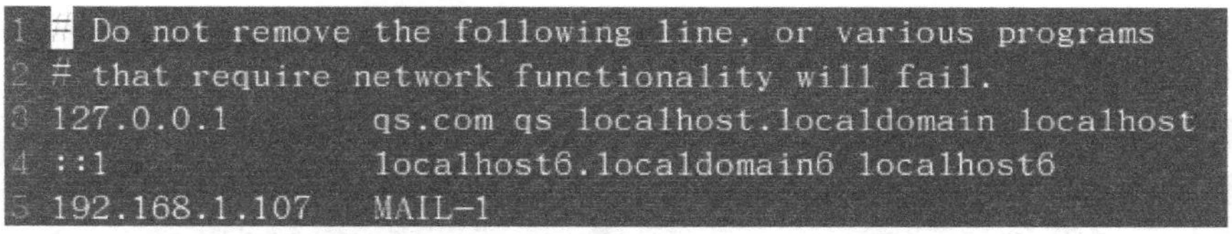

```
1 # Do not remove the following line, or various programs
2 # that require network functionality will fail.
3 127.0.0.1        qs.com qs localhost.localdomain localhost
4 ::1              localhost6.localdomain6 localhost6
5 192.168.1.107    MAIL-1
```

图 4-59　更改 hosts 文件

步骤 9：重新启动 Sendmail 服务、dovecot 服务，完成该服务器的所有配置，如图 4-60 所示。

```
#service sendmail restart
#service dovecot restart
```

```
[root@qs ~]# service sendmail restart
关闭 sendmail:                                    [[illegible]]
启动 sendmail:                                    [确定]
启动 sm-client:                                   [确定]
[root@qs ~]# service dovecot restart
停止 Dovecot Imap:                                [确定]
启动 Dovecot Imap:                                [确定]
```

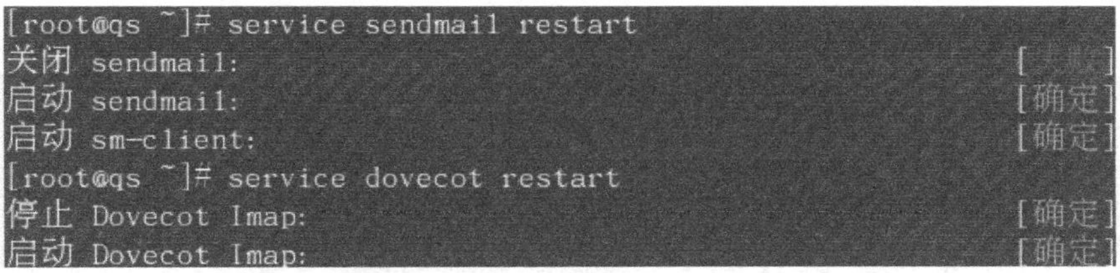

图 4-60　重新启动相关服务

2．配置新的邮件服务器

在新的邮件服务器上安装 Sendmail、dovecot 等相关服务的软件包，这里不再赘述。由于 DNS 服务不在该服务器上，所以不用再进行配置。

步骤 1：修改 DNS 域名服务器地址文件（/etc/resolv.conf），如图 4-61 所示。

```
search abc.com
```

```
nameserver 192.168.1.107
```

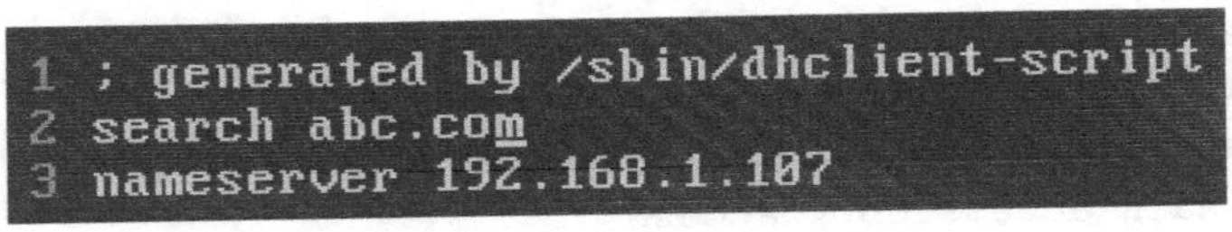

```
1 ; generated by /sbin/dhclient-script
2 search abc.com
3 nameserver 192.168.1.107
```

图 4-61　修改 resolv.conf 文件

步骤 2： 配置邮件服务文件（/etc/mail/sendmail.mc），在第 116 行中的语句前添加注释标记“dnl”，使其失效，修改后的配置文件如图 4-62 所示。

```
dnl # DAEMON_OPTIONS('Port=smtp,Addr=0.0.0.0,Name=MTA')dnl
```

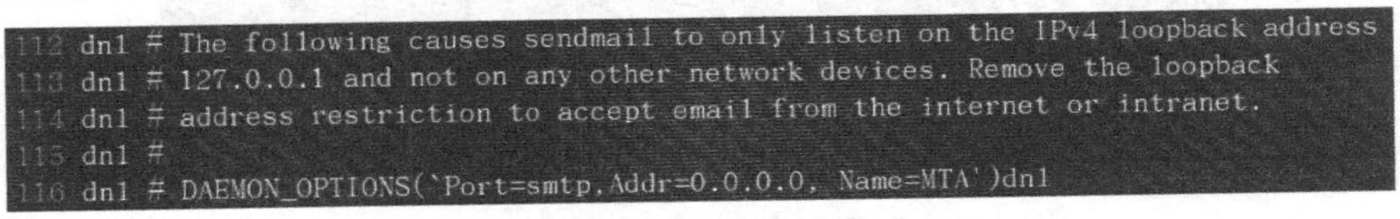

```
112 dnl # The following causes sendmail to only listen on the IPv4 loopback address
113 dnl # 127.0.0.1 and not on any other network devices. Remove the loopback
114 dnl # address restriction to accept email from the internet or intranet.
115 dnl #
116 dnl # DAEMON_OPTIONS(`Port=smtp,Addr=0.0.0.0, Name=MTA')dnl
```

图 4-62　修改邮件配置文件 sendmail.mc

步骤 3： 编辑 local-host-names 数据库文件。使用 Vi 编辑器打开该数据库文件（/etc/mail/local-host-names），将本服务器的邮件服务域名填写到该配置文档中，如图 4-63 所示。

```
pop.qs.com
smtp.qs.com
abc.com
```

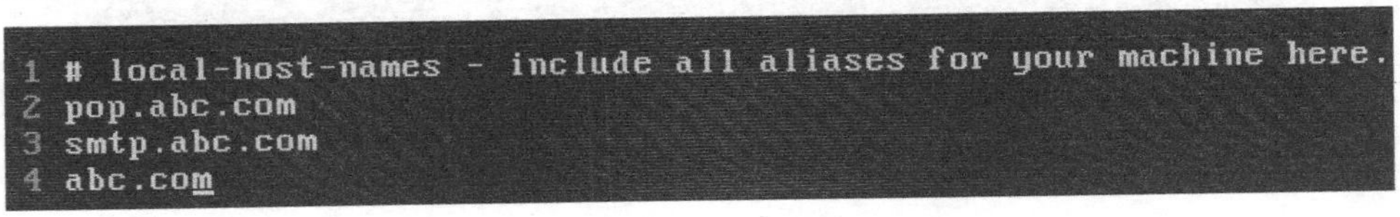

```
1 # local-host-names - include all aliases for your machine here.
2 pop.abc.com
3 smtp.abc.com
4 abc.com
```

图 4-63　编辑 local-host-names 数据库文件

步骤 4： 编辑 Access 数据库文件。在原有服务器中，使用 Vi 编辑器打开 Access 数据库文件，将新邮件服务器的域名设置好，如图 4-64 所示。

```
Connect:192.168.1.*          RELAY
Connect:qs.com               RELAY
```

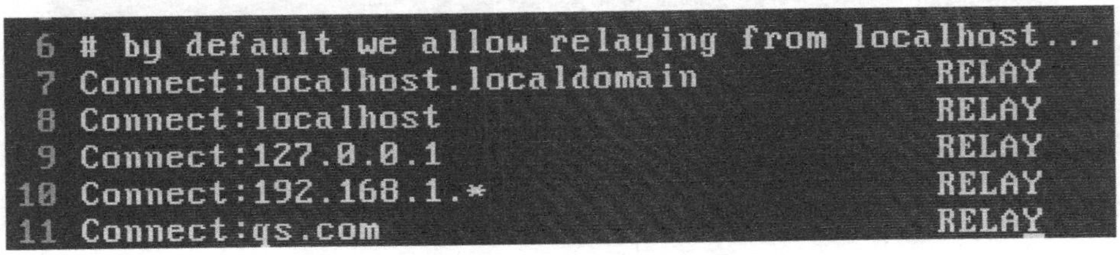

```
6 # by default we allow relaying from localhost...
7 Connect:localhost.localdomain            RELAY
8 Connect:localhost                        RELAY
9 Connect:127.0.0.1                        RELAY
10 Connect:192.168.1.*                     RELAY
11 Connect:qs.com                          RELAY
```

图 4-64　配置原有邮件服务器的 Access 文件

步骤 5： 使用 makemap 命令生成新的 access.db 数据库文件，如图 4-65 所示。

```
makemap hash access.db < access
```

```
[root@abc mail]# makemap hash access.db < access
```

图 4-65　生成新的 access.db 数据库文件

步骤 6：修改 dovecot 配置文件，将第 20 行的注释标记取消，使其生效，从而打开 POP3 服务，如图 4-66 所示。

```
protocols= imap imaps pop3 pop3s
```

```
18 # Protocols we want to be serving: imap imaps pop3 pop3s
19 # If you only want to use dovecot-auth, you can set this to "none".
20 protocols = imap imaps pop3 pop3s
```

图 4-66　配置 dovecot 服务

步骤 7：编辑/etc/hosts 文件，在第 5 行增加如下记录，使网络可以获取此地址的邮件服务，如图 4-67 所示。

```
192.168.1.108    MAIL-2
```

```
1 # Do not remove the following line, or various programs
2 # that require network functionality will fail.
3 127.0.0.1         abc.com abc localhost.localdomain localhost
4 ::1               localhost6.localdomain6 localhost6
5 192.168.1.108     MAIL-2
```

图 4-67　更改 hosts 文件

步骤 8：新建邮件服务用户 user3，并使用 passwd 命令为其设置密码。重新启动 Sendmail 和 dovecot 服务，完成在该服务器上的配置，如图 4-68 所示。

```
#service sendmail restart
#service dovecot restart
```

```
[root@abc ~]# service sendmail restart
Shutting down sm-client:                                  [  OK  ]
Shutting down sendmail:                                   [  OK  ]
Starting sendmail:                                        [  OK  ]
Starting sm-client:                                       [  OK  ]
[root@abc ~]# service dovecot restart
Stopping Dovecot Imap:                                    [FAILED]
Starting Dovecot Imap:                                    [  OK  ]
[root@abc ~]# _
```

图 4-68　重新启动各项服务

3. 使用 Outlook Express 软件进行邮件收发测试

步骤 1：为了保证测试的效果，使用两台安装了 Windows XP 操作系统的计算机，分别设置不同的两个电子邮箱，分别是 user1@qs.com 和 user3@abc.com，创建电子邮箱的具体方法在本项目任务 2 中已经有详细的介绍，这里不再赘述。

步骤 2：使用任意一台 Linux 服务器发送邮件。例如，在 abc.com 邮件服务器上，使用

user3 用户为 user1@qs.com 发送邮件，可使用如下命令操作，如图 4-69 所示。

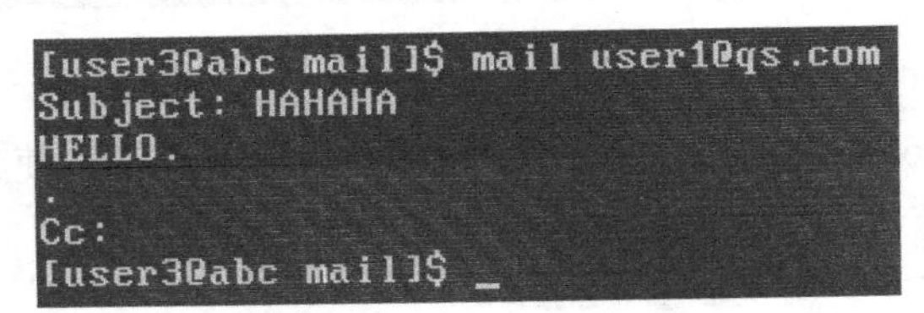

图 4-69　文本界面发送邮件

步骤 3： 在 Windows XP 的 Outlook Express 软件中，使用 user3@abc.com 用户连接邮件服务器并获取邮件，可以看到，对方的邮件已经发送成功并可以顺利查看了，如图 4-70 所示。至此，基于 POP3 的两台邮件服务器互发邮件任务完成。

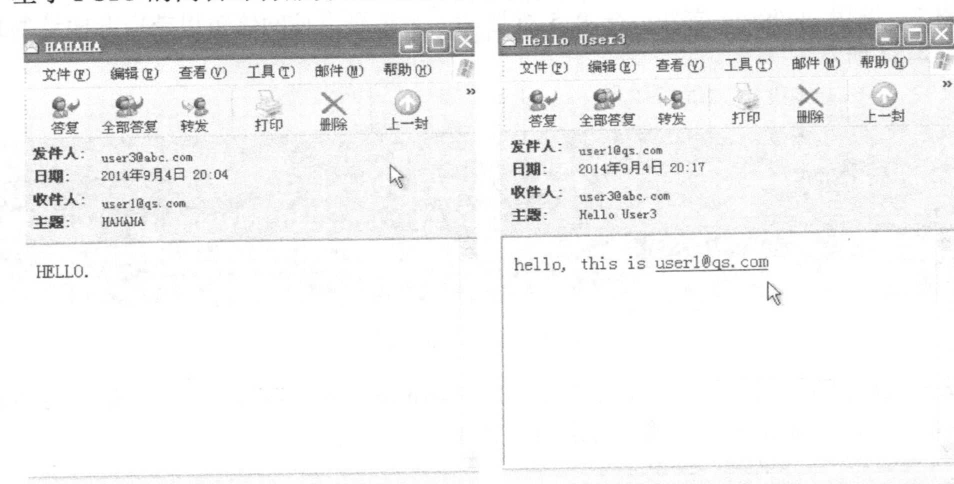

图 4-70　两台邮件服务器互发邮件测试

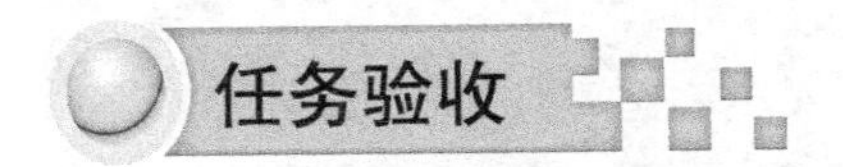

任务验收

通过本任务的实施，学会使用基于 POP3 架构的两台邮件服务器互发邮件的方法。

评价内容	评价标准
建立 POP3 邮件服务器	在规定时间内，为两台邮件服务器进行配置，使得不同 DNS 区域内的两个邮件区域可以互发邮件，使用 Windows XP 中的 Outlook Express 进行验证

拓展练习

使用命令界面，在 VirtualBox 4.3.6 虚拟机软件上配置两台 Sendmail 服务器。具体要求如下。

（1）配置第一台邮件服务器（192.168.10.1）承担 DNS 服务的角色，建立两个区域，分别是 beijing.com 和 tianjin.com，配置用户 user1 可以使用邮件服务器收发邮件。

（2）配置第二台邮件服务器（192.168.10.2），配置用户 user2 可以使用邮件服务器收发邮件。

（3）使用 Windows XP 中的 Outlook Express 测试两个用户互发邮件。

任务 4　基于 SMTP 认证的邮件服务

新兴学校信息中心的邮件服务器已搭建好，开始正常使用，但经常有教师反映收到了很多垃圾邮件。他们希望网络管理员小赵想办法解决此类问题，并提高邮件服务的安全性。

网络管理员小赵请来飞越公司的工程师，与工程师沟通后，在工程师的协助下，决定使用目前比较常见的 SASL 软件进行身份验证，这样可以提高邮件服务的安全性。

任务实施

1. 对邮件服务器的配置

步骤 1：安装 SASL 软件。检查 Linux 服务器是否安装了 SASL 软件，如果安装了则可以直接使用；如果没有，则使用如下命令在线安装相关的软件包。这里发现有 5 个软件包需要安装，另有 4 个软件包有最新版本支持升级，如图 4-71 所示。

```
#yum install cyrus-sasl*
```

```
Dependencies Resolved

================================================================================
 Package               Arch        Version               Repository     Size
================================================================================
Installing:
 cyrus-sasl-devel      i386        2.1.22-7.el5_8.1      base          1.4 M
 cyrus-sasl-gssapi     i386        2.1.22-7.el5_8.1      base           28 k
 cyrus-sasl-ldap       i386        2.1.22-7.el5_8.1      base           24 k
 cyrus-sasl-ntlm       i386        2.1.22-7.el5_8.1      base           31 k
 cyrus-sasl-sql        i386        2.1.22-7.el5_8.1      base           27 k
Updating:
 cyrus-sasl            i386        2.1.22-7.el5_8.1      base          1.2 M
 cyrus-sasl-lib        i386        2.1.22-7.el5_8.1      base          126 k
 cyrus-sasl-md5        i386        2.1.22-7.el5_8.1      base           46 k
 cyrus-sasl-plain      i386        2.1.22-7.el5_8.1      base           27 k

Transaction Summary
================================================================================
Install       5 Package(s)
Upgrade       4 Package(s)
```

图 4-71　在线安装 SASL 软件包

步骤 2： 编辑 sendmail.mc 文件。使用 Vi 编辑器打开/etc/mail/sendmail.mc，将第 52 行和第 53 行语句前的注释“dnl#”去掉，使其生效，从而打开验证机制，如图 4-72 所示。

```
TRUST_AUTH_MECH('EXTERNAL DIGEST-MD5 CRAM-MD5 LOGIN PLAIN')dnl
define('confAUTH_MECHANISMS','EXTERNAL GSSAPI DIGEST-MD5 CRAM-MD5 LOGIN PLAIN')dnl
```

```
51 dnl #
52 TRUST_AUTH_MECH(`EXTERNAL DIGEST-MD5 CRAM-MD5 LOGIN PLAIN')dnl
53 define(`confAUTH_MECHANISMS', `EXTERNAL GSSAPI DIGEST-MD5 CRAM-MD5 LOGIN
   PLAIN')dnl
```

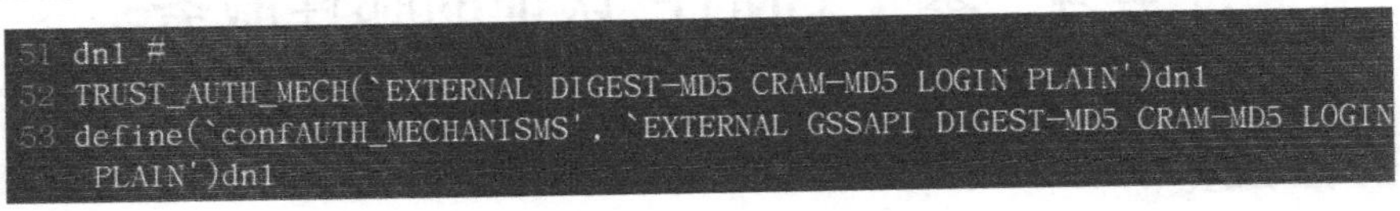

图 4-72 修改 Sendmail.mc 文件

步骤 3： 使用 m4 命令生成新的 Sendmail.cf 文件，如图 4-73 所示。

```
# m4 sendmail.mc > sendmail.cf
```

```
[root@qs mail]# m4 sendmail.mc > sendmail.cf
```

图 4-73 生成新的 Sendmail.cf 文件

步骤 4： 启动 saslauthd 服务。使用如下命令启动验证服务，如图 4-74 所示。

```
# service saslauthd start
```

```
[root@qs mail]# service saslauthd start
启动 saslauthd:                                            [确定]
```

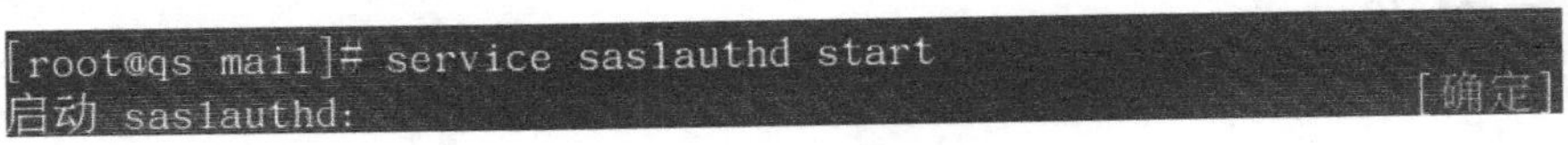

图 4-74 启动 saslauthd 服务

步骤 5： 使用如下命令重新启动 Sendmail 服务，如图 4-75 所示。

```
# service sendmail restart
```

```
[root@qs mail]# service sendmail restart
关闭 sm-client:                                            [确定]
关闭 sendmail:                                             [确定]
启动 sendmail:                                             [确定]
启动 sm-client:                                            [确定]
```

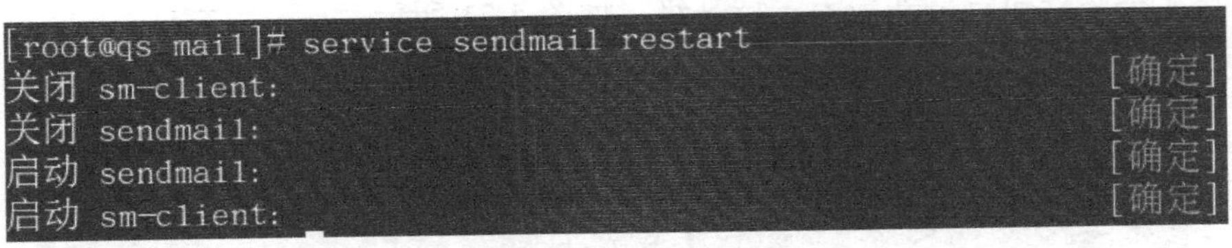

图 4-75 重新启动 Sendmail 服务

2. 使用 Outlook Express 软件进行测试

步骤 1： 使用 user1@qs.com 给 user3@abc.com 用户发送邮件，发现屏幕提示错误号为 0x800CCC79 的信息，原因是没有开启认证选项，如图 4-76 所示。

步骤 2： 修改账户属性。设置 user1 的账户属性，勾选“服务器”选项卡中的“我的服务器需要身份验证”复选框，如图 4-77 所示。

步骤 3： 再次使用 user1 账户发信，使用 user3 账号在另一台 Windows XP 的计算机上接收邮件，正确看到邮件，如图 4-78 所示。至此，基于 SMTP 认证的邮件服务搭建完成。

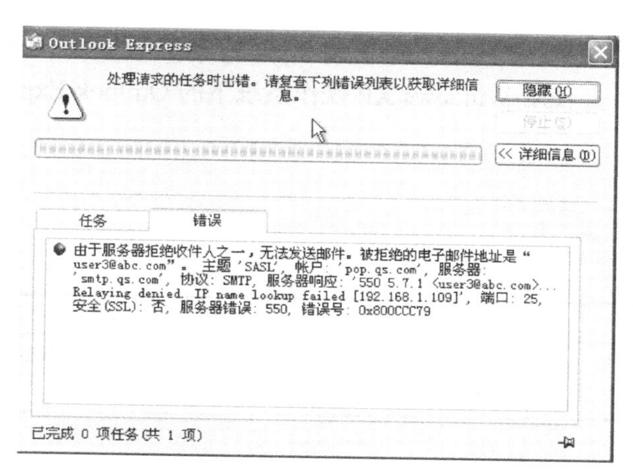

图 4-76　发送邮件报错

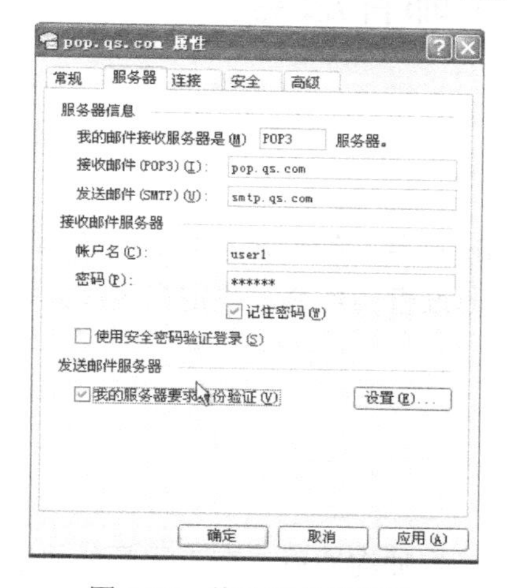

图 4-77　修改服务器属性

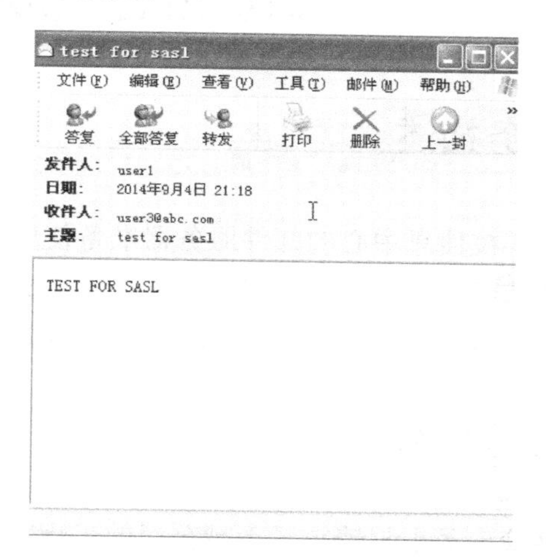

图 4-78　邮件收发成功

任务验收

通过本任务的实施，学会架设基于 SMTP 认证的邮件服务。

评 价 内 容	评 价 标 准
基于 SMTP 认证的邮件服务	在规定时间内，为 Linux 服务器配置基于 SMTP 认证的邮件服务，在两台邮件服务器互发邮件的过程中，需要身份验证

拓展练习

使用命令界面，在 VirtualBox 4.3.6 虚拟机软件上配置两台 Sendmail 服务器。具体要求如下。

配置两台 Linux 服务器，其中的一台安装 SASL 软件，设置 Sendmail 主配置文件支持基于 SMTP 的认证系统，并使用 Windows XP 操作系统下的 Outlook Express 软件进行收发邮件的测试。

项目验收

考核内容	评价标准
Linux 操作系统数据库与邮件服务	与客户确认，在规定时间内，完成 CentOS 5.5 操作系统的 MySQL 数据库和 Sendmail 邮件服务的搭建

知识拓展　postfix 邮件服务

任务描述

新兴学校信息中心的邮件服务器准备使用 postfix 软件，管理员小赵对此软件不太熟悉，于是请来飞越公司的工程师协助。网络管理员小赵通过查阅资料，决定在飞越公司工程师的帮助下，完成 postfix 邮件服务器的搭建和配置。

任务分析

网络管理员小赵请来了飞越公司的工程师，与工程师沟通后，在工程师的协助下，决定通过查阅资料完成 postfix 邮件服务器的搭建和配置任务，下面开始准备 postfix 邮件服务器的配置工作。

任务实施

1. 安装 postfix、cyrus-sasl、cyrus-imapd

步骤 1：如果 YUM 提示找不到软件包，则应更换安装源，安装 postfix，如图 4-79 所示。

```
[root@localhost ~]# yum install postfix
```

图 4-79　安装 postfix

步骤 2：由于 Sendmail 邮件服务和 postfix 邮件服务之间存在兼容性问题，因此应停用或删除 Sendmail，如图 4-80 所示。

```
#rpm -e sendmail
```

```
[root@localhost ~]# rpm -e sendmail
```

图 4-80 删除了 sendmail

步骤 3：更改默认邮件传输代理（MTA），如图 4-81 所示。

```
#alternatives -config mta
```

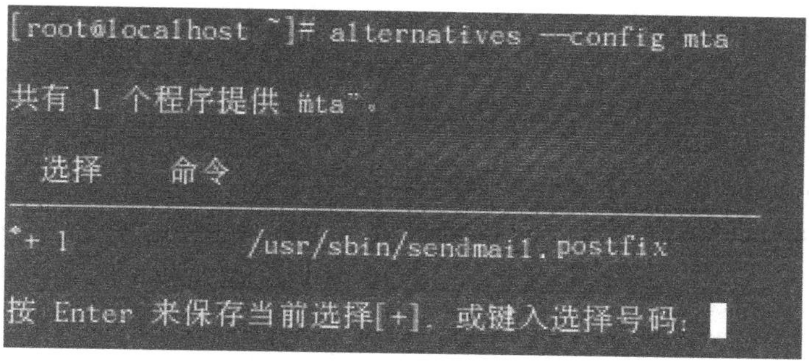

```
[root@localhost ~]# alternatives --config mta

共有 1 个程序提供 mta"。

  选择     命令
-----------------------------------------------
*+ 1          /usr/sbin/sendmail.postfix

按 Enter 来保存当前选择[+]，或键入选择号码：
```

图 4-81 更改默认邮件传输代理

步骤 4：配置 postfix 的主配置文件 main.cf。

```
//查看复制打印？
# vim /etc/postfix/main.cf
```

（1）myhostname=localhost //76 行，将等号后面的部分改写为本机主机名。

（2）mydomain = qs.com //82 行，设置域名。

（3）myorigin = $mydomain //97 行，把$myhostname 改为$mydomain。

（4）inet_interfaces = all //112 行，把后面的 localhost 改成 all。

（5）mydestination = $myhostname, localhost.$mydomain, localhost,$mydomain //163 行，删除注释标记，并加$mydomain。

（6）mynetworks = 192.168.10.0/24, 127.0.0.0/8 //263 行，设置内网和本地 IP 地址。

（7）local_recipient_maps = //209 行，将注释标记删除。

（8）smtpd_banner = $myhostname ESMTP unknow //568 行，把前面的注释去掉，然后把$mail_name($mail_version)改成 unknow。

（9）在 main.cf 文件的底部加上以下内容。

```
    smtpd_sasl_auth_enable = yes                        //使用SMTP认证
    broken_sasl_auth_clients = yes
                         //使不支持RFC2554的smtpclient也可以与postfix进行交互
    smtpd_sasl_local_domain = $myhostname               //指定SMTP认证的本地域名
    smtpd_sasl_security_options = noanonymous           //禁止匿名登录方式
    smtpd_recipient_restrictions = permit_mynetworks, permit_sasl_authentic
ated, reject_unauth_destination                         //设定邮件中有关收件人部分的限制
    smtpd_sasl_security_restrictions = permit_mynetworks, permit_sasl_authe
nticated, reject_unauth_destination                     //设置允许范围
    message_size_limit = 15728640                       //邮件大小
    mailbox_transport=lmtp:UNIX:/var/lib/imap/socket/lmtp    //设置连接
cyrus-imapd的路径
```

步骤 5： cyrus-sasl 配置。

```
//查看复制打印?
#vim /etc/sasl2/smtpd.conf
```

（1）log_level: 3　//记录 log 的模式。

（2）saslauthd_path:/var/run/saslauthd/mux //寻找 cyrus-sasl 路径。

步骤 6： 配置 cyrus-imapd。

cyrus-imapd 的主要配置文件如下。

```
/etc/sysconfig/cyrus-imapd
/etc/cyrus.conf
/etc/imapd.conf
```

注意：在 imapd.conf 文件中，可以设置管理账号、设置邮件存放目录、设置密码连接方式等。

2. 启动 postfix、cyrus-sasl、cyrus-imapd

步骤 1： 启动 cyrus-imapd 服务时，可以同时提供 POP 和 IMAP 服务，如果已安装了 dovecot 服务，则可以删除 cyrus-imapd 服务。cyrus-imapd 和 dovecot 二者选其一即可，建议使用 cyrus-imapd。

```
# /etc/init.d/postfix start
#/etc/init.d/saslauthd start
#/etc/init.d/cyrus-imapd start
```

步骤 2： 查看进程，SMTP 监听 25 端口。

```
# netstat -tpnl |grep smtpd
tcp  0   0 127.0.0.1:25     0.0.0.0:*     LISTEN    6319/smtpd
//110(POP3)和143(IMAP)端口,下面都已经有了
# netstat -tpnl |grep cyrus
tcp  0   0 0.0.0.0:993      0.0.0.0:*     LISTEN    23593/cyrus-master
tcp  0   0 0.0.0.0:995      0.0.0.0:*     LISTEN    23593/cyrus-master
tcp  0   0 0.0.0.0:110      0.0.0.0:*     LISTEN    23593/cyrus-master
tcp  0   0 0.0.0.0:2000     0.0.0.0:*     LISTEN    23593/cyrus-master
tcp  0   0 :::993                 :::*     LISTEN    23593/cyrus-master
tcp  0   0 :::995                 :::*     LISTEN    23593/cyrus-master
tcp  0   0 :::110                 :::*     LISTEN    23593/cyrus-master
tcp  0   0 :::143                 :::*     LISTEN    23593/cyrus-master
tcp  0   0 :::2000                :::*     LISTEN    23593/cyrus-master
```

3. 测试 cyrus-sasl

步骤 1： 设置 cyrus 的密码，命令如下。

```
# passwd cyrus
```

步骤 2： 设置系统用户名和密码，如果显示为 Success，则证明 SMTP 没有问题。

```
#testsaslauthd -u cyrus -p '******'
```

4. 设置邮件管理员账号并添加测试账号

步骤 1： 安装完 cyrus-imapd 后会产生一个管理账号 cyrus，所属用户组是 mail，如图 4-82

所示。

```
#id cyrus
uid=76(cyrus) gid=12(mail) groups=12(mail),76(saslauth)
```

```
[root@linux sasl2]# id cyrus
uid=76(cyrus) gid=12(mail) groups=12(mail),76(saslauth)
[root@linux sasl2]# cyradm -u cyrus localhost
IMAP Password:
            linux.6fan.com> quit
```

图 4-82 cyrus 管理员用户认证

步骤 2：添加测试账号，命令如下。

```
# cyradm -u cyrus localhost
 IMAP Password:
 localhost> cm tank
 localhost> lm
 tank (\HasNoChildren)
 localhost> quit
```

这样，可以在/var/spool/imap 中看到生成的目录，32 位机器和 64 位机器生成的目录是不一样的。

```
# ls
 tank
# pwd
 /var/spool/imap/t
```

5. 测试收发邮件

步骤：测试前添加 DNS，命令如下。

```
mail.qs.com A 122.225.***.***
mail.qs.com A 60.12.***.***
@ MX  mail.qs.com
```

第 1 行和第 2 行用于添加两条 A 记录，第 3 行用于设置 MX 记录，这一点不可忽视，否则域名是不通的。测试的方法有很多，可以利用 telnet 来测试，但用 telnet 来测试收发邮件比较麻烦；用 Linux 自带的 mail 命令就比较方便了，如图 4-83 所示。

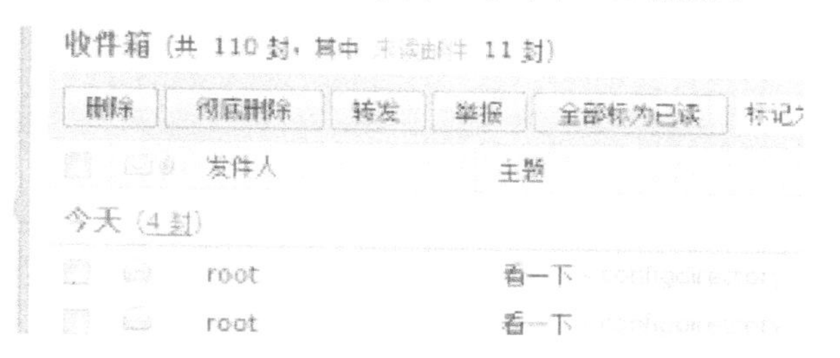

图 4-83 发送邮件已成功

任务验收

通过本任务的实施，学会架设基于 postfix 的邮件服务。

评价内容	评价标准
基于 postfix 的邮件服务	在规定时间内，为 Linux 服务器安装 postfix 邮件服务，使用户可以通过 postfix 邮件服务来完成用户之间的邮件往来

单元总结

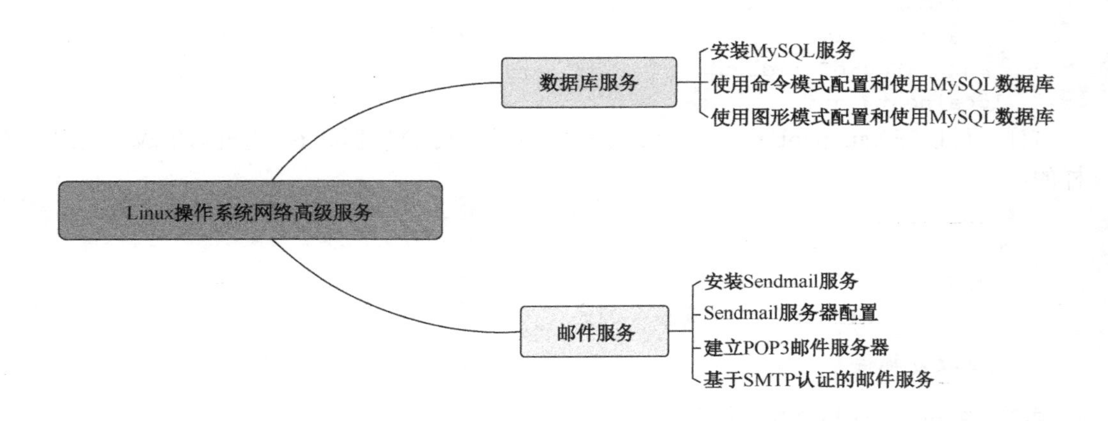

学习单元5

Linux操作系统远程控制服务

☆ 单元概要

（1）随着互联网的高速发展及 Linux 企业应用的成熟，Linux 被广泛应用于服务器领域，实现 Linux 的远程管理成为网络管理员的首要任务。学习 Linux 的远程控制对于初学者是非常重要的。本学习单元将介绍两种主要的 Linux 远程连接方式，包含 SSH 服务和 VNC 服务。通过学习这些内容，学生应对 Linux 的 SSH 服务和 VNC 服务有详细的了解，并能对其进行配置和应用。

（2）目前，在全国职业院校本书技能大赛中职组网络搭建及应用了项目中，使用的 Linux 操作系统是 CentOS 5.5。针对这一版本，本书详细介绍了 SSH 服务和 VNC 服务的配置方法。

（3）通过对 SSH 服务和 VNC 服务的学习，为 CentOS 5.5 配置 SSH 安全远程登录，利用 SCP 实现远程文件复制，利用 SFTP 服务实现远程文件上传和下载；为 CentOS 5.5 服务器安装 VNC 软件，并配置 VNC 服务器端。

☆ 单元情境

新兴学校信息中心有若干台 Linux 服务器，对服务器的日常更新和维护非常频繁，网络管理员的工位与机房不在同一区域，更新和维护要到机房中进行操作。现要求管理员为每台服务器配置远程登录权限，实现 Linux 系统间远程文件的传输；还需要能远程到 Linux 操作系统的图形界面，实现远程控制。作为网络管理人员，希望大家能认真分析任务，高效地完成任务。

项目 1　SSH 服务

项目描述

新兴学校信息中心的机房有一台 Linux 服务器，需要对服务器进行远程更新和维护，网络管理员小赵请来飞越公司的工程师协助，可通过 Shell 来配置服务器，需要实现 Linux 系统间远程文件的复制，并实现文件的远程上传和下载。

项目分析

根据项目需求，分析可知：要实现 Linux 服务器的远程登录和配置，可通过配置 Linux 的 SSH 服务来实现；要实现 Linux 系统间远程文件的复制，可使用 SCP 命令来实现；远程上传和下载可通过 SFTP 服务来实现。整个项目的认知与分析流程如图 5-1 所示。

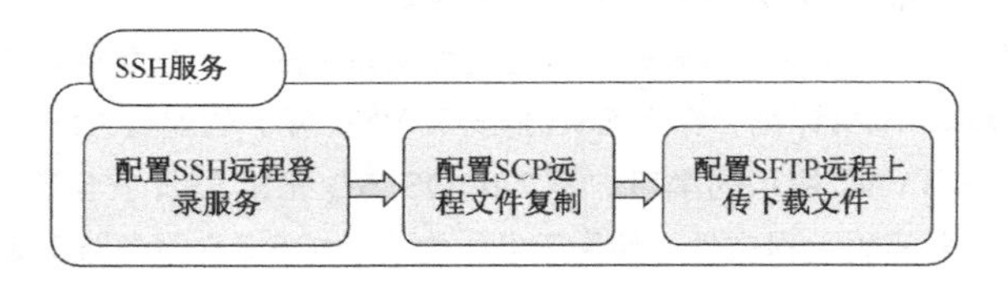

图 5-1　SSH 服务流程

任务 1　配置 SSH 安全远程登录

任务描述

新兴学校的网络管理员小赵，为了给学校信息中心机房的 Linux 服务器配置远程登录，实现远程安全管理机房内的 Linux 服务器，请来了飞越公司的工程师帮忙。

任务分析

Linux 系统实现安全远程登录，可通过开启 SSH 服务来实现。根据管理员小赵的环境描述，正确配置 Linux 服务器的 SSH 服务，在网络可达的情况下即可通过 SSH 安全远程登录。网管计算机为 CentOS 系统，可直接在 Linux 操作系统的终端中通过 SSH 访问 Linux 服务器。

网络环境如图 5-2 所示。设备配置信息如表 5-1 所示。

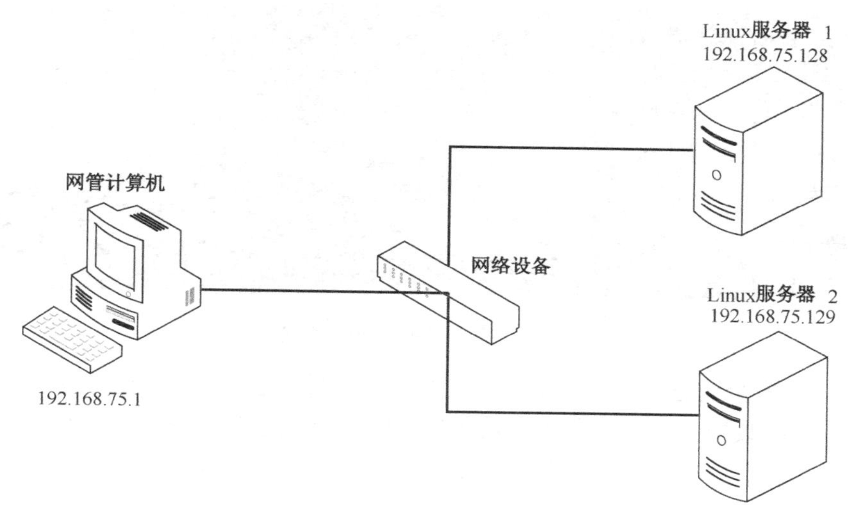

图 5-2　网络环境示意图

表 5-1　设备配置信息

设备名称	计算机名	用　户	密　码	IP 地址
网管计算机	net-manager	root	123456	192.168.75.1
Linux 服务器 1	Appser-linux-01	root、user01	123456	192.168.75.128
Linux 服务器 2	Appser-linux-02	root、user02	123456	192.168.75.129

任务实施

1. 检查服务器是否安装 SSH 组件

在配置 SSH 服务时，首先确定服务器是否已经安装了 SSH 组件，并确定 SSH 服务是否已经开启。

在 Linux 服务器下打开终端，输入 which sshd，查看 SSH 文件目录，如图 5-3 所示。

```
#rpm -qf /usr/sbin/sshd
#chkconfig --list sshd
```

知识链接

SSH（Secure Shell，安全外壳协议）由 IETF 的网络工作小组制定；SSH 是建立在应用层和传输层基础上的安全协议。SSH 是目前较可靠、专为远程登录会话和其他网络服务提供安全性的协议。利用 SSH 协议可以有效防止远程管理过程中的信息泄露问题。SSH 最初是 UNIX

操作系统上的一个程序，后来又迅速扩展到其他操作平台。SSH 在正确使用时可弥补网络中的漏洞。SSH 客户端适用于多种平台。几乎所有 U NIX 平台——包括 HP-UX、Linux、AIX、Solaris、Digital UNIX、Irix 及其他平台，都可运行 SSH。

```
[root@localhost ~]#
[root@localhost ~]# which sshd
/usr/sbin/sshd
[root@localhost ~]# rpm -qf /usr/sbin/sshd
openssh-server-4.3p2-41.el5
[root@localhost ~]# chkconfig --list sshd
sshd            0:关闭  1:关闭  2:启用  3:启用  4:启用  5:启用  6:关闭
[root@localhost ~]#
```

图 5-3　查看 sshd 的服务状态

SSH 是一种安全通道协议，主要用来实现字符界面的远程登录、远程复制等功能。SSH 协议对通信双方的数据传输进行了加密处理，SSH 需要的软件包有 openssh、openssh-server 等，默认安装 Linux 的时候已经安装这些软件包了，服务也已经启动了。

知识链接

which 命令会在 PATH 变量指定的路径中，搜索某个系统命令的位置，并且返回第一个搜索结果。

RPM 是由 Red Hat 公司开发的软件包安装和管理程序。

例如，#rpm -qf 用于列出服务器上的一个文件属于哪一个 RPM 包。

chkconfig 命令主要用来更新和查询系统服务的运行级信息。

例如，chkconfig --list [name]用于显示所有运行级系统服务的运行状态信息。

如果指定了 name，则显示指定的服务在不同运行级的状态。

2. 配置 SSH 服务

SSH 的配置文件位于 /etc/ssh/sshd_config，配置安全的 SSH 登录，主要是修改 sshd-config 配置文件，推荐配置以下内容来提高 SSH 连接的安全性。

```
#vi /etc/ssh/sshd_config
```

SSH 服务默认端口为 22，可修改默认端口，例如，修改#Port 22 为 Port 12345（假定设置监听端口是 12345），如图 5-4 所示。

步骤 1： 只允许 SSH v2 的连接。

修改#Protocol 2,1 为 Protocol 2，或单独加一行 Protocol 2，如图 5-5 所示。

步骤 2： 禁止 root 用户通过 SSH 登录这里修改#PermitRootLogin yes 为 PermitRootLogin no 即可，如图 5-6 所示。

```
#       $OpenBSD: sshd_config,v 1.73 2005/12/06 22:38:28 reyk Exp $

# This is the sshd server system-wide configuration file.  See
# sshd_config(5) for more information.

# This sshd was compiled with PATH=/usr/local/bin:/bin:/usr/bin

# The strategy used for options in the default sshd_config shipped with
# OpenSSH is to specify options with their default value where
# possible, but leave them commented.  Uncommented options change a
# default value.

#Port 22
```

图 5-4　修改 SSH 服务的端口

```
#       $OpenBSD: sshd_config,v 1.73 2005/12/06 22:38:28 reyk Exp $

# This is the sshd server system-wide configuration file.  See
# sshd_config(5) for more information.

# This sshd was compiled with PATH=/usr/local/bin:/bin:/usr/bin

# The strategy used for options in the default sshd_config shipped with
# OpenSSH is to specify options with their default value where
# possible, but leave them commented.  Uncommented options change a
# default value.

#Port 22
#Protocol 2,1
Protocol 2
```

图 5-5　设置只允许 SSH v2 连接

```
# Authentication:

#LoginGraceTime 2m
#PermitRootLogin yes
#StrictModes yes
#MaxAuthTries 6

#RSAAuthentication yes
#PubkeyAuthentication yes
#AuthorizedKeysFile      .ssh/authorized_keys
```

图 5-6　禁止 root 用户通过 SSH 登录

步骤 3： 禁止用户使用空密码登录。这里修改#PermitEmptyPasswords no 为 PermitEmpty Passwords no 即可，如图 5-7 所示。

```
# To disable tunneled clear text passwords, change to no here!
#PasswordAuthentication yes
#PermitEmptyPasswords no
PasswordAuthentication yes

# Change to no to disable s/key passwords
#ChallengeResponseAuthentication yes
ChallengeResponseAuthentication no
```

图 5-7　禁止用户使用空密码登录

步骤 4： 限制登录失败后的重试次数，如图 5-8 所示。

这里修改#MaxAuthTries 6 为 MaxAuthTries 3 即可。

```
# Authentication:

#LoginGraceTime 2m
#PermitRootLogin yes
#StrictModes yes
#MaxAuthTries 6
```

图 5-8　限制登录失败后的重试次数

步骤 5： 只允许在列表中指定的用户登录。在/etc/ssh/sshd_config 文件中添加以下命令即可。

```
AllowUsers user01
```

步骤 6： 限制 IP 登录。

只允许某个特定的 IP 登录服务器时，要编辑/etc/hosts.allow。

```
#vi /etc/hosts.allow
```

例如，只允许 192.168.1.100 登录服务器，如图 5-9 所示。

```
sshd:192.168.1.100
```

```
#
# hosts.allow   This file describes the names of the hosts which are
#               allowed to use the local INET services, as decided
#               by the '/usr/sbin/tcpd' server.
#
sshd:192.168.1.100
~
~
```

图 5-9　设置允许用户登录的列表

拒绝某个特定 IP 登录服务器时，要编辑/etc/hosts.deny，如图 5-10 所示。

```
ssh:ALL
```

```
#
# hosts.deny    This file describes the names of the hosts which are
#               *not* allowed to use the local INET services, as decided
#               by the '/usr/sbin/tcpd' server.
#
# The portmap line is redundant, but it is left to remind you that
# the new secure portmap uses hosts.deny and hosts.allow.  In particular
# you should know that NFS uses portmap!
ssh:ALL
```

图 5-10　编辑 hosts.deny 文件

任务验收

通过本任务的实施，学会安装并配置 SSH 服务，实现安全远程登录功能。

评 价 内 容	评 价 标 准
配置 SSH 安全远程登录	在规定时间内，安装 SSH 服务并配置 SSH 安全远程登录

拓展练习

使用命令界面，在 VirtualBox 4.3.6 虚拟机软件上配置 SSH 服务。具体要求如下。

（1）将 SSH 服务的默认端口号修改为 1125。

（2）设置只允许 SSH v2 的连接。

（3）设置禁止 root 用户通过 SSH 登录，提高安全性。

（4）设置只允许 IP 地址为 192.168.100.1 的用户进行 SSH 登录。

任务 2　配置 SCP 远程文件复制

任务描述

网络管理员小赵要实现新兴学校信息中心的服务器间文件的复制，由于是远程管理服务器，小赵没有经验，于是请来飞越公司的工程师帮忙。

任务分析

Linux 系统中的 scp 命令可以实现远程文件复制，SCP 是安全的远程文件复制，基于 SSH 登录实现。scp 命令基于 SSH 服务，现在通过 scp 命令即可实现远程文件复制。网络环境如图 5-11 所示。设备配置信息如表 5-2 所示。

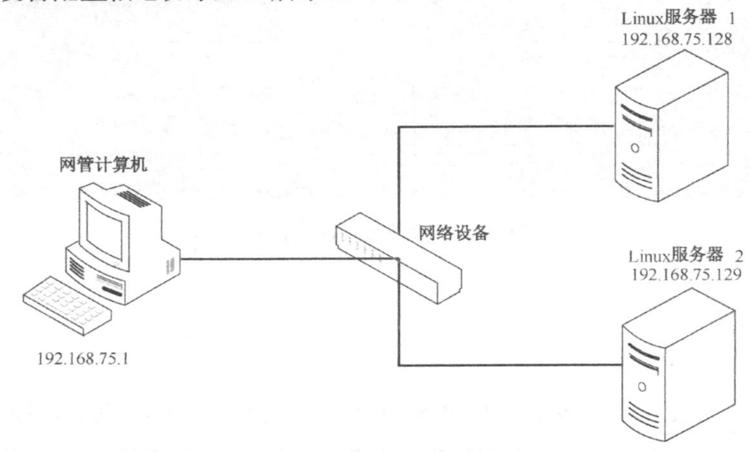

图 5-11　网络环境示意图

表 5-2　设备配置信息

设备名称	计算机名	用户	密码	IP 地址
网管计算机	net-manager	root	123456	192.168.75.1
Linux 服务器 1	Appser-linux-01	root、user01	123456	192.168.75.128
Linux 服务器 2	Appser-linux-02	root、user02	123456	192.168.75.129

任务实施

步骤 1： scp 命令操作起来比较方便，如要把当前一个文件复制到远程的另外一台主机上，可以使用如下命令。

```
#scp /home/test/test.txt  root@192.168.75.129:/home/
```

系统会提示输入 192.168.75.129 主机的 user01 用户的登录密码，然后开始复制，如图 5-12 所示。

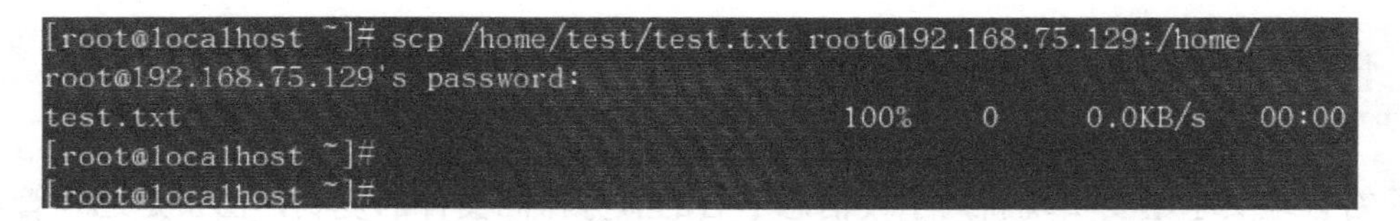

图 5-12　使用 SCP 命令复制文件

步骤 2： 把文件从远程主机复制到当前系统，如图 5-13 所示。

```
[root@localhost test]# scp root@192.168.75.129:/home/test01.txt /home/test/test01.txt
root@192.168.75.129's password:
test01.txt                                                    100%    0    0.0KB/s   00:00
[root@localhost test]#
[root@localhost test]#
[root@localhost test]#
```

图 5-13　复制文件到当前系统

知识链接

scp 是用于在 Linux 下进行远程复制文件的命令，和它类似的命令有 cp，但 cp 只是在本机进行复制不能跨服务器，而且 scp 传输的文件是加密的，可能会稍微影响一下速度。

常用参数如下。

-v：用来显示进度，可以用来查看连接、认证或配置错误。

-C：使能压缩选项。

-P：选择端口，注意-p 已经被 RCP 使用。

-4：强行使用 IPv4 地址。

-6：强行使用 IPv6 地址。

Linux 的 SCP 命令可以在 Linux 之间复制文件。SCP 命令的基本格式如下。

```
scp [可选参数] file_source file_target
```

任务验收

通过本任务的实施，学会使用 scp 命令实现远程文件的复制功能。

评 价 内 容	评 价 标 准
配置 SCP 远程文件复制	在规定时间内，使用 scp 命令进行文件的远程复制

拓展练习

使用命令界面，在 VirtualBox 4.3.6 虚拟机软件上使用 scp 命令实现远程文件的复制。具体要求如下。

将 IP 地址为 192.168.100.1 的网络计算机中的/home/abc 目录下的所有 TXT 文件复制到本地的/home/abc2 目录下。

任务 3　配置 SFTP 远程上传下载文件

任务描述

新兴学校的网络管理员小赵要在信息中心的服务器间远程上传和下载文件，由于是远程管理服务器，小赵没有经验，于是请来飞越公司的工程师帮忙。

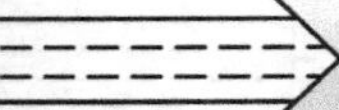

任务分析

Linux 系统实现文件的远程上传下载功能，可通过 sftp 命令来实现。sftp 命令同 scp 命令类似，基于 SSH 服务。因为基于 SSH 服务，所以 sftp 命令是安全的远程上传和下载命令。网络环境如图 5-14 所示；设备配置信息如表 5-3 所示。

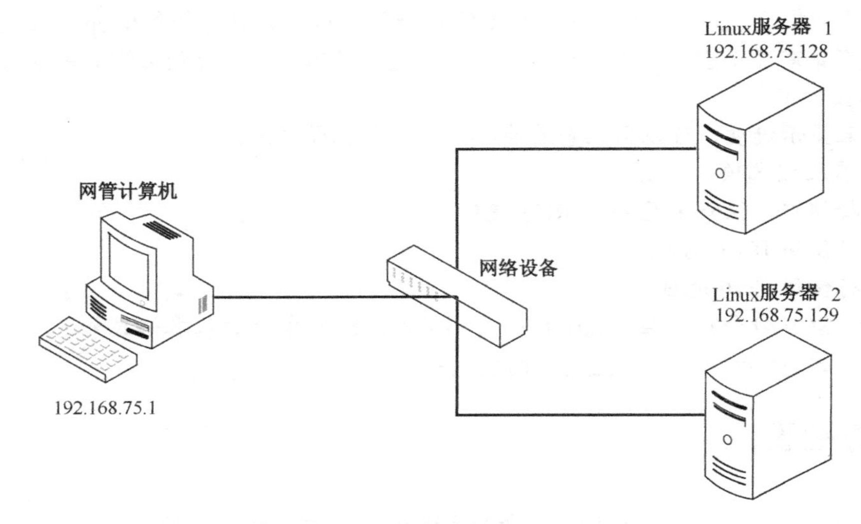

图 5-14　网络环境示意图

表 5-3　设备配置信息

设备名称	计算机名	用　户	密　码	IP 地址
网管计算机	net-manager	root	123456	192.168.75.1
Linux 服务器 1	Appser-linux-01	root、user01	123456	192.168.75.128
Linux 服务器 2	Appser-linux-02	root、user02	123456	192.168.75.129

任务实施

知识链接

sftp 命令格式如下。

```
sftp <host>
#sftp 192.168.75.129
```

命令执行结果如图 5-15 所示。

sftp 中 get 表示下载，即得到；put 表示上传，即放置。

```
sftp>get 远程路径 本地路径
sftp>put 本地路径 远程路径
```

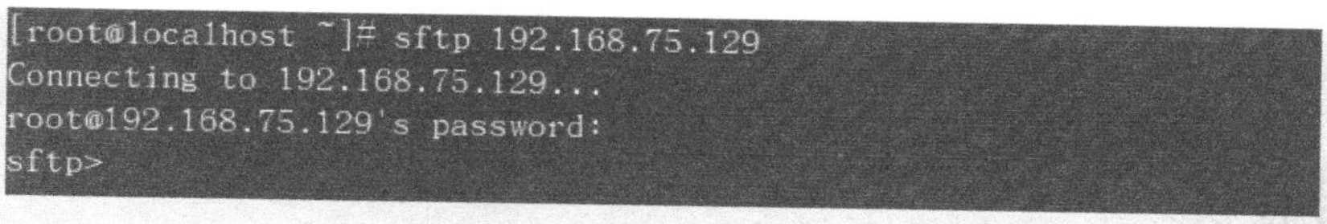

```
[root@localhost ~]# sftp 192.168.75.129
Connecting to 192.168.75.129...
root@192.168.75.129's password:
sftp>
```

图 5-15 使用 sftp 命令登录 SSH 服务

1. 下载文件

```
sftp>get /home/test/sftptest.txt /home/test/
```

将远程主机的/home/test/sftptest.txt 文件下载到本地/home/test/目录下，如图 5-16 所示。

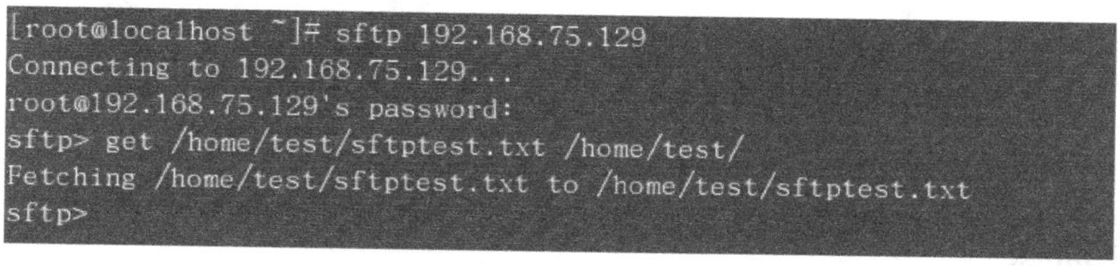

```
[root@localhost ~]# sftp 192.168.75.129
Connecting to 192.168.75.129...
root@192.168.75.129's password:
sftp> get /home/test/sftptest.txt /home/test/
Fetching /home/test/sftptest.txt to /home/test/sftptest.txt
sftp>
```

图 5-16 下载文件

2. 上传文件

```
sftp>put /home/test/sftptest01.txt /home/test/
```

把本地/home/test/sftptest01.txt 文件上传至远程主机/home/test/目录下，如图 5-17 所示。

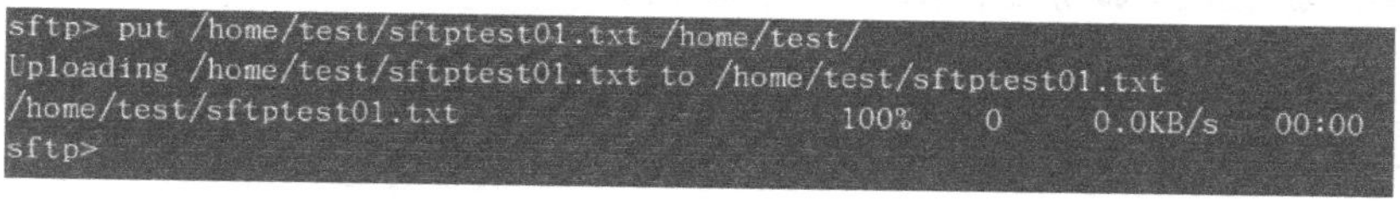

```
sftp> put /home/test/sftptest01.txt /home/test/
Uploading /home/test/sftptest01.txt to /home/test/sftptest01.txt
/home/test/sftptest01.txt                    100%    0     0.0KB/s   00:00
sftp>
```

图 5-17 上传文件

任务验收

通过本任务的实施，学会使用 sftp 命令实现文件的远程上传和下载。

评 价 内 容	评 价 标 准
配置 SFTP 远程文件复制	在规定时间内，使用 sftp 命令进行文件的远程上传和下载

拓展练习

使用命令界面，在 VirtualBox 4.3.6 虚拟机软件上使用 sftp 命令实现文件的远程上传和下载。具体要求如下。

（1）使用 sftp 命令登录 IP 地址为 192.168.100.1 的网络计算机。

（2）将上述网络计算机中的/home/abc/目录中的所有文件下载到本地/home/abc2 目录中。

（3）将本地计算机/home/abc3 目录中的所有 TXT 文件上传到上述网络计算机的/home/abc

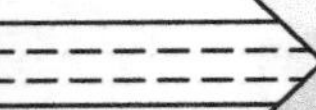

目录中。

考 核 内 容	评 价 标 准
SSH 服务	与客户确认，在规定时间内，完成 CentOS 5.5 操作系统下的 SSH、SCP、SFTP 的远程连接操作，并实现文件的远程复制、上传和下载。

项目 2　VNC 服务

新兴学校的网络管理员小赵在为服务器配置了 SSH 服务后，要通过字符界面来远程配置 Linux 服务器，但由于小赵对字符界面不熟悉，现在想通过远程到 KDE 或 GNOME 桌面环境中进行配置和维护 Linux 服务器，从而提高工作效率。

项目分析

根据项目需求，分析可知：要使 Linux 服务器远程登录到图形界面进行配置，可通过安装 VNC 服务来实现，需要分别安装 VNC Server 和 VNC Viewer。整个项目的认知与分析流程如图 5-18 所示。

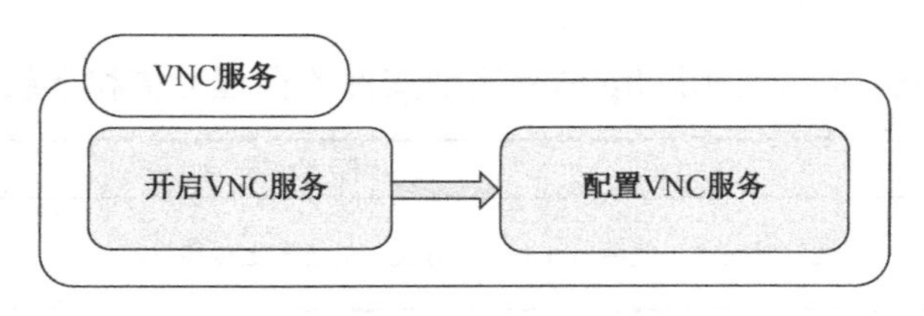

图 5-18　VNC 服务流程

任务 1　开启 VNC 服务

新兴学校的网络管理员小赵对字符界面不熟悉，想通过远程到 KDE 或 GNOME 桌面环

境进行配置和维护 Linux 服务器，从而提高工作效率。

任务分析

Linux 系统到远程图形界面登录时，可通过配置 VNC（Virtual Network Computer，虚拟网络计算机）服务来实现。VNC 本身是一个远程控制软件，可以安装在 Windows、Linux 等操作系统上。管理员小赵请来飞越公司的工程师帮忙，以实现远程安全管理机房内的 Linux 服务器的安装。网络环境如图 5-19 所示。设备配置信息如表 5-4 所示。

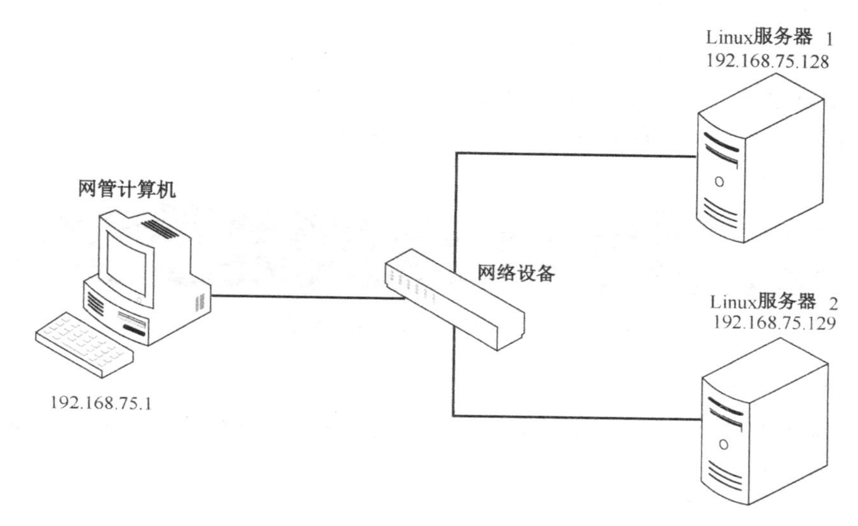

图 5-19　网络环境示意图

表 5-4　设备配置信息

设备名称	计算机名	用　户	密　码	IP 地址
网管计算机	net-manager-win	Admin	123456	192.168.75.1
Linux 服务器 1	Appser-linux-01	root、user01	123456	192.168.75.128
Linux 服务器 2	Appser-linux-02	root、user02	123456	192.168.75.129

任务实施

知识链接

VNC 是一套由 AT&T 实验室开发的可操控远程计算机的软件，其采用了授权条款，任何人都可免费取得该软件。VNC 软件主要由两个部分组成：VNC Server 及 VNC Viewer。用户需先将 VNC Server 安装在被控端的计算机上，才能在主控端执行 VNC Viewer 控制被控端。

VNC 运行的工作流程如下。

（1）VNC 客户端通过浏览器或 VNC Viewer 连接至 VNC Server。

（2）VNC Server 传送一个对话框至客户端，要求输入连接密码，以及存取的 VNC Server 显示装置。

（3）在客户端输入联机密码后，VNC Server 验证客户端是否具有存取权限。

（4）若客户端通过 VNC Server 的验证，客户端即要求 VNC Server 显示桌面环境。

（5）VNC Server 通过 X Protocol 要求 X Server 将画面显示控制权交给 VNC Server。

（6）VNC Server 将 X Server 的桌面环境利用 VNC 通信协议送至客户端，并且允许客户端控制 VNC Server 的桌面环境及输入装置。

1. 检查服务器是否安装 VNC 组件

步骤：在配置 VNC 服务时，首先确定服务器是否已经安装了 VNC 组件。

在 Linux 服务器下打开终端，查看是否安装了 VNC 服务，如图 5-20 所示。显示 vnc-server-4.1.2-14.el5_3.1，即说明 VNC Server 已经安装。

```
#rpm -qa | grep vnc
```

```
[root@localhost ~]# rpm -qa | grep vnc
vnc-server-4.1.2-14.el5_3.1
[root@localhost ~]#
```

图 5-20 查看 VNC 软件包的安装情况

2. 配置 VNC Server 端

步骤 1：配置 VNC Server，VNC Server 端的配置文件存储在/etc/sysconfig/vncservers 中，编辑 vncservers，如图 5-21 所示。

```
#vi /etc/sysconfig/vncservers
```

```
# The VNCSERVERS variable is a list of display:user pairs.
#
# Uncomment the lines below to start a VNC server on display :2
# as my 'myusername' (adjust this to your own).  You will also
# need to set a VNC password; run 'man vncpasswd' to see how
# to do that.
#
# DO NOT RUN THIS SERVICE if your local area network is
# untrusted!  For a secure way of using VNC, see
# <URL:http://www.uk.research.att.com/archive/vnc/sshvnc.html>.

# Use "-nolisten tcp" to prevent X connections to your VNC server via TCP.

# Use "-nohttpd" to prevent web-based VNC clients connecting.

# Use "-localhost" to prevent remote VNC clients connecting except when
# doing so through a secure tunnel.  See the "-via" option in the
# `man vncviewer' manual page.

# VNCSERVERS="2:myusername"
# VNCSERVERARGS[2]="-geometry 800x600 -nolisten tcp -nohttpd -localhost"
```

图 5-21 配置 VNC 服务

VNCSERVERS=后面可以支持多用户，以空格隔开。

例如，VNCSERVERS="1:user012:user02"，这里的 1 和 2 是端口号。

VNCSERVERARGS 基本参数如下。

-geometry：桌面大小，默认是 800×600。

-nohttpd：不监听 HTTP 端口。

-nolistentcp：不监听 TCP 端口。

-localhost：只允许从本机访问。

-AlwaysShared：默认的设置，同时只能有一个 VNC Viewer 连接（和客户端配置也有关），一旦第 2 个连接了，第 1 个就会被断开。此参数允许同时连多个 VNC Viewer。

Vnc Auth：默认值，需密码认证。-SecurityTypesNone：登录不需要密码认证。

步骤 2：配置 xstartup 文件。编辑配置之前，需要使用 vncserver 命令创建默认配置文件，如图 5-22 所示。

```
#vncserver
```

```
[root@localhost ~]# vncserver

You will require a password to access your desktops.

Password:
Verify:

New 'localhost.localdomain:1 (root)' desktop is localhost.localdomain:1

Creating default startup script /root/.vnc/xstartup
Starting applications specified in /root/.vnc/xstartup
Log file is /root/.vnc/localhost.localdomain:1.log

[root@localhost ~]#
```

图 5-22 创建 VNC 服务的默认配置文件

步骤 3：若未用 vncpasswd 设置密码，则第一次运行 vncserver 命令时，会提示设置密码，并再次确定密码，如图 5-23 所示。

```
#vi /root/.vnc/xstartup
unset SESSION_MANAGER
exec /etc/X11/xinit/xinitrc
gnome-session & set starting GNOME desktop
```

```
#!/bin/sh

# Uncomment the following two lines for normal desktop:
unset SESSION_MANAGER
exec /etc/X11/xinit/xinitrc
gnome-session & set starting GNOME desktop

[ -x /etc/vnc/xstartup ] && exec /etc/vnc/xstartup
[ -r $HOME/.Xresources ] && xrdb $HOME/.Xresources
xsetroot -solid grey
vncconfig -iconic &
xterm -geometry 80x24+10+10 -ls -title "$VNCDESKTOP Desktop" &
twm &
```

图 5-23 编辑 xstartup 文件

步骤 4：设置远程登录口令。输入 vncpasswd 命令，如图 5-24 所示。

```
[root@localhost ~]# vncpasswd
Password:
Verify:
[root@localhost ~]#
```

图 5-24　设置 VNC 密码

步骤 5：启动 vncserver 服务，如图 5-25 所示。

```
#service vncserver start
```

```
[root@localhost ~]# service vncserver start
启动 VNC 服务器: no displays configured                    [确定]
[root@localhost ~]#
```

图 5-25　重新启动 VNC 服务

步骤 6：设置 vncserver 服务开机自动启动。默认状态下，vncserver 服务不是开机自动启动的，需要手工启动，如图 5-26 所示。

```
#chkconfig --list vncserver
#chkcnofig vncserver on
#chkconfig --list vncserver
```

```
[root@localhost ~]# chkconfig --list vncserver
vncserver       0:关闭  1:关闭  2:关闭  3:关闭  4:关闭  5:关闭  6:关闭
[root@localhost ~]# chkconfig vncserver on
[root@localhost ~]#
[root@localhost ~]# chkconfig --list vncserver
vncserver       0:关闭  1:关闭  2:启用  3:启用  4:启用  5:启用  6:关闭
[root@localhost ~]#
```

图 5-26　查看 VNC 服务的默认启动状态

任务验收

通过本任务的实施，学会安装并配置 VNC 服务器。

评价内容	评价标准
开启 VNC 服务	在规定时间内，在 Linux 服务器端安装并启动 VNC 服务，进行适当的配置，并按照企业要求将该服务设置为开机自动启动

拓展练习

使用命令界面，在 VirtualBox 4.3.6 虚拟机软件上安装并配置 VNC 服务器。具体要求如下。

（1）检查并安装 VNC 服务器端软件包。

（2）启动 VNC 服务，并记录 VNC 连接端口号，设置 VNC 连接密码为 123456。

（3）设置 VNC 服务开机自动启动。

任务 2　配置 VNC 客户端

任务描述

新兴学校的网络管理员小赵已经配置了 VNC 服务的 Server 端，还需要配置 VNC Viewer，才能实现客户端到服务器端的远程图形界面访问。

任务分析

VNC 是一种远程控制工具，在远程主机上运行 vncserver 服务后，本地主机上可以用两种方式登录 VNC 服务器来进行远程控制：一是用 vncviewer 客户端，二是用浏览器进行登录控制。管理员小赵请来飞越公司的工程师帮忙，实现 VNC 的客户端。网络环境如图 5-27 所示。设备配置信息如表 5-5 所示。

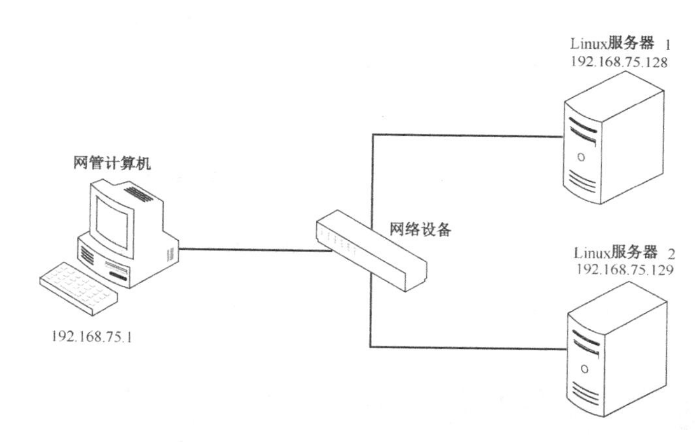

图 5-27　网络环境示意图

表 5-5　设备配置信息

设备名称	计算机名	用　户	密　码	IP 地址
网管计算机	net-manager-win	Admin	123456	192.168.75.1
Linux 服务器 1	Appser-linux-01	root、user01	123456	192.168.75.128
Linux 服务器 2	Appser-linux-02	root、user02	123456	192.168.75.129

任务实施

1. 通过 VNC Viewer 访问

步骤 1： 安装 VNC Viewer 以远程登录，VNC Viewer 下载地址为 http://www.realvnc.com/

download/viewer/。

步骤 2： 在地址栏中输入“主机地址:1”（即主机 IP 加界面号的方式），如图 5-28 所示。

步骤 3： 进入连接确认界面，如图 5-29 所示。

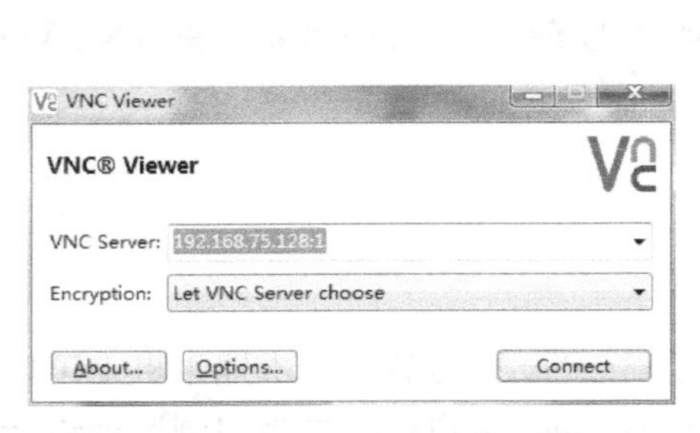

图 5-28　设置 VNC 服务地址

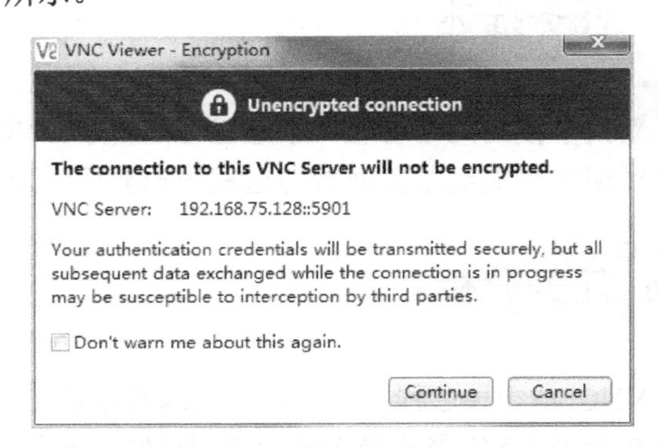

图 5-29　连接确认界面

步骤 4： 输入登录口令，如图 5-30 所示。

VNC Viewer - Authentication
VNC Server: 192.168.75.128::5901
Username:
Password:
OK　Cancel

图 5-30　输入 VNC 服务密码

步骤 5： 连接成功，如图 5-31 所示。

图 5-31　连接成功

2. 通过浏览器访问

步骤 1： 查看是否安装 Java 插件。

选择“工具”→“附加组件”→“插件”选项，查看是否有 Java（TM）插件存在。若没有安装，则下载安装 Java 插件，下载地址为 http://www.java.com/zh_CN/download/。

安装完成后，将 libjavaplugin_oji.so 复制到/usr/lib/firefox-3.0-5/plugins/目录下。

重启 Firefox 浏览器，并重新查看是否正确安装了 Java 插件。

步骤 2： 正确安装 Java 插件后，即可进行远程登录控制。

在浏览器地址栏中输入“http://VNC 远程主机的 IP 地址:端口号”。

注意： 浏览器上默认以 5800 开始为 VNC 的访问端口，而在 VNC Viewer 中以 5900 开始为 VNC 的访问端口。所以，在浏览器上访问 VNC 和用 VNC Viewer 来访问 VNC 的端口是不一样的。例如，在浏览器地址栏处输入“http://192.168.7.128:5802”，而使用 VNC Viewer 客户端时用“vncviewer 192.168.7.128:5902”。

知识链接

在 Windows 中通过 VNC 连接虚拟机中的 Linux 系统的步骤如下。

首先，在虚拟机中安装 VNC，虚拟机的设置中要启用 VNC 连接，如图 5-32 所示。

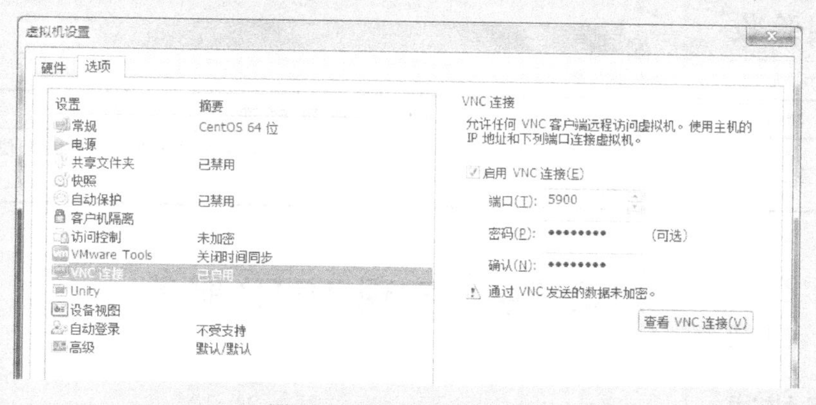

图 5-32　设置虚拟机选项

然后，输入指令 vncserver，可以看到有序号 1，如图 5-33 所示。

```
[root@localhost ~]# vncserver

New 'localhost.localdomain:1 (root)' desktop is localhost.localdomain:1

Starting applications specified in /root/.vnc/xstartup
Log file is /root/.vnc/localhost.localdomain:1.log
```

图 5-33　查看 VNC 序列号

最后，在 VNC Viewer 中输入 IP 地址:1 即可。

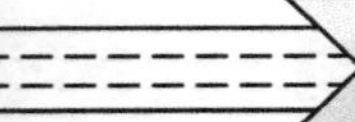

任务验收

通过本任务的实施，学会安装并配置 VNC 客户端。

评价内容	评价标准
设置 VNC 客户端	在规定时间内，在 Linux 客户端安装并启动 VNC 服务，进行适当的配置，并按照企业要求将该服务设置为开机自动启动

拓展练习

使用命令界面，在 VirtualBox 4.3.6 虚拟机软件上安装并配置 VNC 服务器。具体要求如下。

（1）下载并安装 VNC Viewer。

（2）启动 VNC Viewer 软件，尝试连接 VNC 服务器 192.168.75.1。

（3）在 Firefox 浏览器中安装 Java 组件，并再次连接 VNC 服务 192.168.75.1:5902。

项目验收

考核内容	评价标准
VNC 服务	与客户确认，在规定时间内，完成 CentOS 5.5 操作系统中的 VNC 服务器的搭建，使用 VNC Viewer 软件在客户端进行验证

知识拓展　实现 TFTP 服务

任务描述

新兴学校的网络管理员小赵，实现了用 SSH 服务进行信息中心的服务器间远程上传和下载文件功能，但经常会出现问题，于是请来飞越公司的工程师来帮忙。

任务分析

TFTP 是 TCP/IP 协议簇中的一个用来在客户机与服务器之间进行简单文件传输的协议，提供了不复杂、开销不大的文件传输服务。使用 TFTP 服务是一种新的办法，所以小赵请工程师帮忙实现。

任务实施

1. 安装 TFTP 服务

安装 TFTP 服务，如图 5-34 所示。

```
#yum -y install tftp*
```

```
[root@bogon ~]# yum -y install tftp*
```

图 5-34　安装 TFTP 服务

2. 配置 TFTP 服务

步骤 1： 查看 TFTP 服务安装路径，如图 5-35 所示。

```
#rpm -qc tftp-server
```

```
[root@bogon ~]# rpm -qc tftp-server
/etc/xinetd.d/tftp
```

图 5-35　查看 TFTP 服务安装路径

步骤 2： 配置/etc/xinetd.d/tftp 文件，如图 5-36 所示。

```
#vi /etc/xinetd.d/tftp
```

```
[root@bogon ~]# vi /etc/xinetd.d/tftp
```

图 5-36　配置/etc/xinetd.d/tftp 文件

将/etc/xinetd.d/tftp 文件中的 disable 参数改为 no，如图 5-37 所示。

```
# default: off
# description: The tftp server serves files using the trivial file transfer \
#       protocol.  The tftp protocol is often used to boot diskless \
#       workstations, download configuration files to network-aware printers,
 \
#       and to start the installation process for some operating systems.
service tftp
{
        socket_type             = dgram
        protocol                = udp
        wait                    = yes
        user                    = root
        server                  = /usr/sbin/in.tftpd
        server_args             = -s /tftpboot
        disable                 = no
        per_source              = 11
        cps                     = 100 2
        flags                   = IPv4
}
~
```

图 5-37　修改/etc/xinetd.d/tftp 文件

步骤 3： 重新启动 xinetd 服务，如图 5-38 所示。

```
#/etc/init.d/xinetd restart
```

```
[root@bogon ~]# /etc/init.d/xinetd restart
Stopping xinetd:                                           [FAILED]
Starting xinetd:                                           [  OK  ]
```

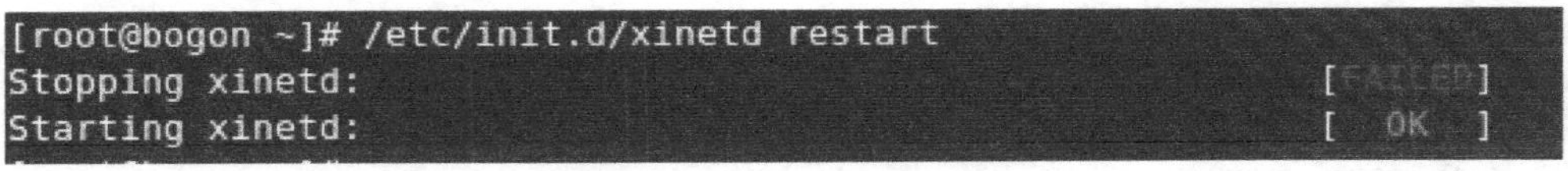

图 5-38　重新启动 xinetd 服务

步骤 4：查看 xinetd 服务的状态，如图 5-39 所示。

```
#/etc/init.d/xinetd status
```

```
[root@bogon ~]# /etc/init.d/xinetd status
xinetd (pid  6377) is running...
```

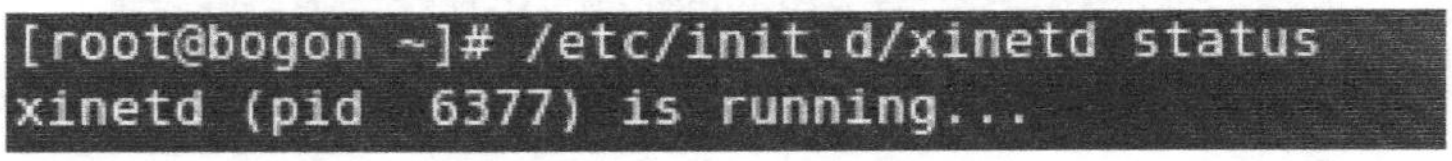

图 5-39　查看 xinetd 服务的状态

步骤 5：关闭防火墙，如图 5-40 所示。

```
#service iptables stop
#iptables -F
#iptables -L
```

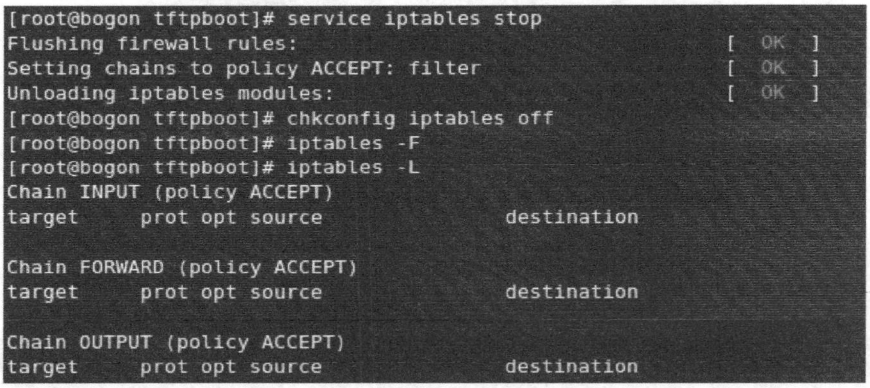

```
[root@bogon tftpboot]# service iptables stop
Flushing firewall rules:                                   [  OK  ]
Setting chains to policy ACCEPT: filter                    [  OK  ]
Unloading iptables modules:                                [  OK  ]
[root@bogon tftpboot]# chkconfig iptables off
[root@bogon tftpboot]# iptables -F
[root@bogon tftpboot]# iptables -L
Chain INPUT (policy ACCEPT)
target     prot opt source               destination

Chain FORWARD (policy ACCEPT)
target     prot opt source               destination

Chain OUTPUT (policy ACCEPT)
target     prot opt source               destination
```

图 5-40　关闭防火墙

步骤 6：保存防火墙配置，如图 5-41 所示。

```
#service iptables save
```

```
[root@bogon tftpboot]# service iptables save
Saving firewall rules to /etc/sysconfig/iptables:          [  OK  ]
```

图 5-41　保存防火墙配置

步骤 7：将 isolinux 中的内容复制到 TFTP 根目录下，如图 5-42 所示。

```
#cd /tmp/centos/CentOS_5.5_Final/
#ls
#cd isolinux/
#ls
#cp ./* /tftpboot/
```

```
[root@bogon tftpboot]# cd /tmp/centos/CentOS_5.5_Final/
[root@bogon CentOS_5.5_Final]# ls
                          RELEASE-NOTES-en          RELEASE-NOTES-nl
EULA                      RELEASE-NOTES-en.html     RELEASE-NOTES-nl.html
GPL                       RELEASE-NOTES-en_US       RELEASE-NOTES-pt_BR
                          RELEASE-NOTES-en_US.html  RELEASE-NOTES-pt_BR.html
                          RELEASE-NOTES-es          RELEASE-NOTES-ro
                          RELEASE-NOTES-es.html     RELEASE-NOTES-ro.html
RELEASE-NOTES-cs          RELEASE-NOTES-fr
RELEASE-NOTES-cs.html     RELEASE-NOTES-fr.html     RPM-GPG-KEY-beta
RELEASE-NOTES-de          RELEASE-NOTES-ja          RPM-GPG-KEY-CentOS-5
RELEASE-NOTES-de.html     RELEASE-NOTES-ja.html     TRANS.TBL
[root@bogon CentOS_5.5_Final]# cd isolinux/
[root@bogon isolinux]# ls
boot.cat     initrd.img    memtest       rescue.msg  vmlinuz
boot.msg     isolinux.bin  options.msg   splash.lss
general.msg  isolinux.cfg  param.msg     TRANS.TBL
[root@bogon isolinux]# cp ./* /tftpboot/
```

图 5-42 TFTP 根目录添加内容

步骤 8： 验证 TFTP 是否启动，如图 5-43 所示，证明 TFTP 服务已经启动了。

```
#netstat -tunap|grep :69
```

```
[root@bogon isolinux]# netstat -tunap|grep :69
udp        0      0 0.0.0.0:69                  0.0.0.0:*
           6377/xinetd
```

图 5-43 验证 TFTP 是否启动了

3. TFTP 服务的使用

步骤 1： 登录到 TFTP Server，如图 5-44 所示。

```
#tftp 192.168.100.1
```

```
[root@bogon isolinux]# tftp 192.168.100.1
```

图 5-44 登录到 TFTP Server

步骤 2： 从 TFTP Server 根目录下载文件，如图 5-45 所示。

```
tftp> get memtest
```

```
tftp> get memtest
```

图 5-45 下载文件

步骤 3： 上传文件到 TFTP Server 根目录中，如图 5-46 所示。

```
tftp> put memtest
```

```
tftp> put memtest
```

图 5-46 上传文件

步骤 4： 离开 TFTP Server，如图 5-47 所示。

```
tftp>q
```

图 5-47　离开 TFTP Server

任务验收

通过本任务的实施，学会安装并配置 TFTP 服务器。

评价内容	评价标准
安装并配置 TFTP 服务器	在规定时间内，在 Linux 服务器端安装、启动和配置 TFTP 服务，进行适当的配置，并按照企业要求将该服务设置为开机自动启动

单元总结

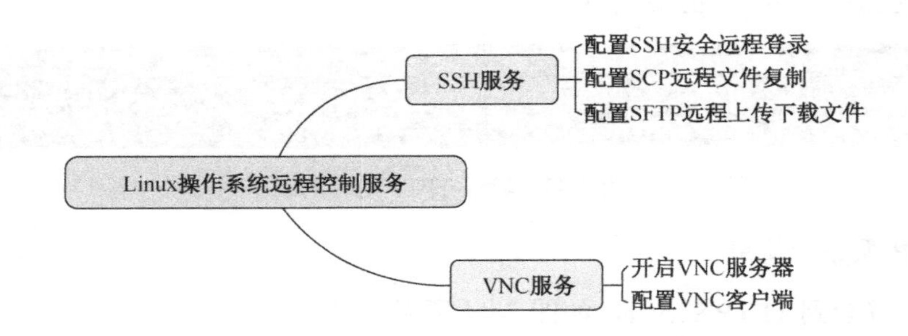

学习单元6

Linux 操作系统软件防火墙

☆ 单元概要

（1）随着互联网的飞速发展，互联网的安全、操作系统平台的安全也逐渐成为人们关心的问题。而许多网络服务器、工作站所采用的平台为 Linux/UNIX 平台。Linux 平台作为一个安全性、稳定性比较高的操作系统被应用到了更多领域。

Linux 服务器的安全为重中之重，怎样才能保证 Linux 服务器的安全呢？Linux 服务器的防火墙能为网络服务器提供一定的安全保障。

（2）目前，在全国职业院校技能大赛中职组网络搭建及应用项目中，使用的 Linux 操作系统是 CentOS 5.5。针对这一版本，本书详细介绍了 Linux 防火墙的开启和基础的 iptables 规则配置。

（3）通过对 Linux 防火墙的开启、设置、添加规则等内容，使初学者对 Linux 防火墙有一定的了解，通过深入的学习，逐步具备熟练调试配置的能力。

☆ 单元情境

新兴学校的信息中心有若干台 Linux 服务器，服务器需要对外发布 Web 服务器等，服务器的安全性有待进一步提高，现需要网络管理员小赵配合飞越公司的工程师，为众多的服务器添加网络安全规则，增加服务器的安全性，确保重要数据的安全。

项目 1 Linux防火墙

新兴学校的信息中心搭建了若干台 Linux 服务器，服务器为对外发布的 Web 服务器，需要检查 Linux 防火墙状态，并开启防火墙。现需要网络管理员小赵对 Linux 服务器进行调试，以满足学校的需求。

项目分析

根据项目需求，分析可知：配置 Linux 服务器防火墙时，首先要确定防火墙的状态，开启防火墙；其次是规范 ping 命令、SSH 远程登录和排除可疑的 IP 地址。整个项目的认知与分析流程如图 6-1 所示。

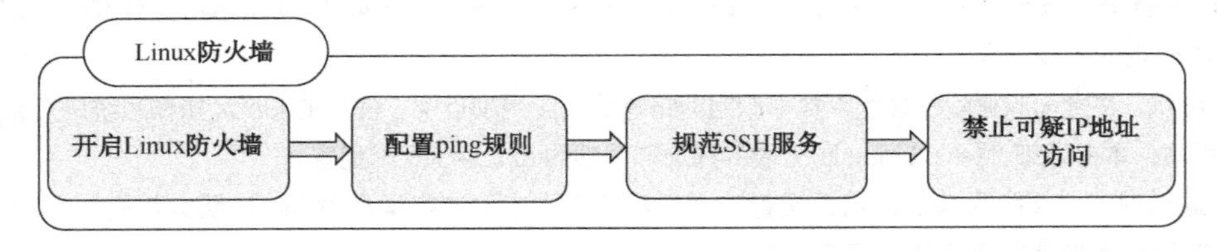

图 6-1 防火墙配置流程

任务 1 开启 Linux 防火墙

网络管理员小赵根据学校的业务需求，为信息中心的 Linux Web 服务器开启并配置防火墙，配置主要包括 ping、SSH 远程登录和排除可疑 IP 地址。

知识链接

Linux 为用户提供了一个非常优秀的防火墙工具，即 netfilter/iptables，并且是完全免费的。netfilter/iptables 功能强大，使用灵活，可以对流入和流出的信息进行细化控制。每一个主要的 Linux 版本中都有不同的防火墙软件套件。iptabels（netfilter）应用程序被认为是 Linux 中实现包过滤功能的第 4 代应用程序。netfilter/iptables 已经包含在了 2.4 以后的内核中，它可以实现防火墙、NAT(网络地址翻译)和数据包的分割等功能。netfilter 工作在内核内部，而 iptables 则是使用户定义规则集的表结构。netfilter/iptables 是从 ipchains 和 ipwadfm（IP 防火墙管理）演化而来的。

任务分析

管理员小赵请来飞越公司的工程师帮忙，工程师经过认真考虑后觉得 iptables 是 Linux 上常用的防火墙软件，比较适合。

以下主要介绍 iptables 的开启、关闭和基本设置。应企业要求，需要进行下面几项配置。ping 主要是指定 IP 可 ping 通服务器，禁止其他未知源 ping；SSH 只允许指定 IP 登录；禁止可疑 IP 对服务器的一切访问。网络环境如图 6-2 所示。

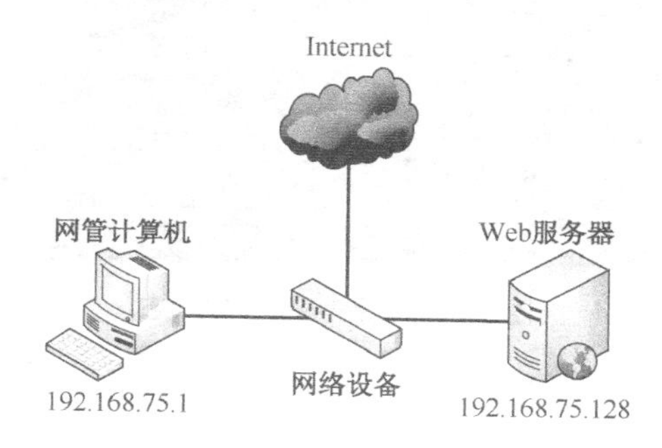

图 6-2 网络环境

任务实施

查询服务器防火墙状态的步骤如下。

步骤 1： 查询系统是否安装了 iptables，并显示防火墙的版本，如图 6-3 所示。

```
#iptables -V
```

```
[root@localhost ~]# iptables -V
iptables v1.3.5
[root@localhost ~]#
```

图 6-3 显示防火墙版本

返回 iptables v1.3.5，说明系统中已安装 iptables 防火墙，且版本为 v1.3.5。

步骤 2： 查看防火墙状态，如图 6-4 所示。

```
#service iptables status
```

```
[root@localhost ~]# service iptables status
表格: filter
Chain INPUT (policy ACCEPT)
num  target     prot opt source               destination
1    RH-Firewall-1-INPUT  all  --  0.0.0.0/0            0.0.0.0/0

Chain FORWARD (policy ACCEPT)
num  target     prot opt source               destination
1    RH-Firewall-1-INPUT  all  --  0.0.0.0/0            0.0.0.0/0

Chain OUTPUT (policy ACCEPT)
num  target     prot opt source               destination

Chain RH-Firewall-1-INPUT (2 references)
num  target     prot opt source               destination
1    ACCEPT     all  --  0.0.0.0/0            0.0.0.0/0
2    ACCEPT     icmp --  0.0.0.0/0            0.0.0.0/0           icmp type 255
3    ACCEPT     esp  --  0.0.0.0/0            0.0.0.0/0
4    ACCEPT     ah   --  0.0.0.0/0            0.0.0.0/0
5    ACCEPT     udp  --  0.0.0.0/0            224.0.0.251         udp dpt:5353
6    ACCEPT     udp  --  0.0.0.0/0            0.0.0.0/0           udp dpt:631
7    ACCEPT     tcp  --  0.0.0.0/0            0.0.0.0/0           tcp dpt:631
8    ACCEPT     all  --  0.0.0.0/0            0.0.0.0/0           state RELATED,ESTABLISHED
9    ACCEPT     tcp  --  0.0.0.0/0            0.0.0.0/0           state NEW tcp dpt:22
10   REJECT     all  --  0.0.0.0/0            0.0.0.0/0           reject-with icmp-host-proh
ibited

[root@localhost ~]#
```

图 6-4　查看 iptables 的状态

步骤 3：停止、启动、重启防火墙。

停止防火墙的命令如下。

```
#service iptables stop
```

启动防火墙的命令如下。

```
#service iptables start
```

重启防火墙，如图 6-5 所示。

```
#service iptables restart
```

```
[root@localhost ~]# service iptables stop
清除防火墙规则:                                              [确定]
把 chains 设置为 ACCEPT 策略: filter                         [确定]
正在卸载 Iiptables 模块:                                     [确定]
[root@localhost ~]# service iptables start
应用 iptables 防火墙规则:                                    [确定]
载入额外 iptables 模块: ip_conntrack_netbios_ns              [确定]
[root@localhost ~]# service iptables restart
清除防火墙规则:                                              [确定]
把 chains 设置为 ACCEPT 策略: filter                         [确定]
正在卸载 Iiptables 模块:                                     [确定]
应用 iptables 防火墙规则:                                    [确定]
载入额外 iptables 模块: ip_conntrack_netbios_ns              [确定]
```

图 6-5　重启防火墙

知识链接

修改 iptables 之后需要重启 iptables 服务，命令如下。

```
service iptables restart
```

可以通过 iptables －L 命令来查看新建规则是否生效。

将所有 iptables 以序号标记显示，执行如下命令。

```
iptables -L -n -line-numbers
```

例如，要删除 INPUT 中序号为 8 的规则，应执行如下命令。

```
iptables -D INPUT 8
```

清除已有 iptables 规则，分为以下两种情况。

iptables -F：清除预设表 filter 中的所有规则链的规则。

iptables -X：清除预设表 filter 中使用者自定链中的规则。

任务验收

通过本任务的实施，学习如何开启 Linux 防火墙。

评 价 内 容	评 价 标 准
开启 Linux 防火墙	在规定时间内，在 Linux 服务器中安装防火墙，并使用相关命令开启或关闭防火墙，检查防火墙运行状态并设置开机自动启动防火墙

拓展练习

使用命令界面，在 VirtualBox 4.3.6 虚拟机软件上开启 Linux 防火墙。具体要求如下。

（1）检查并安装 Linux 防火墙。

（2）查看防火墙版本并查看防火墙运行状态，设置开机自动启动防火墙。

任务 2　配置 ping 规则

任务描述

新兴学校的信息中心购置了服务器，网络管理员小赵现在想学习防火墙的各项功能，如规范 ping 命令的规则，于是小赵请来飞越公司的工程师帮忙。

任务分析

规范 ping 命令的规则时，可通过配置 iptables 来实现。ping 主要是指定 IP 可 ping 通服务器，禁止其他未知源 ping。ping 命令是常用的网络调试检测命令，部署在外网的服务器可能会受到互联网中未知 IP 地址的 ping，存在恶意的 ping 会影响服务器的性能，甚至导致服务器的瘫痪，因此规范未知来源的 ping 规则，对于服务器的安全是很重要的。网络环境如图 6-6 所示。

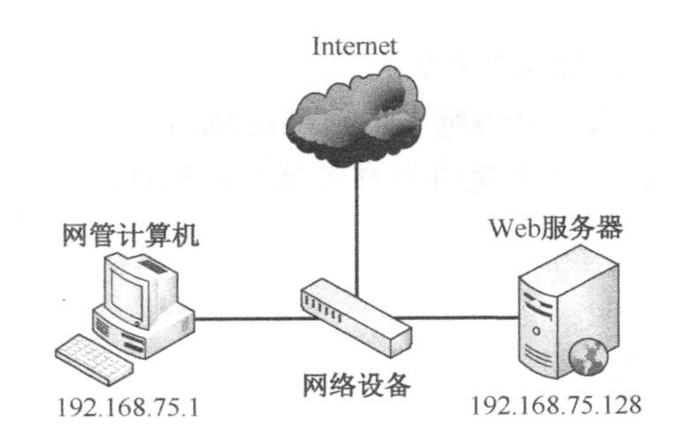

图 6-6　网络环境

任务实施

配置 ping 规则的步骤如下。

步骤 1： 屏蔽 ping 请求，如图 6-7 所示。

```
#iptables -A INPUT -p icmp --icmp-type echo-request -j DROP
#iptables -A INPUT -i eth0 -p icmp --icmp-type echo-request -j DROP
```

```
[root@localhost ~]# iptables -A INPUT -p icmp --icmp-type echo-request -j DROP
[root@localhost ~]# iptables -A INPUT -i eth0 -p icmp --icmp-type echo-request -j DROP
[root@localhost ~]#
```

图 6-7　屏蔽 ping 请求

步骤 2： 按照特定的网段和主机限制 ping 请求，如图 6-8 所示。

```
#iptables -A INPUT -s 192.168.75.0/24 -p icmp --icmp-type echo-request -j
ACCEPT
```

```
[root@localhost ~]# iptables -A INPUT -s 192.168.75.0/24 -p icmp --icmp-type echo-request
 -j ACCEPT
[root@localhost ~]#
```

图 6-8　限制 ping 请求

步骤3：只接收受限的ping请求。

（1）假定默认INPUT策略为丢弃数据包。

```
#iptables -A INPUT -p icmp --icmp-type echo-reply -j ACCEPT
#iptables -A INPUT -p icmp --icmp-type destination-unreachable -j ACCEPT
#iptables -A INPUT -p icmp --icmp-type time-exceeded -j ACCEPT
```

（2）所有的服务器都对ping请求做出应答。

```
#iptables -A INPUT -p icmp --icmp-type echo-request -j ACCEPT
```

通过本任务的实施，学习配置ping规则。

评 价 内 容	评 价 标 准
配置ping规则	在规定时间内，在Linux服务器上配置ping规则，能够屏蔽ping请求，并按照特定的网段和主机限制ping请求，只接收受限的ping请求

使用命令界面，在VirtualBox 4.3.6虚拟机软件上练习配置ping规则。具体要求如下。

（1）限制192.168.10.0/24网段进行ping请求，使用客户端进行测试。

（2）所有的服务器都对ping请求做出应答，使用客户端进行测试。

任务3 规范SSH服务

任务描述

新兴学校的网络管理员小赵，已经使用SSH来进行了远程管理服务器，但由于是初学者，实现的是非常不规范，而规范SSH服务也是提升Linux服务器安全性的重要手段之一。

任务分析

规范SSH服务、配置SSH远程访问的规则，可通过配置iptables来实现。服务器应由指定的管理计算机来管理，因此可配置SSH远程登录IP为指定的内网IP地址，禁止其他IP地址的访问。网络环境如图6-9所示。

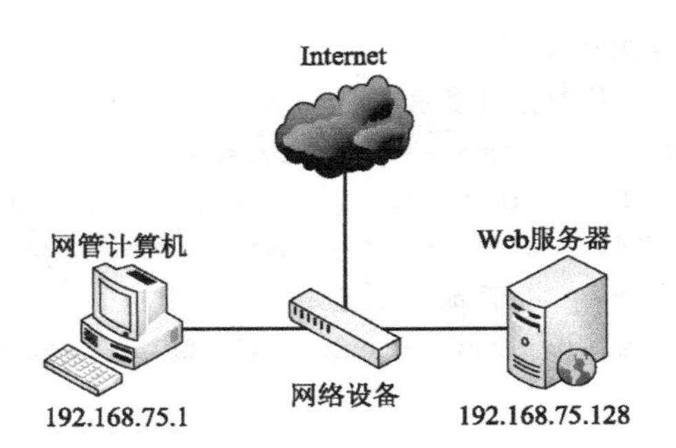

图 6-9　网络环境

任务实施

配置指定 IP SSH 登录的步骤如下。

```
#iptables -A INPUT -p tcp --dport 22 -s 192.168.1.100 -j ACCEPT
```

这是第一条命令，允许 192.168.1.100 连接 22 端口，SSH 服务端口默认为 22。

```
#iptables -A INPUT -p tcp --dport 22 -j DROP
```

这条命令阻止所有 IP 地址通过端口 22 连接。

如果想屏蔽 IP 地址，如 1.2.3.4，可以运行如下命令。

```
#iptables -A INPUT -s 1.2.3.4 -j DROP
```

任务验收

通过本任务的实施，学习使用 iptabls 命令规范 SSH 服务。

评 价 内 容	评 价 标 准
规范 SSH 服务	在规定时间内，在 Linux 服务器中使用 iptables 命令规范 SSH 服务的登录和端口

拓展练习

使用命令界面，在 VirtualBox 4.3.6 虚拟机软件上练习使用 iptables 命令规范 SSH 服务。具体要求如下。

（1）使用 iptabls 命令，限定只有 IP 地址为 192.168.10.1 的计算机才能登录 SSH 服务，并使用客户端主机进行验证。

（2）使用 iptables 命令，限定 192.168.10.1 主机连接 1233 端口访问 SSH 服务，并使用客户端主机进行验证。

项目 2　添加防火墙规则

项目描述

新兴学校信息中心的 Linux 服务器可连接到 Internet，现需要提升服务器的安全性。学校内部有多台计算机，现需要将内部计算机通过 Linux 服务器代理连接到 Internet。内部计算机需要公网地址来访问 Internet，但学校的公网地址不足。现需要网络管理员小赵对 Linux 服务器进行调试，以满足学校需求。

项目分析

根据项目需求，分析可知：提升 Linux 服务器的安全性可通过开启防火墙来实现，但小赵对此技术并不熟悉，于是请来飞越公司的工程师帮忙。要通过 Linux 服务器连接 Internet，启用 Linux 防火墙的 SNAT 功能即可实现。内网计算机需要公网地址访问 Internet 可通过 DNAT 功能实现。整个项目的认知与分析流程如图 6-10 所示。

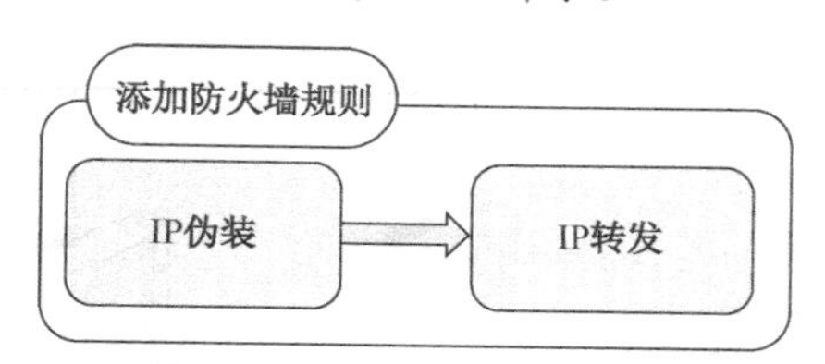

图 6-10　配置防火墙规则流程

任务 1　IP 伪装

任务描述

新兴学校内部计算机需要公网地址来访问 Internet，但学校的公网地址不足。现需要网络管理员小赵使内网计算机通过 Linux 服务器代理上网，以满足学校需求。

任务分析

IP 伪装 SNAT（Source Network Address Translation，源网络地址转换）时，基本原理就是数据包在经过主机的时候，将源地址用该主机的地址替代并发出，接收的时候用原先的地址替换回来并发到源主机，以便转换内网地址。通过在网关中应用 SNAT 策略，可以解决局域网上网的问题，从而达到 IP 伪装的目的。

服务器的 eth0 端口连接互联网，IP 地址为 1.2.3.4；eth1 端口连接内网，IP 地址为 192.168.75.1；内网计算机的 IP 地址段为 192.168.75.0/24。

网络环境如图 6-11 所示。

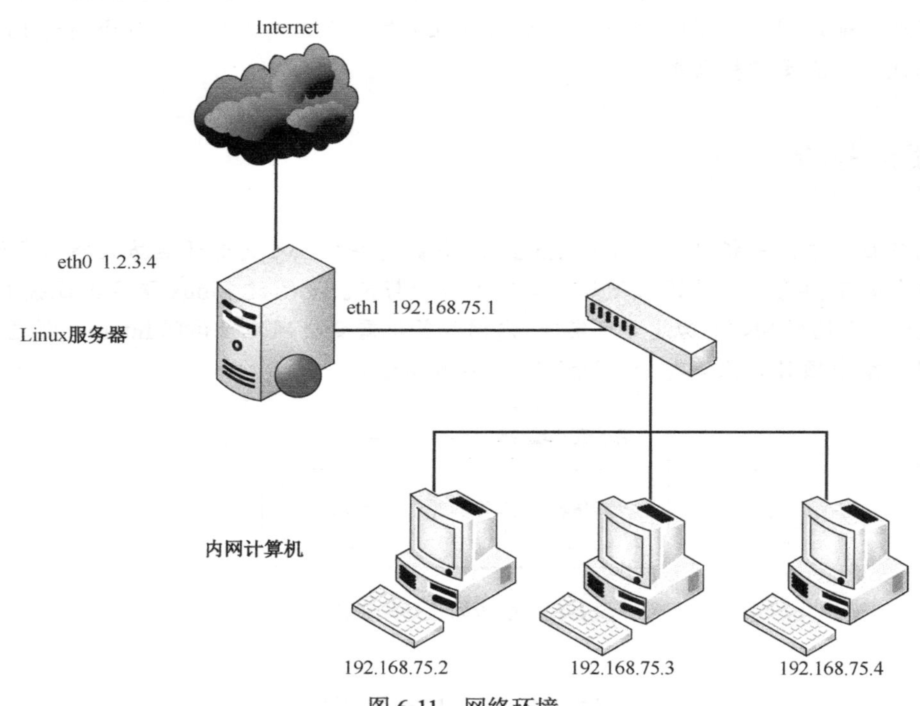

图 6-11 网络环境

任务实施

步骤 1：打开网关的路由转发，如图 6-12 所示。

```
#vi /etc/sysctl.conf
net.ipv4.ip_forward = 0          //将此行配置中的0改为1
```

```
# Kernel sysctl configuration file for Red Hat Linux
#
# For binary values, 0 is disabled, 1 is enabled.  See sysctl(8) and
# sysctl.conf(5) for more details.

# Controls IP packet forwarding
net.ipv4.ip_forward = 0

# Controls source route verification
net.ipv4.conf.default.rp_filter = 1

# Do not accept source routing
net.ipv4.conf.default.accept_source_route = 0

# Controls the System Request debugging functionality of the kernel
kernel.sysrq = 0

# Controls whether core dumps will append the PID to the core filename
# Useful for debugging multi-threaded applications
kernel.core_uses_pid = 1

# Controls the use of TCP syncookies
net.ipv4.tcp_syncookies = 1
"/etc/sysctl.conf" 35L, 996C
```

图 6-12　开启网关的路由转发功能

步骤 2：设置 iptables 规则

```
    #iptables -t nat -A POSTROUTING -s 192.168.75.0/24 -o eth0 -j SNAT
--to-source 1.2.3.4
```

如果外网连接为 ADSL 动态连接，没有固定的 IP 地址，则可将命令改写成：

```
    #iptables -t nat -A POSTROUTING -s 192.168.75.0/24 -o ppp0 -j MASQUERADE
```

知识链接

SNAT 是 Linux 防火墙的一种地址转换操作，也是 iptables 命令中的一种数据包控制类型，其作用是根据指定条件修改数据包的源 IP 地址。

SNAT 是一种对源地址进行转换的技术，在路由器或者防火墙的网关的配置 SNAT 转换后，当信息发布到来时，路由器或者网关会将源地址改为设置的外网地址。

任务验收

通过本任务的实施，学会使用 SNAT 实现 Linux 中的地址转换功能。

评 价 内 容	评 价 标 准
配置 IP 伪装中的 SNAT 功能	在规定时间内，使用 IP 伪装中的 SNAT 功能实现 Linux 系统中的地址转换功能

任务 2　IP 转发

网络管理员小赵按照学校的要求，为学校内网计算机配置 DNAT，以实现用虚拟公网地址连接 Internet。

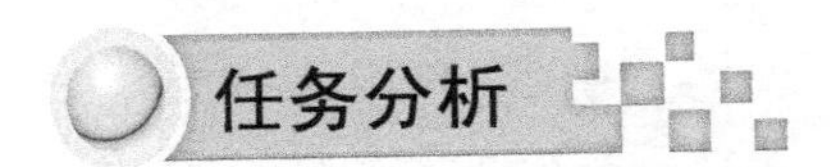

IP 转发 DNAT（Destination Network Address Translation，目的网络地址转换）是 Linux 防火墙的另一种地址转换操作，也是 iptables 命令中的一种数据包控制类型，其作用是根据指定条件修改数据包的目的 IP 地址、目的端口。

步骤 1： 打开网关的路由转发，如图 6-13 所示。

```
#vi /etc/sysctl.conf
net.ipv4.ip_forward = 0          //将此行配置中的0改为1
```

```
# Kernel sysctl configuration file for Red Hat Linux
#
# For binary values, 0 is disabled, 1 is enabled.  See sysctl(8) and
# sysctl.conf(5) for more details.

# Controls IP packet forwarding
net.ipv4.ip_forward = 0

# Controls source route verification
net.ipv4.conf.default.rp_filter = 1

# Do not accept source routing
net.ipv4.conf.default.accept_source_route = 0

# Controls the System Request debugging functionality of the kernel
kernel.sysrq = 0

# Controls whether core dumps will append the PID to the core filename
# Useful for debugging multi-threaded applications
kernel.core_uses_pid = 1

# Controls the use of TCP syncookies
net.ipv4.tcp_syncookies = 1
"/etc/sysctl.conf" 35L, 996C
```

图 6-13　打开路由转发功能

步骤 2： 设置 iptables 规则。

```
    #iptables -t nat -A PREROUTING --dst 192.168.75.1 -p tcp -j DNAT
--to-destination 1.2.3.4
    #iptables -t nat -A POSTROUTING --dst 1.2.3.4 -p tcp -j SNAT --to-source
192.168.75.1
    #service iptables save    #将当前规则保存到 /etc/sysconfig/iptables中
```

知识链接

DNAT 是一种对目的地址进行转换的技术，在路由器或者防火墙的网关上配置 DNAT 转换后，当信息发送到来时，路由器或者网关会将目的地址改为设置的内网地址。

当内部需要提供对外服务时（如对外发布 Web 网站），外部地址发起主动连接，由路由器或者防火墙上的网关接收这个连接，然后将连接转换到内部，此过程是由带有公网 IP 的网关替代内部服务来接收外部连接的，在内部做地址转换，主要用于内部服务的对外发布。

任务验收

通过本任务的实施，学会使用 IP 转发，实现 IP 转发中 DNAT 的功能。

评 价 内 容	评 价 标 准
配置 IP 转发中的 DNAT 的功能	在规定时间内，使用 IP 转发中的 DNAT 功能实现以虚拟公网地址连接 Internet

知识拓展　透明代理

任务描述

新兴学校的教师和学生经常反映网速很慢，而且需要设置代理服务器等参数，网络管理员小赵想寻求一种好办法来解决这些问题，但他经验不足，于是向飞越公司寻求帮助，工程师建议小赵使用透明代理来实现。

任务分析

透明代理的意思是客户端不需要知道代理服务器的存在，并传送真实 IP，多用于 NAT 转发中。小赵对透明代理并不熟悉，于是请飞越公司的工程师帮忙。

任务实施

1. 基本配置

步骤 1：Squid 代理服务器需要配置两个网卡，如图 6-14 所示。

WAN 口：eth0（10.10.10.200），需要配置网关、DNS，允许上网。

LAN 口：eth1（172.168.1.254），不用配置网关、DNS。

PC 客户端 Client：172.16.1.2/24，需要配置网关、DNS。

Squid（代理）端口：3128。

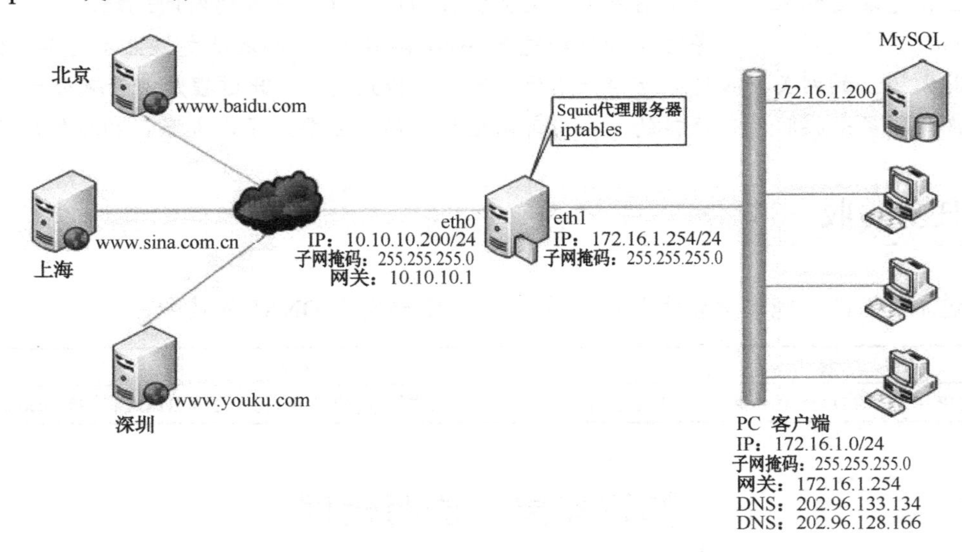

图 6-14　透明代理拓扑图

步骤 2：WAN 配置，使用 Vim 编辑器设置第一块网卡 eth0 的脚本，配置 WAN 口网卡，如图 6-15 所示。网卡参数如图 6-16 所示。

```
#vim /etc/sysconfig/network-scripts/ifcfg-eth0
```

[root@bogon ~]# vim /etc/sysconfig/network-scripts/ifcfg-eth0

图 6-15　使用命令编辑 eth0 网卡脚本文件

```
DEVICE=eth0
BOOTPROTO=static
IPADDR=10.10.10.200
NETMASK=255.255.255.0
GATEWAY=10.10.10.1
HWADDR=08:00:27:11:20:A0
```

```
DEVICE=eth0
BOOTPROTO=static
IPADDR=10.10.10.200
NETMASK=255.255.255.0
GATEWAY=10.10.10.1
HWADDR=08:00:27:11:20:A0
ONBOOT=yes
```

图 6-16　配置 eth0 网卡参数

步骤 3：LAN 配置，通过设置第二块网卡 eth1 的脚本，配置 LAN 口网卡，如图 6-17 所示。网卡参数如图 6-18 所示。

```
#vim /etc/sysconfig/network-scripts/ifcfg-eth1
```

```
[root@bogon ~]# vim /etc/sysconfig/network-scripts/ifcfg-eth1
[root@bogon ~]#
```

图 6-17　使用命令编辑 eth1 网卡脚本文件

```
DEVICE=eth1
BOOTPROTO=static
IPADDR=172.16.1.254
NETMASK=255.255.255.0
```

```
DEVICE=eth1
BOOTPROTO=static
IPADDR=172.16.1.254
NETMASK=255.255.255.0
```

图 6-18　配置 eth1 网卡参数

步骤 4：重新启动两块网卡，使网卡参数生效，如图 6-19 所示。

```
#service network restart
```

```
[root@bogon ~]# service network restart
正在关闭接口 eth0:                                  [确定]
关闭环回接口:                                       [确定]
弹出环回接口:                                       [确定]
弹出界面 eth0:                                      [确定]
弹出界面 eth1:
                                                    [确定]
```

图 6-19　重启网卡

2. 安装 Squid

步骤 1：使用 yum 命令安装 Squid 代理服务软件包，如图 6-20 所示。

```
#yum install squid -y
```

步骤 2：编辑 Squid 配置文件，如图 6-21 所示。

```
#vim /etc/squid/squid.conf
```

```
[root@bogon ~]# yum install squid -y
Loaded plugins: fastestmirror
Loading mirror speeds from cached hostfile
 * addons: mirrors.nwsuaf.edu.cn
 * base: mirrors.nwsuaf.edu.cn
 * extras: mirrors.btte.net
 * updates: mirrors.aliyun.com
Setting up Install Process
Resolving Dependencies
--> Running transaction check
---> Package squid.i386 7:2.6.STABLE21-7.el5_10 set to be updated
--> Processing Dependency: perl(URI::URL) for package: squid
--> Running transaction check
---> Package perl-URI.noarch 0:1.35-3 set to be updated
--> Finished Dependency Resolution

Dependencies Resolved

================================================================================
 Package          Arch          Version                       Repository    Size
================================================================================
Installing:
 squid            i386          7:2.6.STABLE21-7.el5_10       updates       1.3 M
Installing for dependencies:
```

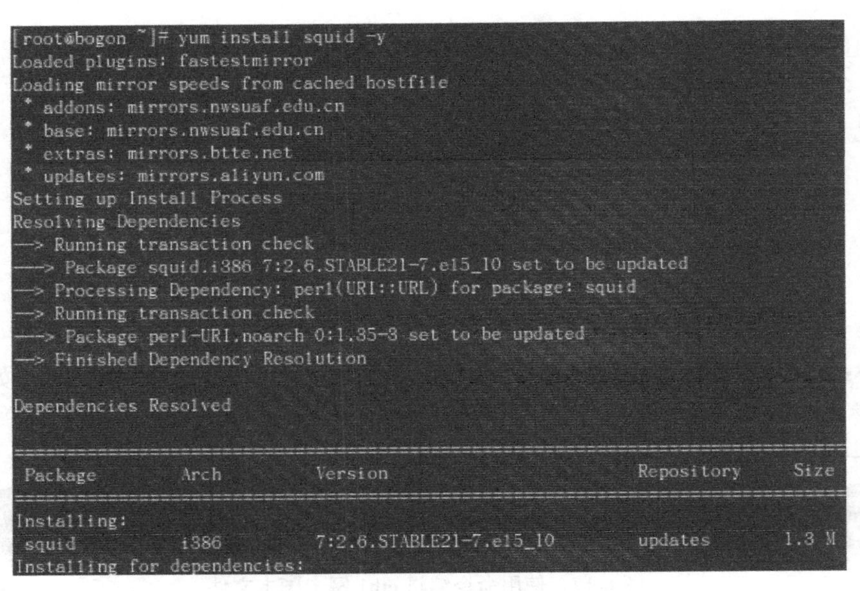

图 6-20　使用 yum 命令安装 Squid

```
[root@bogon ~]# vim /etc/squid/squid.conf
```

图 6-21　　编辑 Squid 的配置

在 http_access deny all 上面一行插入 http_access allow all。

```
637 http_access allow all                    #设置允许所有客户端访问
638 http_access deny all
```

将 2995 #　TAG: visible_hostname 修改为

```
2995 visible_hostname 172.16.1.254        #设置Squid可见主机名
```

步骤 3：在客户端配置网关和 DNS，如图 6-22 所示。

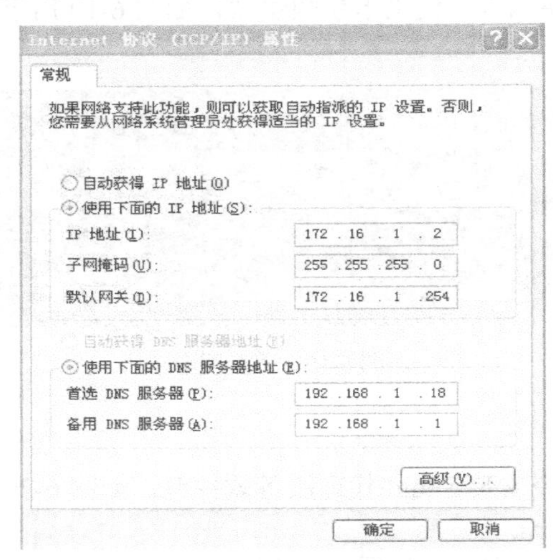

图 6-22　在客户端配置网关和 DNS

步骤 4：开启路由转发功能，如图 6-23 所示。

```
#vim .etc/sysctl.conf
```

```
[root@bogon ~]# vim .etc/sysctl.conf
```

图 6-23　开启路由转发功能

将 7 net.ipv4.ip_forward = 0　#0 为关闭修改为

```
7 net.ipv4.ip_forward = 1        #1为开启路由
```

步骤 5：在客户端 IE 浏览器中访问 http://www.baidu.com，显示错误提示，如图 6-24 所示。

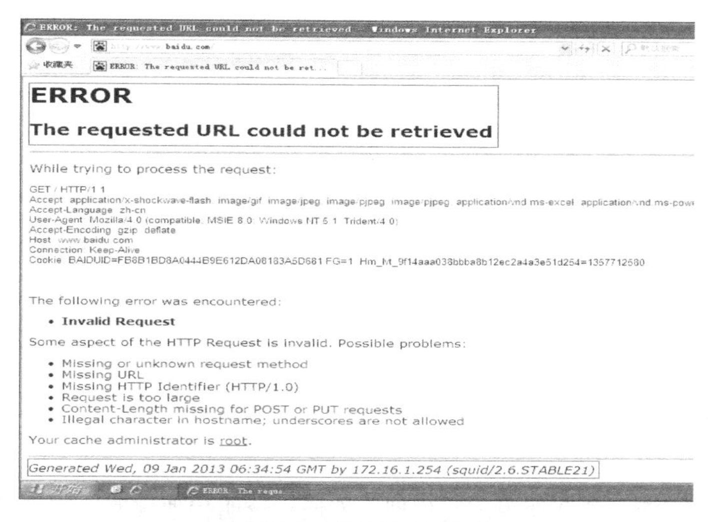

图 6-24　客户端 IE 访问

3. 编辑并保存 Squid 配置文件

步骤 1：使用 Vim 编辑器编辑代理服务主配置文档 squid.conf，如图 6-25 所示。

```
#vim /etc/squid/squid.conf
```

```
[root@bogon ~]# vim /etc/squid/squid.conf
```

图 6-25　编辑 Squid 配置文件

将 924 http_port 3128 修改为

```
924 http_port 3128 transparent    #监听3128端口接收到的HTTP请求
```

将 1576 # cache_mem 8 MB 修改为

```
1576 cache_mem 256 MB             #高速缓存
```

将 1783 # cache_dir ufs /var/spool/squid 100 16 256 修改为

```
1783 cache_dir ufs /var/spool/squid 10240 16 256
#设置硬盘缓存大小为10GB，目录为/var/spool/squid，一级子目录有16个，二级子目录有256个
1945 access_log /var/log/squid/access.log squid #设置访问日志
1961 cache_log /var/log/squid/cache.log          #设置缓存日志
1971 cache_store_log /var/log/squid/store.log    #设置网页缓存日志
```

将 2941 # cache_mgr root 修改为

```
2941 cache_mgr yanghw85@163.com                    #设置管理员邮箱地址
#service squid restart
```

步骤 2：在客户端将 IE 缓存清除，测试上网，显示正常，如图 6-26 所示。

图 6-26　正常上网

通过本任务的实施，学会使用透明代理，能通过透明代理快速地连接外网。

评 价 内 容	评 价 标 准
配置透明代理	在规定时间内，通过透明代理快速地连接外网

单 元 总 结

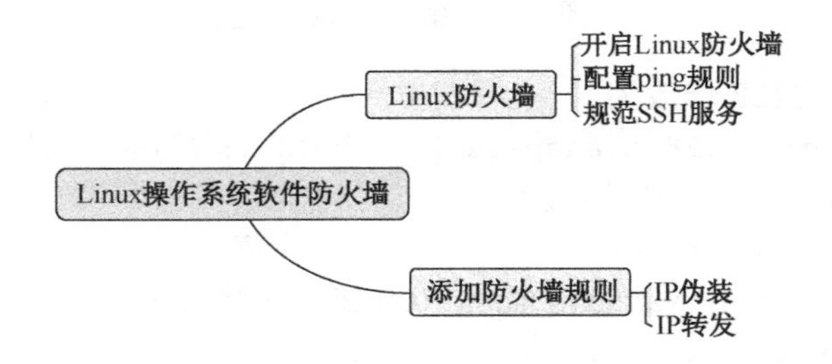